JN015309

Frontiers in Physics 31

*K*中間子原子核の物理

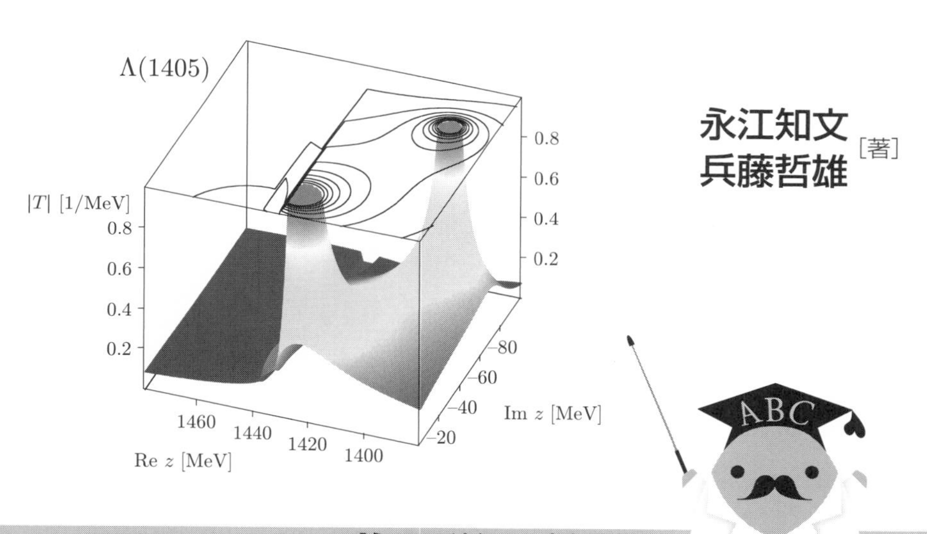

永江知文
兵藤哲雄［著］

基本法則から読み解く **物理学最前線**

須藤彰三
岡　　真［監修］

31

共立出版

刊行の言葉

近年の物理学は著しく発展しています．私たちの住む宇宙の歴史と構造の解明も進んできました．また，私たちの身近にある最先端の科学技術の多くは物理学によって基礎づけられています．このように，人類に夢を与え，社会の基盤を支えている最先端の物理学の研究内容は，高校・大学で学んだ物理の知識だけではすぐには理解できないのではないでしょうか．

そこで本シリーズでは，大学初年度で学ぶ程度の物理の知識をもとに，基本法則から始めて，物理概念の発展を追いながら最新の研究成果を読み解きます．それぞれのテーマは研究成果が生まれる現場に立ち会って，新しい概念を創りだした最前線の研究者が丁寧に解説しています．日本語で書かれているので，初学者にも読みやすくなっています．

はじめに，この研究で何を知りたいのかを明確に示してあります．つまり，執筆した研究者の興味，研究を行った動機，そして目的が書いてあります．そこには，発展の鍵となる新しい概念や実験技術があります．次に，基本法則から最前線の研究に至るまでの考え方の発展過程を“飛び石”のように各ステップを提示して，研究の流れがわかるようにしました．読者は，自分の学んだ基礎知識と結び付けながら研究の発展過程を追うことができます．それを基に，テーマとなっている研究内容を紹介しています．最後に，この研究がどのような人類の夢につながっていく可能性があるかをまとめています．

私たちは，一歩一歩丁寧に概念を理解していけば，誰でも最前線の研究を理解することができると考えています．このシリーズは，大学入学から間もない学生には，「いま学んでいることがどのように発展していくのか？」という問いへの答えを示します．さらに，大学で基礎を学んだ大学院生・社会人には，「自分の興味や知識を発展して，最前線の研究テーマにおける“自然のしくみ”を理解するにはどのようにしたらよいのか？」という問いにも答えると考えます．

物理の世界は奥が深く，また楽しいものです。読者の皆さまも本シリーズを通じてぜひ，その深遠なる世界を楽しんでください．

須藤彰三
岡　真

まえがき

湯川秀樹は中間子論で π 中間子を導入し，原子核を安定に存在させる核力の物理的機構が，π 中間子交換であることを明らかにした．理論的に予言された π 中間子が宇宙線による反応で観測された 1947 年には，霧箱に V 字型の飛跡を残す奇妙な性質をもつ粒子の観測も報告されている．これが現在 K 中間子と呼ばれる，ストレンジネス量子数をもつ中間子である．原子核を構成する陽子，中性子（核子 N）や，π 中間子，K 中間子など，強い相互作用をする粒子は，ハドロンと総称され，現在までに 300 種類以上が観測されている．

核子以外のハドロンが原子核に束縛した状態は，エキゾチック原子核と呼ばれる．エキゾチック原子核は通常の核力の枠を超えた，強い相互作用によって形成される新たな物質の存在形態であり，ハイパー核などを中心に盛んに研究が行われている．特に，K 中間子の反粒子である $\bar{K}$ は，核子との間にはたらく強い引力相互作用によって，通常の原子核とは全く異なる性質をもつ K 中間子原子核を形成することが期待されている．実験的には，K 中間子水素原子の X 線測定における「K 中間子水素 X 線パズル」が解消され，強い相互作用による引力の存在が確立したことが，K 中間子原子核研究の大きな進展のきっかけとなった．

本書では $\bar{K}$ と原子核の束縛系である K 中間子原子核の研究の現状を紹介することを主テーマとする．K 中間子原子核に関する理論・実験研究は近年飛躍的に進展しており，最近の主な成果として，最も基本的な K 中間子原子核である $\bar{K}NN$ 状態の実験的生成，2 体 $\bar{K}N$ 系の準束縛状態である $\Lambda(1405)$ 共鳴の解析と現実的 $\bar{K}N$ 相互作用の確立，少数厳密計算の K 中間子原子核への応用，電磁相互作用と強い相互作用で形成される K 中間子水素原子の精密測定などが挙げられる．K 中間子原子核の研究は，理論と実験が互いの成果に刺激を受けて発展している．本書では K 中間子原子核および関係する物理の研究を，理論と実験の両面から解説する．理論的には，クォークによって構成されるハドロンをクォークの世界の言葉である量子色力学 (QCD) を基礎として K 中間子原子核の本質を探ろうとするような研究の方向性がみられる．一方で，実験面では，よりコンパクトなハドロン系の生成や，状態のスピン・パリティの決定を目指す方向などが生まれてきている．

本書の前半では，K 中間子原子核研究を議論するうえで基本的な事項をまとめる．はじめに原子核と K 中間子それぞれの基本的な性質を，歴史的経緯や実験技術の進展を交えて紹介する．次に，強い相互作用の基本法則を与える QCD に基づき，カイラル対称性の観点から K 中間子の性質を議論する．さらに，有限の寿命をもつ不安定状態である K 中間子原子核や $\Lambda(1405)$ 共鳴を記述するために必要な，散乱理論と共鳴状態の取り扱いを整理する．後半では上述の最新の研究成果を紹介するとともに，関連する物理の進展として，状態の内部構造を定量化する指標である「複合性」の定式化，現代的なハイペロン散乱実験，高エネルギー衝突実験の運動量相関を用いたフェムトスコピーと呼ばれる手法なども紹介する．本書が K 中間子原子核および関連する分野の研究に対して若手研究者の皆さんの新しい興味を喚起し，理論と実験の手法を学ぶきっかけとなるとともに，今後の研究のさらなる発展の一助となれば幸いである．

本書を執筆する機会をいただいた物理学最前線シリーズ監修者の岡真さん（原子力研究機構）に感謝します．また，本書の完成を辛抱強く見守ってくださった共立出版編集部に感謝いたします．本書で紹介した内容の一部は多くの研究者との共同研究に基づいています．特に，岩崎雅彦さん（理化学研究所），市川裕大さん（原子力研究機構），Wolfram Weise さん（ミュンヘン工科大学），池田陽一さん（大阪大学），神谷有輝さん（ボン大学）にこの場を借りて感謝申し上げます．また，本書の原稿に丁寧に目を通していただいた衣川友那さん（東京都立大学）に感謝します．

2023 年 6 月　　　　兵藤哲雄，永江知文

目　次

第3章　QCD とカイラル対称性　51

第4章　共鳴状態と散乱理論　69

第 5 章 Λ^* 共鳴と K 中間子核子相互作用 87

第 6 章 エキゾチックなハドロン多体系 119

第1章 原子核と核力

本書のタイトルにある「K 中間子」と「原子核」について，まずは歴史を遡って眺めてみよう．原子核は今から100年以上も前の1911年に発見されたが，K 中間子が発見されたのは1947年のことであった．負電荷をもつ K^- と原子核とがクーロン相互作用により K 中間子原子を形成する実験は，1958年に米国西海岸のバークレーのベバトロン加速器を使って行われた．K 中間子と原子核とが強い相互作用によって束縛状態を作る可能性については，21世紀になって研究が盛んになった．まず本章で原子核の基礎を概観し，次章で K 中間子などのストレンジネスをもったハドロンについて解説する．

1.1 単位系

はじめに本書で用いる単位系について簡単に整理する．**SI**（**国際単位系**）では長さ，質量，時間の単位としてそれぞれメートル (m)，キログラム (kg)，秒 (s) を用いる．現在では s はセシウム原子の超微細構造遷移周波数によって決定され，m は特殊相対性理論で不変とされる真空中の光速を $c = 299792458$ m/s と定義して決められる．さらに量子力学のプランク (M. Planck)[1] 定数を $h = 6.62607015 \times 10^{-34}$ m^2·kg/s と定義することで kg が決まる．換算プランク定数は $\hbar = h/(2\pi)$ と定義する．電磁相互作用に関係する電荷の単位はクーロン (C) であり，電子の負電荷の大きさを表す素電荷が $e = 1.602176634 \times 10^{-19}$ C と定義されている．真空の誘電率 ε_0 は現在では測定値であり，これらを組み合わせた**微細構造定数** $\alpha = e^2/(4\pi\varepsilon_0\hbar c)$ は $\sim 1/137$ となる無次元量である．

---

1) 1918年ノーベル物理学賞を受賞．

原子核などのミクロな世界の物理量は一般にSIでは非常に小さな値になる．K中間子原子核に関係する強い相互作用に典型的な長さの単位は 10^{-15} m = 1 fm（フェムトメートル）である．エネルギーは素電荷をもつ荷電粒子が1 Vの電位差で得るエネルギーを1電子ボルト(eV)と定義し，10^6 eV = 1 MeVおよび10^9 eV = 1 GeVがよく使われる．

第2章以降は断りがない限り，$c = 1$，$\hbar = 1$とする**自然単位系**を用いる．SIでcやhが定義値であったことを踏まえると，自然単位系は長さ，質量，時間の変換係数を新たに定義して測定していることに対応する．SIに変換するには，通常の物理量の次元に対応するようにcと$\hbar$のベキをかければよい．特に，換算プランク定数と光速の積はエネルギーと長さの積の次元になり，具体的な数値は$\hbar c \sim 197$ MeV·fmという値になる．例として，質量が自然単位系で940 MeVと書いてある場合，SIでは940 MeV$/c^2$を意味している．相互作用の到達距離が1/(140 MeV)と書いてある場合，SIでは$\hbar c/(140$ MeV$) \sim 1.41$ fmを意味している．

1.2　原子と原子核

1.2.1　原子から原子核，素粒子の世界へ

20世紀の初頭にイギリスのラザフォード(E. Rutherford)[2)]によって**原子核(nuclei)**が発見された．原子核の発見は，万物を創る最小単位として考えられてきた「原子」が内部構造をもつことを明らかにした．ラザフォードは放射線源から放出されたα粒子と金原子との散乱を観測し（図1.1），原子の大きさ(10^{-10} m)に比べて非常に小さい「原子核」が存在することを明らかにした．ラザフォードの実験には，後の科学の進展から振り返ると，2つの重要な意味合いがある．1つは，「散乱実験」というミクロの世界を探る実験手法の雛形を与えたことである．もう1つは，原子の内部を探る学問としての「原子核物理学」，および，さらに下の階層の「素粒子物理学」を切り拓いたことである．

[2)] 1908年ノーベル化学賞を受賞．

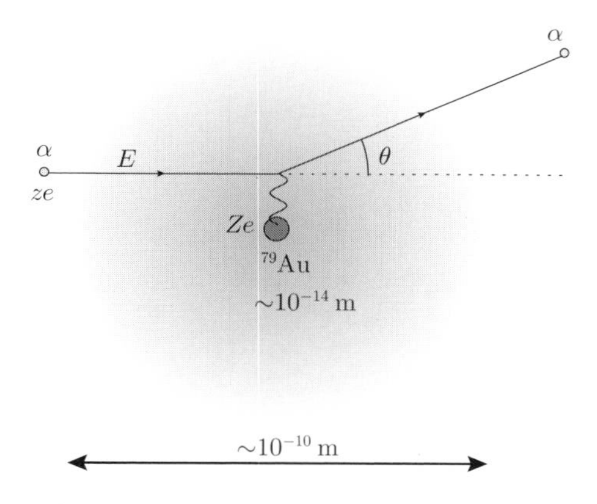

図 1.1 金原子核による α 粒子のラザフォード散乱の模式図.

ド・ブロイ (L. V. de Broglie)[3] によれば，運動量 p をもつ粒子は，量子力学の効果により波長 $\lambda = h/p$ の波の性質（物質波）をもつ．よって，粒子を高エネルギー（高運動量）に加速することで，分解能に優れた顕微鏡を手に入れることができる．一方，アインシュタイン (A. Einstein)[4] の特殊相対性理論はエネルギー E と質量 m を $E = mc^2$ と関係づけるため，高エネルギーに加速された粒子を用いると，質量の大きな粒子の生成が可能になる．

1.2.2 原子の構造

19 世紀の終わりに，不可分なものと考えられていた原子からさまざまな粒子が放出されることが明らかになった．1895 年にレントゲン (W. C. Röntgen)[5] は原子から X 線が放射されることを発見した．電気的に中性な原子から，負の電荷をもった電子 (e^-) が放出されることはトムソン (J. J. Thomson)[6] により 1897 年に発見された．1896 年にはベクレル (A. H. Becquerel)[7] によりウランから放射線（α 線）が放出されていることが発見され，さらに β 線，γ 線も相次いで発見された．原子から透過性の高い電磁波（X 線, γ 線）や負の電荷をもっ

[3] 1929 年ノーベル物理学賞を受賞.
[4] 1921 年ノーベル物理学賞を受賞.
[5] 1901 年ノーベル物理学賞を受賞.
[6] 1906 年ノーベル物理学賞を受賞.
[7] 1903 年ノーベル物理学賞を受賞.

た電子が飛び出してくるというのは不思議なことであり，原子が不可分ではなく内部構造をもつことを示唆している．

1911 年までにラザフォードの指導のもと，ガイガー (J. W. Geiger)，マースデン (E. Marsden) が行った実験では，放射線として出てくる α 粒子[8] を金の薄膜標的に照射し，α 粒子が後方に散乱される事象が観測された．当時トムソンらが提唱していた原子模型（トムソン模型，プラムプディングモデル）では，正電荷が原子全体にプリンのように一様に広がり，中に電子の粒が分布していると考えられていた．しかし，トムソン模型では，α 線は前方に多く散乱されて，後方に散乱されることはほとんどない．

ラザフォードが実験を説明するために導入した新しい原子模型（ラザフォード模型）では，原子の中心部の 10^{-14} m $=$ 10 fm 程度の領域に正電荷が集中して存在し，負電荷の電子が 10^{-10} m 程度の大きさの軌道で正電荷を取り巻くと考える．中心部に存在する正電荷の塊が原子核である．しかしラザフォード模型は当時の物理学では理解できない問題をかかえていた．マクスウェル (J. C. Maxwell) の電磁気学では，円運動などの加速度運動をする電荷をもった電子は，電磁波を放出してエネルギーを失い，安定な円軌道を回り続けることはできない．よってラザフォード模型の電子軌道は安定に存在できないことになる．

この電子軌道の安定性の問題は，1920 年代の量子力学の成立によって解決した．量子力学では，原子の中の電子は古典物理学で考えられる連続したエネルギー状態をとることができず，離散的なエネルギー固有値のみが許される．電子の最低のエネルギー状態（基底状態）が存在し，それ以上低いエネルギー状態はとれないため，原子が安定に存在することができる．このようにして，20 世紀初頭には原子の現代的な描像が確立した．

1.2.3　原子核の構造

原子核の構造を調べるために，原子核のもつ正電荷と原子核の質量の測定が行われた．元素の化学的性質を特徴づけている原子番号 (Z) は，原子核のもつ正電荷 Ze から決まる．水素原子 ($Z = 1$) の原子核は**陽子 (proton, p)** と呼ば

---

[8] α 線はヘリウムの原子核 ^{4}He であることがラザフォードらによって実証された．

れる．陽子の質量は ~ 938 MeV/c^2 であり，電子の質量 $m_e \sim 0.511$ MeV/c^2 の約 2000 倍である．水素原子は，陽子と電子のクーロン力による束縛系で，基底状態の束縛エネルギーの大きさは $m_e c^2 \alpha^2/2 \sim 13.6$ eV であり，原子質量に比べて無視できる．一般の原子核の質量は陽子の質量のほぼ整数倍であるため，**質量数** (A) を原子核の質量と陽子質量の比に最も近い整数として定義する．たとえば安定な炭素の原子核 ^{12}C は，$Z = 6$，$A = 12$ である．

陽子と電子しか知られていない時代には，原子核は A 個の陽子と $A - Z$ 個の電子から構成されると考えられていた．質量は陽子の A 倍になり，電荷も $+eA - e(A - Z) = +Ze$ となって原子核の性質をうまく説明する．原子核から電子（β 線）が放出されることも一見矛盾しないように思える．ところが量子力学のハイゼンベルク (W. K. Heisenberg)[9] の不確定性関係 $\Delta x \times \Delta p \geq \hbar/2$ により，原子核の中にいる電子は，位置が $\Delta x \sim 10$ fm の範囲に限定されるために大きな運動量のゆらぎ $\Delta p \sim 10$ MeV/c をもつことになるが，β 崩壊で放出される電子の運動量はここまで大きくないことが知られていた．

以上の困難を解決したのが，ラザフォードの研究室にいたチャドウィック (J. Chadwick)[10] によって 1932 年に発見された**中性子 (neutron, n)** である．中性子は陽子と質量がほぼ等しく電荷をもたない粒子であり，陽子と中性子を総称して**核子 (nucleon, N)** と呼ぶ．原子核が Z 個の陽子と $A - Z$ 個の中性子から構成されるとすれば，質量は陽子の A 倍，電荷が Ze であるという原子核の性質が説明できる．このように，中性子の発見により，現在の原子核の描像が確立した．

1.3 核力

原子核の大きさは 10 fm 程度であり，このような小さな領域に正電荷をもった陽子が詰まっていることになる．クーロン力による反発力を 1 fm 離れた陽子間のポテンシャルエネルギーで評価すると ~ 1.44 MeV となり，これに打ち勝

[9] 1932 年ノーベル物理学賞を受賞．
[10] 1935 年ノーベル物理学賞を受賞．

つ引力が原子核を自己束縛系として実現するために必要である．当時知られていた電磁気力と重力という 2 つの力では説明できず，核子の間にはたらく強い力，**核力 (nuclear force)** が必要であることが明らかになった．

1.3.1　核力の性質

核力の実験的研究では pp（陽子・陽子）や pn（陽子・中性子）などの低エネルギーの核子散乱が行われ，精密な測定データが集積されている．また，核子の複合系である原子核の構造にも核力の性質が反映されている．さまざまな実験データの蓄積により，重力や電磁気力にはない核力の特徴的な性質が浮かび上がってきた．

特徴の 1 つが，核力の及ぶ到達範囲が有限な**短距離力**という性質である．重力や電磁気力は長距離力と呼ばれ，粒子間の距離 r が大きい遠方で r のベキ乗で減少し，力の到達距離を決める特徴的な長さスケールをもたない．一方で核力は数 fm の距離を超えると急速に減少し，原子核の外ではほとんど 0 とみなすことができる．核力の短距離性は後述の中間子論（1.3.4 項）によって説明される．

2 核子の組み合わせには pp，pn，nn の 3 種類あるが，これらの核子間の強い相互作用はほぼ等しく，**荷電独立性**という性質が成立している．具体的には，pp 散乱と，同じスピン状態の pn 散乱の性質は，クーロン力の効果を除けば，ほぼ等しい．さらに，鏡映核と呼ばれる陽子数 Z と中性子数 $N = A - Z$ を入れ替えた原子核の組（例として ^{7}Li と ^{7}Be）の性質の違いは，クーロン力のみでほぼ説明できる．つまり，強い相互作用に関しては，陽子と中性子は同じ粒子のように振る舞っている．核力の荷電独立性に基づき，スピンに類似した核子の内部自由度である**アイソスピン (isospin)** の概念をハイゼンベルクが導入した．核子はアイソスピンの大きさ $I = 1/2$ をもち，陽子と中性子は第 3 成分 $I_3 = \pm 1/2$ の 2 つの状態に対応する [11] と考える．

---

11) 本書では高エネルギー物理の慣習に従い，陽子は $I_3 = +1/2$，中性子は $I_3 = -1/2$ と定義する．この定義は，後述するクォークについて，u クォークが $I_3 = +1/2$（アイソスピン上向き），d クォークが $I_3 = -1/2$（アイソスピン下向き）とする定義と整合的である．一方で原子核物理では陽子に $I_3 = -1/2$ を割り当てる慣習もあることに注意する．異なる慣習が存在する歴史的経緯については巻末の邦文文献 (e) が詳しい．

1.2 節で述べたように，核子散乱のエネルギーを上げると，より短距離の核力の性質を調べることができる．低エネルギー（長距離）では原子核を束縛させるために核力は引力的であるが，核子間距離が 0.5 fm 程度の短距離に近づくと核力は斥力的に変化することが散乱位相差の振る舞いから明らかになった．短距離の斥力成分を核力の**斥力芯**と呼ぶ．斥力芯の存在は，原子核の密度の飽和性や殻模型の独立粒子描像とも関連する核力の重要な性質である．また，pn 散乱の微分断面積は前方と後方にピークをもつ構造を示す．これは核力が**交換力**成分をもつことと関係しており，p と n が散乱によって入れ替わる過程が存在することを示している．

1.3.2 2 核子系の分類

核力の性質を議論するうえで，2 核子系の状態の分類が重要になる．電子と同様に，陽子・中性子もスピン 1/2 の (E. Fermi)[12] 粒子であり，2 つの核子は同じ量子状態をとることができない．2 核子の状態を指定する量子数は，スピンに加えて上述のアイソスピンと，位置座標に依存する空間波動関数の対称性で決まる．よって 2 核子系の波動関数は,

$$|NN\rangle = |\phi(\boldsymbol{r})\rangle \otimes |\Psi\rangle \otimes |\chi\rangle, \tag{1.1}$$

と空間波動関数 $|\phi(\boldsymbol{r})\rangle$ とスピン波動関数 $|\Psi\rangle$，アイソスピン波動関数 $|\chi\rangle$ の直積 [13] になる．以下，2 核子の入れ替えに対する波動関数の各成分の変化を調べることで，可能な 2 核子状態への制限を導出する．

空間波動関数 $|\phi(\boldsymbol{r})\rangle$ は 2 核子間の相対座標 $\boldsymbol{r} = \boldsymbol{r}_1 - \boldsymbol{r}_2$ のみで表される．2 つの核子の位置を入れ替える $(\boldsymbol{r}_1 \leftrightarrow \boldsymbol{r}_2)$ と，相対座標は $\boldsymbol{r}$ から $-\boldsymbol{r}$ に変化する．このとき，球面調和関数の性質から

---

[12] 1938 年ノーベル物理学賞を受賞．

[13] 直積（テンソル積）とは，系が空間座標やスピンなどの波動関数を独立にもっており，対応する演算子がそれぞれ独立に作用することを表している．通常は状態ベクトル $|\phi\rangle$ の座標表示を位置演算子の固有ベクトルとの内積で $\phi(\boldsymbol{r}) = \langle \boldsymbol{r}|\phi\rangle$ と与えるが，ここでは空間波動関数が位置ベクトルの情報を含むことを形式的に $|\phi(\boldsymbol{r})\rangle$ と表している．

$$|\phi(\boldsymbol{r})\rangle \to |\phi(-\boldsymbol{r})\rangle = (-1)^{\ell} |\phi(\boldsymbol{r})\rangle = \begin{cases} |\phi(\boldsymbol{r})\rangle & \ell：偶数 \\ -|\phi(\boldsymbol{r})\rangle & \ell：奇数 \end{cases}, \tag{1.2}$$

と軌道角運動量 ℓ の偶奇性に応じて波動関数の符号が変化する．**$\boldsymbol{\ell}$ が偶数**で粒子の入れ替えに対し波動関数が変わらない状態を**対称波動関数**，**$\boldsymbol{\ell}$ が奇数**で波動関数が -1 倍になる状態を**反対称波動関数**と呼ぶ．また，$\boldsymbol{r} \to -\boldsymbol{r}$ という変換は**パリティ変換**でもあるため，ℓ が偶数の状態はパリティ正，奇数の状態はパリティ負となる．

スピン波動関数は合成スピンの大きさ S と第3成分 S_3 を用いて，$|S, S_3\rangle$ と表すことができ，スピン1重項 $|0,0\rangle$ とスピン3重項 $|1,S_3\rangle$ に分類され，2つの核子のスピンの第3成分を矢印の上下で表すと

$$|0,0\rangle = \frac{1}{\sqrt{2}}(|\uparrow\downarrow\rangle - |\downarrow\uparrow\rangle), \tag{1.3}$$

$$|1,+1\rangle = |\uparrow\uparrow\rangle, \quad |1,0\rangle = \frac{1}{\sqrt{2}}(|\uparrow\downarrow\rangle + |\downarrow\uparrow\rangle), \quad |1,-1\rangle = |\downarrow\downarrow\rangle, \tag{1.4}$$

と表現できる．この表式より，2つの核子の入れ替えに対しスピン波動関数は

$$|0,0\rangle \to -|0,0\rangle, \quad |1,S_3\rangle \to |1,S_3\rangle, \tag{1.5}$$

と変換されることがわかる．つまり**スピン1重項は反対称**，**3重項は対称**な波動関数をもつ．スピンと同様にアイソスピン波動関数も合成アイソスピンの大きさ I と第3成分 I_3 を用いて1重項 $|I, I_3\rangle = |0,0\rangle$ と3重項 $|1,I_3\rangle$ に分類され，

$$|0,0\rangle = \frac{1}{\sqrt{2}}(|pn\rangle - |np\rangle), \tag{1.6}$$

$$|1,+1\rangle = |pp\rangle, \quad |1,0\rangle = \frac{1}{\sqrt{2}}(|pn\rangle + |np\rangle), \quad |1,-1\rangle = |nn\rangle, \tag{1.7}$$

となり，核子の入れ替えに対して

$$|0,0\rangle \to -|0,0\rangle, \quad |1,I_3\rangle \to |1,I_3\rangle, \tag{1.8}$$

と1重項は反対称，3重項は対称となる．

表 1.1 2核子状態の分類と対称性.

軌道角運動量	スピン	アイソスピン	全体
$\ell=$ 偶数（対称）	$S=0$（反対称）	$I=1$（対称）	反対称
	$S=1$（対称）	$I=0$（反対称）	反対称
$\ell=$ 奇数（反対称）	$S=0$（反対称）	$I=0$（反対称）	反対称
	$S=1$（対称）	$I=1$（対称）	反対称

式(1.1)での2核子の入れ替えは，空間，スピン，アイソスピンすべての自由度の入れ替えに対応する．核子がフェルミ粒子であるために波動関数は全体として反対称になることを考慮すると，可能な波動関数の組み合わせが表1.1のように与えられる．このように，フェルミオンの反対称性は2核子系の内部自由度について制限を与える．たとえば，固定された軌道角運動量に対し，スピンを決めればアイソスピンが自動的に定まることになる．慣例として2核子の状態を合成スピン S，軌道角運動量 ℓ，全角運動量の大きさ J を用いて ${}^{2S+1}\ell_J$ と表記する．ただし軌道角運動量は $\ell=0,1,2,3,\ldots$ に対し，分光学的記法S, P, D, F, ... を用いる．$\ell=0$ の場合は，スピン $S=0,1$ に対して $J=0,1$ となるので，${}^1\mathrm{S}_0$ と ${}^3\mathrm{S}_1$ が可能である．また，表1.1より，${}^1\mathrm{S}_0$ は $I=1$，${}^3\mathrm{S}_1$ は $I=0$ であることがわかる．

1.3.3 重陽子

2核子系の唯一の束縛状態は pn 系の**重陽子 (deuteron, d)** であり，nn，pp 系は束縛しない．式(1.7)より nn，pp 系は $I=1$ 状態であるため，アイソスピン対称性から $I=1$ の pn 系も束縛しないと考えられ，重陽子が $I=0$ の ${}^3\mathrm{S}_1$ 状態であることが示唆される．実際に重陽子のスピン・パリティは $J^P=1^+$ であることが知られており，全角運動量が $J=1$ の ${}^3\mathrm{S}_1$ 状態であることと整合的である．さらに重陽子の磁気モーメントは陽子と中性子の磁気モーメントの単純な和にほぼ等しく，2つの核子のスピンが揃った ${}^3\mathrm{S}_1$ 状態の構造を反映している．

典型的な長さスケールが1 fmの強い相互作用で2つの核子が束縛した場合の束縛エネルギーは，次元解析から約40 MeVと見積もることができる．実際の重陽子の束縛エネルギーは約2.22 MeVであり，典型的なエネルギースケールより1桁小さい．つまり重陽子は2つの核子がそれぞれの性質を保ったままゆるく束縛した**弱束縛状態**であることがわかる．

核力ポテンシャルが核子間の距離の大きさのみに依存する中心力であれば，軌道角運動量が保存するため，重陽子は完全な $^3\mathrm{S}_1$ 状態として記述される．しかし核力は非中心力である**テンソル力**を含んでおり，テンソル力が重陽子の束縛エネルギーや原子核の構造を議論するうえで重要な役割を果たすことが知られている．非中心力がある場合，保存するのはスピンと軌道の角運動量を合成した全角運動量 J のみであり，$^3\mathrm{S}_1$ 状態は軌道角運動量の異なる $^3\mathrm{D}_1$ 状態と混合しうる．実際の重陽子では $^3\mathrm{D}_1$ 状態が数%混合しており，正の四重極モーメントをもつ性質を説明する．

1.3.4　湯川の中間子

1934年，湯川（H. Yukawa，湯川秀樹）[14] は核力の性質を説明するために，**π 中間子 (pion)** が核子間で交換される中間子理論を提案した [1]．電磁場による相互作用であるクーロンポテンシャルは，光を量子化した光子の交換で媒介されることが当時知られていた．光子が質量をもたないために，クーロンポテンシャルの力の到達距離は無限大で，距離 r に対するポテンシャルは $V(r) \propto 1/r$ の形になる．核力を媒介する π 中間子が質量をもてば，短距離力である核力を記述できると湯川は考えた．直感的には，力の到達距離が媒介粒子のコンプトン波長程度になることから，有限質量の粒子の交換は短距離力を与えることが理解できる．また，π 中間子がアイソスピン $I=1$ をもつことで，交換の際にアイソスピン量子数を運び，陽子と中性子を入れ替える交換力の性質（後方散乱のピーク）も同時に示すことができる．湯川のアイデアの画期的なところは，それまでに知られていた実験事実を説明するために，未発見の粒子の存在を予言したことにある．

今日，**湯川ポテンシャル**と呼ばれている核力ポテンシャルの関数形は

$$V(r) = -\frac{g^2}{4\pi}\frac{e^{-\mu r}}{r}, \tag{1.9}$$

である．g は核子と π 中間子の結合定数であり，電磁相互作用における電荷 e

[14] 1949年ノーベル物理学賞を受賞．

に相当する．関数 $V(r)$ の大きさは r が $1/\mu$ を超えると指数関数的に抑制されるため，μ は到達距離の逆数と解釈できる．到達距離 $1/\mu$ を交換粒子のコンプトン波長で見積もると

$$\frac{1}{\mu}=\frac{\hbar}{m_\pi c}, \tag{1.10}$$

となる．具体的に $1/\mu$ が 1 fm の場合，π 中間子の質量 m_π は 200 MeV/c^2 のオーダーとなり，π 中間子は**陽子と電子の中間の質量**をもつことが期待される．

文献 [1] では π 中間子はスカラー粒子として導入されたが，現在では $J^P=0^-$ の擬スカラー中間子であることがわかっている（2.2.3 項参照）．擬スカラー中間子と核子の結合は，非相対論極限で各核子のスピン演算子 $\boldsymbol{\sigma}_1,\boldsymbol{\sigma}_2$ と相対座標微分の積の形になるため，式 (1.9) は核子の質量を M として

$$\begin{aligned}V(\boldsymbol{r})&=-\frac{g^2}{16\pi M^2}(\boldsymbol{\sigma}_1\cdot\boldsymbol{\nabla})(\boldsymbol{\sigma}_2\cdot\boldsymbol{\nabla})\frac{e^{-\mu r}}{r}\\&=-\frac{g^2\mu^2}{48\pi M^2}\left[\boldsymbol{\sigma}_1\cdot\boldsymbol{\sigma}_2+\left(1+\frac{3}{\mu r}+\frac{3}{(\mu r)^2}\right)S_{12}(\boldsymbol{r})\right]\frac{e^{-\mu r}}{r},\end{aligned} \tag{1.11}$$

と変更される．ここで

$$S_{12}(\boldsymbol{r})=3\frac{(\boldsymbol{\sigma}_1\cdot\boldsymbol{r})(\boldsymbol{\sigma}_2\cdot\boldsymbol{r})}{r^2}-\boldsymbol{\sigma}_1\cdot\boldsymbol{\sigma}_2, \tag{1.12}$$

は 2 階のテンソル演算子であり，$S_{12}(\boldsymbol{r})$ に比例する部分をテンソル力と呼ぶ．つまり擬スカラーの π 中間子交換からテンソル力が生じることがわかる．式 (1.12) のテンソル演算子は相対座標 $\boldsymbol{r}$ と各核子のスピンの向き（$\boldsymbol{\sigma}_1,\boldsymbol{\sigma}_2$ の期待値）の間の角度に依存するため，$\boldsymbol{r}$ の大きさだけでは決まらない．よって核力は核子の相対的なスピンの向きによって大きさが変わる非中心力である．

湯川が予言した π 中間子は宇宙線の観測で実際に発見された．まず 1937 年にネッダーマイヤー (S. Neddermeyer) とアンダーソン (C. D. Anderson)[15] が 100 MeV/c^2 程度の質量をもった粒子を観測した [2]．しかし文献 [2] で発見された粒子は原子核とあまり反応せず，核力を媒介する粒子であるという π 中間

[15] 1936 年ノーベル物理学賞を受賞．

子の性質と矛盾していた．現在ではネッダーマイヤーらが観測した粒子は電子の仲間（レプトン）の μ 粒子[16] であることが知られている．μ 粒子は弱い相互作用で電子とニュートリノに崩壊し，寿命は 10^{-6} s 程度である．実際の π 中間子は，1947 年にボリビアのチャカルタヤ山で原子核乾板を用いて，宇宙線の中からパウエル (C. Powell)[17] らによって発見された [3,4]．原子核乾板は写真フィルムの一種であり，パウエルらの努力により高エネルギーの π 中間子や μ 粒子の飛跡を精密に記録できるようになっていた．文献 [3, 4] では正負の電荷をもつ $\pi^{\pm}$ が発見され，質量は約 140 MeV/c^2 で，弱い相互作用により 10^{-8} s 程度の寿命で μ 粒子とニュートリノに崩壊する．後に加速器を使って電荷中性の π^0 も発見され，$I = 1$ の 3 つの状態が確認された．宇宙から降り注ぐ 1 次宇宙線の大半は陽子と α 線であり，上空の大気と反応して π 中間子を生成する．π 中間子は寿命が短いため上空で崩壊するが，崩壊後の μ 粒子は特殊相対論的効果により寿命が長くなり，地上に降り注いでいる．

1.3.5　現代の核力へ

湯川の中間子論に端を発する核力の研究は，現在までに，さまざまな発展を遂げている．交換粒子の質量と力の到達距離の関係式 (1.10) によれば，重い質量をもつ中間子の交換はより短距離の相互作用を記述する．後に発見された ρ, ω, σ（2.2 節参照）などの中間子の交換を導入し，核力を記述する中間子交換模型が発展した．核力には数千点からなる豊富な 2 核子散乱実験データ（微分断面積や，各種の偏極量）があるため，実験データを再現するように結合定数などのパラメータを決定することができる．1990 年代に理論グループによって構築されたメソン交換模型に基づく CD-Bonn ポテンシャル [5] や，部分波解析に基づいた Reid93 ポテンシャル [6]，座標空間での一般的な相互作用構造を利用した Argonne v_{18} ポテンシャル [7] などは，実験データに対して自由度あたりのカイ 2 乗が $\chi^2/\mathrm{d.o.f} \sim 1$ となる精度を達成しており，**現実的核力**模型と呼ばれている．図 1.2 に示すように，$^1\mathrm{S}_0$ チャンネルの現実的核力の中心力成分は，遠距離で引力であり，短距離では斥力芯をもつことがわかる．3 体以上の少数

[16] μ 中間子と呼ばれた時期がある．
[17] 1950 年ノーベル物理学賞を受賞．

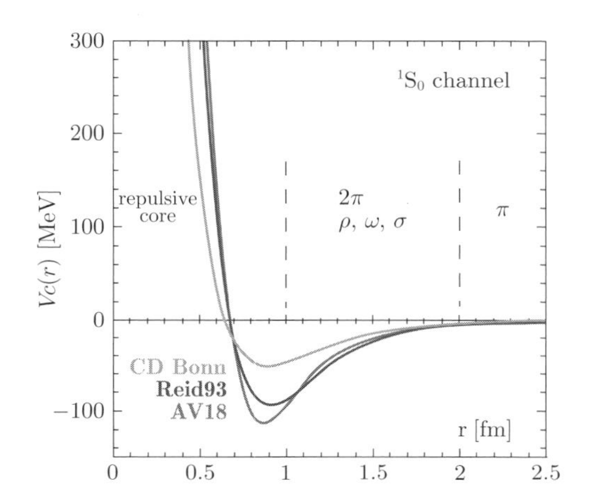

図 1.2 代表的な $^1S_0$ 状態の核力ポテンシャルの中心力成分．文献 [13] より引用．Reprinted figure with permission from [N. Ishii, S. Aoki, and T. Hatsuda, Phys. Rev. Lett. **99**, 022001 (2007).] Copyright (2007) by the American Physical Society.

核子系の厳密計算では，2 核子系で完成した現実的核力に加えて，3 核子以上になって初めて効果があらわれる **3 体力**が必要であることが知られている [8]．少数核子系の束縛エネルギーだけでなく，陽子・重陽子系の散乱などでも 3 体力の重要性が指摘されており，現在でも議論が続いている．

近年では，現象論的な核力だけでなく，強い相互作用の基礎理論である QCD（第 3 章参照）に基づいた核力の研究も進められている．3.2.2 項で述べるように，核力の基本的な部分を担う π 中間子は QCD のカイラル対称性の自発的破れと関係しており，対称性の原理でその性質が規定されている．核力に対するカイラル摂動論 [9] では，核力ポテンシャルをカイラル対称性に基づいて系統的に導出することができ，現在では**カイラル有効場の理論 (chiral effective field theory)** [10–12] として現実的核力と同等の χ^2/d.o.f ~ 1 の精度を実現している．さらに，少数系で重要になる 3 体力が同じ理論の中で整合的に出てくる利点を活かし，少数系への応用が進んでいる．

最近の進展として，QCD の第一原理計算である格子 QCD によってハドロン間ポテンシャルを求める HAL QCD の方法が開発され [13]，核力を含む多様なハドロン間のポテンシャルの研究が精力的に行われている [14,15]．現時点では核力に対して現実的なポテンシャルは構築されていないものの，ハイペロン（第2章参照）を含む相互作用など直接実験が難しい系でさまざまな興味深い結果を与えており，今後の展開が注目される．

1.4 本書の構成

本書は基礎事項を解説する前半（第1章〜4章）と K 中間子原子核に関連する最近の研究内容を紹介する後半（第5章〜9章）に分かれており，各章は基本的に独立して読めるように書かれている．前半の各章は後半の議論で必要な事項の説明なので，各章の内容にすでに精通している読者は直接後半に進んで，必要に応じて前半を参照していただきたい．

第1章では原子核の研究の歴史を核力に焦点を当てて解説した．第2章ではストレンジネス量子数の発見の歴史を概観した後，K 中間子を含むハドロンをクォークの複合系として記述する構成子クォーク模型を導入する．最後に K 中間子原子核の探索に使われる実験施設を紹介する．第3章では強い相互作用の基礎理論である QCD とカイラル対称性を導入し，K 中間子の性質をカイラル対称性の観点から議論する．特に，後半で $\bar{K}N$ 相互作用を議論する際の基礎となるワインバーグ・友沢定理を紹介する．第4章では量子力学での共鳴状態の記述を解説し，チャンネル結合を含む散乱理論の基本的な概念を導入する．

第5章では $\Lambda(1405)$ 共鳴について実験・理論で現在までに得られた結果をまとめる．特にスピン・パリティ量子数および固有エネルギーの決定方法を解説し，複合性を用いた内部構造の解明と格子 QCD 計算の進展について紹介する．最後に，K 中間子原子核への応用に必要な現代的な $\bar{K}N$ 相互作用を導入する．第6章では，ハイパー核や中間子原子核など，ハドロンを原子核中に束縛させたエキゾチック原子核の研究の現状を概観し，ハドロン間相互作用研究の最近の進展も紹介する．第7章以降で K 中間子と原子核の束縛状態の議論を行う．第7章ではクーロン相互作用によって束縛された K 中間子原子の基礎事項をまとめ，K 中間子水素の X 線分光の精密測定の歴史と，近年の理論計算の進展について解説する．強い相互作用による束縛状態である K 中間子原子核の研究は，実験について第 8 章，理論について第 9 章でそれぞれ現状を紹介する．最後の第 10 章では K 中間子原子核および関係するハドロン物理の将来への展望をまとめる．

第2章 ストレンジネスとK中間子

本章ではK中間子がもつストレンジネス量子数の発見の歴史を概観する．さらに，強い相互作用に関与する粒子としてのハドロンの分類に用いられるフレーバー SU(3) 対称性と，ハドロンをクォークの複合状態として記述する構成子クォーク模型を導入し，ハドロンの励起状態の描像を議論する．最後にK中間子原子核の実験的探索に用いられる代表的研究施設を紹介する．

2.1 ストレンジネス

2.1.1 素粒子の基本相互作用

現代の物理学では，自然界に4つの基本相互作用が存在することが知られている．最も身近な**重力（万有引力）**は，木からリンゴが落ちる現象や，地球が太陽のまわりを公転する運動を統一的に記述する．電線に電流が流れたり，方位磁石が南北を指す現象は**電磁相互作用**で支配されている．2粒子間にはたらく力を考えた場合，重力と電磁気力の強さはどちらも距離の2乗に反比例するという共通点がある．しかし，重力の強さは粒子の質量の積に比例し，相互作用が必ず引力であるのに対し，クーロン力の強さは粒子の電荷の積に比例しており，異なる電荷の粒子間には引力がはたらくが，同じ電荷の間には斥力がはたらく．このように，重力と電磁気力は本質的に異なる力である．

ミクロな世界に目を向けると，正電荷を帯びた原子核と負電荷を帯びた電子からなる原子の構造は電磁相互作用によって決まっている．ミクロな世界の相互作用は，核力のπ中間子交換のように，粒子の交換によって媒介される．電磁相互作用を媒介するのは光を量子化した光子 (γ) であり，電磁気力の強さが距離の 2 乗に反比例する性質は，光子の質量が 0 であることを反映している．素粒子である電子と光子の相互作用は**量子電磁気学 (quantum electrodynamics, QED)** で支配されている．

1.3 節で述べたように，原子核は正電荷をもった陽子と中性子から構成される自己束縛系であるため，陽子間の電磁相互作用によるクーロン斥力に打ち勝って原子核を束縛させる力が必要である．これが**強い相互作用**に起因する核力である．強い相互作用の基礎理論は**量子色力学 (quantum chromodynamics, QCD)** であり，素粒子クォークがグルーオンを交換することで相互作用している．詳しくは 3.1 節で議論するが，カラーの閉じ込めのためにクォークは単体で取り出すことができず，複合状態の**ハドロン (hadron)**（核子や π 中間子）として存在している．核力に代表されるハドロン間の相互作用は π 中間子などのハドロンの交換によって媒介されるため，力の到達距離は最も軽いハドロンである π 中間子のコンプトン波長 (~ 1.4 fm) 程度が上限となる．中性子が陽子，電子，反ニュートリノに β 崩壊する現象は**弱い相互作用**に起因する．現在では，弱い相互作用はワインバーグ (S. Weinberg)[1] とサラム (A. Salam)[2] の提唱した**電弱統一理論**で記述されており，$W^{\pm}$ および Z ボソンという非常に質量の大きい素粒子の交換によって媒介されることが知られている．交換粒子の質量が大きいため，力の到達距離も非常に短い（式 (1.10) 参照）．電弱統一理論と QCD は，ミクロな世界の物理を非常に精度良く記述することがわかっており，**素粒子標準模型**と呼ばれている．表 2.1 に素粒子標準模型の相互作用の性質をまとめる．

電磁相互作用と弱い相互作用がはたらく電子と，弱い相互作用のみがはたらくニュートリノの仲間の素粒子を**レプトン (lepton)** と呼ぶ．ハドロンは強い相互作用をするだけでなく，陽子のように電荷をもつハドロンには電磁相互作用もはたらき，中性子の β 崩壊のように弱い相互作用もはたらく．つまりハドロンには標準模型のすべての相互作用が関与している．このため，電磁相互作用，弱い相互作用，強い相互作用それぞれで崩壊するハドロンが存在する．表 2.1 に，それぞれの相互作用で崩壊する典型的なハドロンの寿命をまとめる．相

---
[1] 1979 年ノーベル物理学賞を受賞．
[2] 1979 年ノーベル物理学賞を受賞．

表 2.1 素粒子標準模型の基本相互作用と相互作用を媒介する粒子の性質.

	電磁 相互作用	弱い 相互作用	強い 相互作用
交換粒子	光子（γ）	$W^{\pm}, Z$	グルーオン
スピン・パリティ J^P	1^-	1^-	1^-
質量 [GeV]	0	$M_{W^\pm} \simeq 80.4$, $M_Z \simeq 91.2$	0
力の到達距離 [m]	∞	10^{-18}	$\leq 10^{-15}$
典型的なハドロンの寿命 [s]	10^{-19} (Σ^0)	10^{-10} (Λ)	10^{-23} (Δ)

互作用の「強さ」は反応の起こりやすさに対応しているため，強い相互作用による崩壊が最も寿命が短く，次いで電磁相互作用による崩壊で，最も寿命が長いのは弱い相互作用による崩壊である．レプトンは標準模型では点状の素粒子であり，内部構造をもたない．一方で，ハドロンは有限の大きさをもち，たとえば陽子の半径は約 0.8 fm 程度，π 中間子の半径は 0.7 fm 程度である [16]．ハドロンが有限のサイズをもつことは，ハドロンが基本粒子ではなく複合粒子であることを示唆している．実際に 2.2 節でクォークの複合系としてのハドロンの性質を議論する．陽子や中性子の仲間であるフェルミ粒子のハドロンを**バリオン (baryon)**，π 中間子の仲間であるボース (S. Bose) 粒子のハドロンを**メソン (meson)** と呼ぶ．

2.1.2 ストレンジ粒子の発見

1947 年に，宇宙線によって起こされた反応の霧箱写真において，崩壊後の粒子対が V 字型の飛跡を残す「V 粒子」がロチェスター (G. Rochester) とバトラー (C. Butler) によって発見された [17]. 現在では, これらの事象は中性の ***K*** **中間子 (kaon)** である K^0（質量 ~ 498 MeV）[3)] が

$$K^0 \to \pi^+ + \pi^-, \tag{2.1}$$

と崩壊した過程であることがわかっている．同様に，陽子と π 中間子に崩壊する **Λ 粒子**（質量 ~ 1116 MeV）

3) 正確な質量は Particle Data Group（PDG）[16] を参照.

$$\Lambda \to p + \pi^-, \tag{2.2}$$

も発見された．K^0 や Λ は未知の新粒子であっただけでなく，生成，崩壊反応の速度が奇妙な性質を示していた．たとえば，これらの粒子は霧箱中の

$$\pi^- + p \to K^0 + \Lambda, \tag{2.3}$$

という反応で，陽子と π 中間子から頻繁に生成されるため，生成反応が強い相互作用で起こっていると考えられる．一方で，崩壊 (2.1) および (2.2) の終状態もやはり陽子と π 中間子であるため，強い相互作用による崩壊が期待される．しかし，強い相互作用による崩壊の寿命は典型的に 10^{-23} s であるのに対し，K^0 や Λ は数 cm の飛跡があることから，10^{-10} s 程度の寿命をもつはずで，反応時間に矛盾が生じるようにみえる．

このような奇妙な性質を説明するために，ゲルマン (M. Gell-Mann)[4)] [18] と中野（T. Nakano，中野董夫）・西島（K. Nishijima，西島和彦）[19] は独立に**ストレンジネス (strangeness)** という新しい概念と加算的量子数 S を導入した．ハドロンのもつストレンジネス S は，ゲルマン・中野・西島の法則 [20]

$$Q = I_3 + \frac{B+S}{2}, \tag{2.4}$$

に従い決定される．ここで Q はハドロンの電荷，I_3 はアイソスピンの第 3 成分であり，B はバリオン数である．バリオン数とストレンジネスの和は**ハイパーチャージ**と呼ばれ，記号 Y で表される：

$$Y = B + S. \tag{2.5}$$

式 (2.4) よりストレンジネスは $S = 2(Q - I_3) - B$ となるので，陽子と π^- は

$$S_p = 2(1 - 1/2) - 1 = 0, \quad S_{\pi^-} = 2[-1 - (-1)] - 0 = 0, \tag{2.6}$$

4) 1969 年ノーベル物理学賞を受賞．

とストレンジネスをもたないが，K^0 と Λ は [5)]

$$S_{K^0} = 2[0 - (-1/2)] - 0 = +1, \quad S_\Lambda = 2(0-0) - 1 = -1, \tag{2.7}$$

のようにストレンジネスをもつことがわかる．強い相互作用と電磁相互作用では保存される**ストレンジネスが弱い相互作用では保存されない**という選択則をおくことで，上述の崩壊の問題が解決される．実際に，生成反応 (2.3) の左辺のストレンジネスは $S = S_p + S_{\pi^-} = 0$，右辺も $S = S_{K^0} + S_\Lambda = 0$ とストレンジネスが保存しており，強い相互作用で起きうる．一方，崩壊反応 (2.1) と (2.2) では，左辺が $S = \pm 1$ であるのに対し，右辺が $S = 0$ なので，弱い相互作用でのみ崩壊することがわかり，長い寿命が説明される．

電荷をもった K 中間子である K^+ (質量 ~ 494 MeV) は宇宙線の反応によって発見され [21]，現在では K^+ の反粒子である K^- および K^0 の反粒子である $\bar{K}^0$ の 4 種類が K 中間子として知られている [6)]．このうち K^+ と K^0 が $S = +1$，K^- と $\bar{K}^0$ が $S = -1$ をもち，それぞれアイソスピン 2 重項

$$K = \begin{pmatrix} K^+ \\ K^0 \end{pmatrix}, \quad \bar{K} = \begin{pmatrix} \bar{K}^0 \\ K^- \end{pmatrix}, \tag{2.8}$$

を形成する．これはアイソスピン 2 重項である核子を

$$N = \begin{pmatrix} p \\ n \end{pmatrix}, \tag{2.9}$$

と表記するのと同様で，上成分が $I_3 = +1/2$，下成分が $I_3 = -1/2$ の状態を表している．$\bar{K}$ や N などの表記はアイソスピン記法と呼ばれ，多重項に含まれる粒子を集合的に表しており，本書でも頻繁に利用する．たとえば「$\bar{K}N$」という表記は，実際の粒子の組み合わせとしては K^-p や $\bar{K}^0 n$ などを意味している．

Λ に引き続きストレンジネスをもつバリオンも相次いで見つかった．宇宙線

---

5) 実際に式 (2.1) の崩壊をする中性 K 中間子は $S = +1$ と $S = -1$ の状態の重ね合わせである K_s^0 だが (2.2.3 項参照)，ここでは式 (2.3) で生成された K^0 について考える．

6) 式 (2.8) にあるように，正確には $\bar{K}^0$ と K^- は $\bar{K}$ 中間子または反 K 中間子 (antikaon) と呼ばれるが，K と $\bar{K}$ をまとめて「K 中間子」と呼ぶことも多い．

の反応によって電荷をもった **Σ 粒子**である Σ^+（質量 ~ 1189 MeV）およびストレンジネス $S = -2$ をもつ **Ξ 粒子**の Ξ^-（質量 ~ 1321 MeV）が発見された．同時期に，1950 年代になって稼働した高エネルギー加速器によって生成された K 中間子ビームを使った反応で，荷電状態の異なる Σ 粒子である Σ^-（質量 ~ 1197 MeV），Σ^0（質量 ~ 1192 MeV），電気的に中性の Ξ 粒子である Ξ^0（質量 ~ 1315 MeV）が続々と発見された．核子を含めてこれらの粒子はアイソスピン多重項

$$\Sigma = \begin{pmatrix} \Sigma^+ \\ \Sigma^0 \\ \Sigma^- \end{pmatrix}, \quad \Xi = \begin{pmatrix} \Xi^0 \\ \Xi^- \end{pmatrix}, \tag{2.10}$$

およびアイソスピン 1 重項の Λ と分類される．ストレンジネスを含むバリオンは**ハイペロン**と総称され**記号 $\boldsymbol{Y}$ で $\boldsymbol{\Lambda}$，$\boldsymbol{\Sigma}$，$\boldsymbol{\Xi}$ をまとめて表記**する．また，2.2 節で見るように，N，Λ，Σ，Ξ はフレーバー SU(3) の 8 重項にさらにまとめられる．

2.2　ハドロン分光学

2.2.1　歴史的経緯

1950 年代より，500 MeV 程度というサイクロトロンの限界を超えて，数 GeV のエネルギーまで陽子を加速するシンクロトロンと呼ばれる加速器が作られるようになった（2.3.2 項参照）．加速粒子がらせん軌道を同じ周期で回るサイクロトロン（サイクロトロンの等時性と呼ばれる）とは異なり，同じ軌道を加速されながら徐々に短い周期で周回するのがシンクロトロンである．位相安定性の原理と強収束の原理を駆使することにより，周回周波数の制御の問題が克服された．代表例として米国東海岸のブルックヘブン国立研究所のコスモトロン（陽子の最大加速エネルギー 3.3 GeV），西海岸のローレンスバークレー研究所のベバトロン (6 GeV) などが挙げられる．これらの加速器を用いて，さまざまなハドロンが 1960 年代にかけて続々と発見された．上述のストレンジネスを

もつバリオン Λ, Σ, Ξ などに加えて，軽いメソンとしてアイソスピン $I=0$ の η 中間子（質量 ~ 548 MeV），スピン $J=1$ の ρ 中間子（質量 ~ 775 MeV）と ω 中間子（質量 ~ 783 MeV）などが発見された．これらの発見に対しては，グレーザー (D. A. Glaser)[7] によって 1952 年に発明された水素泡箱という検出器が大きく貢献した．

多数発見されたハドロンを，何らかの規則性に従って分類する，さまざまな方法が提案された．ここで成功を収めたのが，**フレーバー SU(3) 対称性**を用いたハドロンの分類法 [22–24] である．詳しくは本節の後半で述べるが，陽子 p と中性子 n が核子 N というアイソスピン 2 重項にまとめられるのと同様に，核子 N とハイペロン Λ, Σ, Ξ は SU(3) の **8 重項 (octet)** にまとめられる．フレーバー SU(3) 対称性の成功の代表例として，対称性の破れに起因するゲルマン・大久保（S. Okubo, 大久保進）の質量公式 [22,25] が 8 重項バリオンの質量の関係を非常に良い精度で再現することが挙げられる（3.2.4 項参照）．さらに，Δ などのバリオンを **10 重項 (decuplet)** にまとめることで，ストレンジネス $S=-3$ の $\boldsymbol{\Omega}$ **粒子**の存在が予言され [26][8]，質量公式から期待される状態が 1964 年に実験で発見された [27]．

フレーバー SU(3) によるハドロンの分類は，ハドロンをより基本的な粒子の複合状態として記述する考え方へと発展した．1964 年，ゲルマン [28] とツヴァイク (G. Zweig) [29,30] は独立に，複合粒子模型である**クォーク模型**を提案した．素粒子としてアップ (u)，ダウン (d)，ストレンジ (s) というフレーバーをもった**クォーク (quark, q)** が導入された．クォークの反粒子は**反クォーク (antiquark, $\bar{q}$)** と呼ばれる．メソンをクォークと反クォーク対 $(q\bar{q})$，バリオンをクォーク 3 個 (qqq) の複合系とするクォーク模型は，それまでに観測されたハドロンを見事に分類した[9]．クォークを**スピン 1/2** をもつフェルミオンとす

---

[7] 1960 年ノーベル物理学賞を受賞．

[8] Ω の予言は会議録に収められた G. A. Snow の講演に対する Discussion 中のゲルマンの発言による．ここでゲルマンは，KN チャンネル（ストレンジネス $S=+1$）にバリオンが見つからないことから，Δ などを 10 重項に当てはめ，$S=-3$ の粒子に Ω という名称を提案し，等間隔則による質量 1685 MeV の予言を行い，弱崩壊する可能性を指摘している．

[9] ゲルマンがクォークを提案した論文 [28] には「バリオンはクォークから $(qqq), (qqqq\bar{q}), \cdots$ という組み合わせで，メソンは $(q\bar{q}), (qq\bar{q}\bar{q}), \cdots$ という組み合わ

ることで，奇数個のクォークからなるバリオンがフェルミオンであり，偶数個の組み合わせのメソンがボソンであることも自然に説明される．

しかしハドロンの電荷を説明するには，クォークは**分数電荷**をもたなければならない．具体的には，素電荷を単位として u クォークが電荷 $+2/3$，d クォークが $-1/3$，s クォークが $-1/3$ となる必要がある．観測される粒子の電荷は素電荷の整数倍に限られているため，クォークの分数電荷は模型の問題であると当時は考えられていた．クォーク模型には他にも**統計性の問題**があることが知られていた．後述するように，Ω バリオンなど同じフレーバーをもつクォークが3つ結合した状態は，クォークのフェルミ統計と矛盾するように思える．この問題を解決するために，1965年，ハン（M.Y. Han，韓武榮）と南部（Y. Nambu，南部陽一郎）[10] はクォークに**カラー自由度**を導入した [31][11]．新たに導入されたカラー自由度の対称性によって，統計性の問題は解決される．

クォークがハドロン内に実在していることは，高エネルギーの電子と陽子の深部非弾性衝突実験で確認された．深部非弾性衝突実験の詳細な解析は，クォーク間の相互作用がカラー SU(3) 対称性のゲージ粒子であるグルーオンの交換によって媒介されるという QCD の構築へと結びついた（3.1節参照）．また，単体のクォークを探索する実験として，高エネルギー加速器を使った分数電荷をもつ荷電粒子の探索が行われたが，未だ発見されていない．このことは，QCD では**カラーの閉じ込め**によってクォークが単体で取り出せないためと理解されているが，カラーの閉じ込めがなぜ起こっているのかは未解明のままである．事実として，ハドロンがクォークの複合系であることはわかっているが，ハドロンをクォークに分解することはできない．

2.2.2　SU(3) 対称性

アイソスピンが SU(2) 対称性によるハドロンの分類であることと同様に，ス

せで構成できる」という記述があり，後述するマルチクォーク状態の可能性はゲルマンがクォークを提唱したまさにその論文で触れられている．

[10] 2008年ノーベル物理学賞を受賞．

[11] 現代的な理解ではクォークの統計性の問題の解決法としてカラーが導入されるが，原論文ではそれに加えてクォークの分数電荷の問題と，SU(3) の特定の表現（現代的にはカラー1重項）が安定になる機構を与えることもカラー導入の動機として挙げられている．

トレンジネスを含むハドロンは**フレーバー SU(3) 対称性**によって分類される．フレーバー SU(3) はアイソスピン対称性をストレンジネスのセクターまで拡張したものと考えることができる．また，3.1 節で説明する QCD のもつ基本的なゲージ対称性もカラー SU(3) 対称性であり，ハドロン物理学では SU(3) 対称性が非常に重要となる．物理学における対称性の説明は 3.2.1 項，群論および対称性の詳細は教科書（巻末の邦文参考書 (f)，(g) など）を参照されたい．

SU(2) は群の階数が 1 であるため，アイソスピン多重項のメンバーは I_3 のみで指定され，ウェイト図は 1 次元で表現される．SU(3) は群の階数が 2 なので，多重項のメンバーを指定する際に 2 つの量を与える必要がある．フレーバー SU(3) 対称性の場合は，アイソスピンの第 3 成分 I_3 と式 (2.5) のハイパーチャージ Y が選ばれる．n 重項の状態は $|\boldsymbol{n}, I_3, Y\rangle$ のように表記され，**ウェイト図は $(\boldsymbol{I_3}, \boldsymbol{Y})$ 平面上**で表される．具体的に，u, d, s の 3 つの状態をもつ**クォークは 3 表現**に属し，それぞれの I_3 と Y は

$$|u\rangle = |\mathbf{3}, 1/2, 1/3\rangle\,, \quad |d\rangle = |\mathbf{3}, -1/2, 1/3\rangle\,, \quad |s\rangle = |\mathbf{3}, 0, -2/3\rangle\,, \qquad (2.11)$$

であるので，図 2.1 左に示すウェイト図で表される．反粒子は電荷などの量子数がすべて反対なので，**反クォーク** $\bar{u}, \bar{d}, \bar{s}$ の I_3 と Y はそれぞれ

$$|\bar{u}\rangle = |\bar{\mathbf{3}}, -1/2, -1/3\rangle\,, \quad |\bar{d}\rangle = -\,|\bar{\mathbf{3}}, 1/2, -1/3\rangle\,, \quad |\bar{s}\rangle = |\bar{\mathbf{3}}, 0, 2/3\rangle\,, \quad (2.12)$$

となり，図 2.1 右のウェイト図で表される [12]．これはクォークのウェイト図と異なっており，SU(3) の $\bar{\mathbf{3}}$ **表現**として $\mathbf{3}$ とは別の表現として扱われる．

クォークを複数組み合わせてハドロンを作る際には，スピンや角運動量の合成と同様の規則（表現の直積の既約分解）に従い，複合系であるハドロンの多重項が決まる．クォークと反クォークを組み合わせてメソンを作る場合の計算は

$$\mathbf{3} \otimes \bar{\mathbf{3}} = \mathbf{1} \oplus \mathbf{8}, \qquad (2.13)$$

という式で表される．これはスピン SU(2) の 2 つの $S = 1/2$ 状態の合成から

[12] $|\bar{d}\rangle$ に負符号がつくのは SU(2) の基本表現の共役から $-\bar{d}$ と $\bar{u}$ でアイソスピン 2 重項を作るためである．また，$\bar{u}$ に符号をつける定義もあることに注意する．

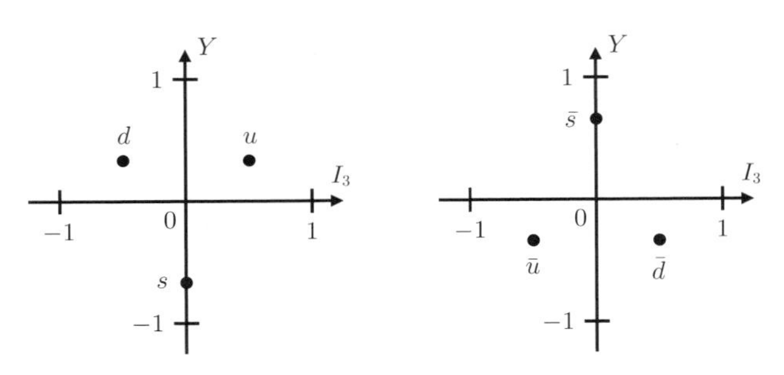

図 2.1　フレーバー SU(3) の規約表現のウェイト図の例．左：**3** 表現のクォーク，右：$\bar{\mathbf{3}}$ 表現の反クォーク．

$S=0$ と $S=1$ が得られる計算の拡張であり，群の表現を通常の数，演算を左辺が掛け算，右辺を足し算とみなせば，通常の計算法則が成り立っているという特徴がある．また，クォーク 3 個でバリオンを作る計算は

$$\mathbf{3}\otimes\mathbf{3}\otimes\mathbf{3}=(\bar{\mathbf{3}}\oplus\mathbf{6})\otimes\mathbf{3}=\mathbf{1}\oplus\mathbf{8}\oplus\mathbf{8}\oplus\mathbf{10}, \tag{2.14}$$

と与えられる．これらの計算の **8** は，フレーバー SU(3) の場合のメソンやバリオン 8 重項を表している．メソン・バリオン散乱や，バリオン・バリオン散乱の分類では，合成系は **8** を 2 つ合わせた系になるので，

$$\mathbf{8}\otimes\mathbf{8}=\mathbf{1}\oplus\mathbf{8}\oplus\mathbf{8}\oplus\mathbf{10}\oplus\overline{\mathbf{10}}\oplus\mathbf{27}, \tag{2.15}$$

が利用される．

2.2.3　基底状態のハドロン

ここから，構成子クォーク模型に基づきクォークの複合系としてのハドロンの基底状態を考える．まず，クォーク q と反クォーク $\bar{q}$ から構成されるメソン（$q\bar{q}$ 状態）の波動関数は，式 (1.1) の拡張として

$$|q\bar{q}\rangle=|\phi(\boldsymbol{r})\rangle\otimes|\Psi\rangle\otimes|f\rangle\otimes|c\rangle\,, \tag{2.16}$$

と空間成分 $|\phi(\boldsymbol{r})\rangle$，スピン $|\Psi\rangle$，フレーバー $|f\rangle$，カラー $|c\rangle$ の直積になる．式

(1.2) で示したように，空間成分は**パリティ変換**に対し ℓ が偶数の場合は符号が変化せず，奇数の場合に -1 倍になるため，ℓ が偶数の状態の空間波動関数 $|\phi(\boldsymbol{r})\rangle$ はパリティ正，奇数の状態はパリティ負をもつことになる．軌道角運動量をもつ状態は一般に励起エネルギーをもつので，**基底状態の空間波動関数は** $\boldsymbol{\ell = 0}$ と期待される．複合系のパリティは，各構成要素（今の場合 q と $\bar{q}$）の固有パリティと，空間波動関数のパリティの積になる．クォーク q のパリティは $P = +$ と定義されるため，反粒子である $\bar{q}$ のパリティは $P = -$ になり，式 (1.2) より $\ell = 0$ は $P = +$ であるため，基底状態の $q\bar{q}$ のパリティは負となる．同様に，軌道角運動量 $\ell > 0$ をもつ励起状態のパリティは $(-1)^{\ell+1}$ となる．スピン波動関数 $|\Psi\rangle$ は 2 つのスピン 1/2 の合成なので $S = 1$ と $S = 0$ の状態が可能である．よって，軌道角運動量が 0 の基底状態では，スピンと軌道を合成した全角運動量は $J = 0$ または 1 である [13]．以上をまとめると，**基底状態のメソンのスピン・パリティは $\boldsymbol{J^P = 0^-}$ または $\boldsymbol{1^-}$** となる．量子数に従い，0^- を**擬スカラーメソン (pseudoscalar meson)**，1^- を**ベクトルメソン (vector meson)** と呼ぶ．クォークはフレーバー $\mathbf{3}$ かつカラー $\mathbf{3}$，反クォークはフレーバー $\bar{\mathbf{3}}$ かつカラー $\bar{\mathbf{3}}$ であるので，メソンのフレーバー波動関数 $|f\rangle$ とカラー波動関数 $|c\rangle$ はどちらも式 (2.13) に従い，$\mathbf{1}$ または $\mathbf{8}$ となる．カラー波動関数はカラーの閉じ込めのため $\mathbf{1}$ のみが許されるが，フレーバー波動関数には制限がないので，$\mathbf{1}$ と $\mathbf{8}$ 両方の状態が可能である．

最も軽いハドロンの π 中間子は擬スカラーの量子数をもつので，クォーク模型の基底状態の擬スカラーメソンに対応すると考えられる．このとき，波動関数のフレーバー成分以外はすべて指定されているため，以下ではフレーバー波動関数 $|f\rangle$ を議論する．2 成分スピンの合成が 1 重項と 3 重項の組み合わせで表せるのと同様に，式 (2.11) の 3 成分と (2.12) の 3 成分の 9 通りの組み合わせは，式 (2.13) に従って $\mathbf{1}$ と $\mathbf{8}$ に分類される．$\mathbf{8}$ 表現（8 重項）の状態は，それぞれ

[13] 静止しているハドロンを 1 つの粒子としてみた場合 J はハドロンのもつ固有スピンなので，J をハドロンの「スピン」と呼ぶが，クォークのレベルでは軌道運動の自由度も足されていることに注意する．一般の $\ell > 0$ の励起状態のメソンのスピンは $J = \ell - 1, \ell, \ell + 1$ の 3 通りある．

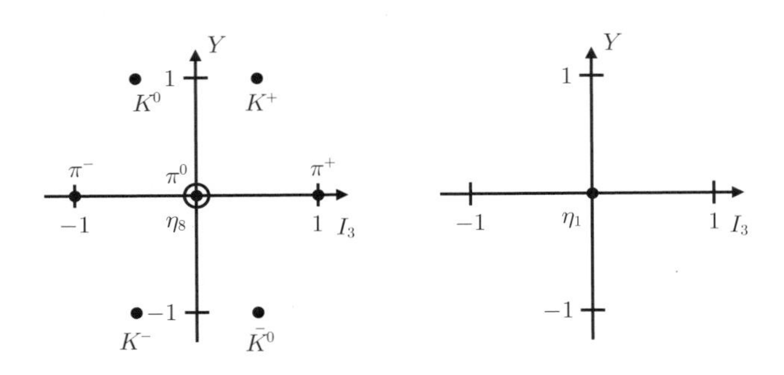

図 2.2　擬スカラーメソンのウェイト図．左：**8** 表現のメソン，右：**1** 表現のメソン．

$$|\pi^+\rangle = -|u\bar{d}\rangle, \quad |\pi^0\rangle = \frac{|u\bar{u}\rangle - |d\bar{d}\rangle}{\sqrt{2}}, \quad |\pi^-\rangle = |d\bar{u}\rangle, \tag{2.17}$$

$$|K^+\rangle = |u\bar{s}\rangle, \quad |K^0\rangle = |d\bar{s}\rangle, \tag{2.18}$$

$$|\bar{K}^0\rangle = -|s\bar{d}\rangle, \quad |K^-\rangle = |s\bar{u}\rangle, \tag{2.19}$$

$$|\eta_8\rangle = \frac{|u\bar{u}\rangle + |d\bar{d}\rangle - 2|s\bar{s}\rangle}{\sqrt{6}}, \tag{2.20}$$

となり，**1** 表現（1 重項）の状態は

$$|\eta_1\rangle = \frac{|u\bar{u}\rangle + |d\bar{d}\rangle + |s\bar{s}\rangle}{\sqrt{3}}, \tag{2.21}$$

となる [14)]．式 (2.5) よりメソンの場合はハイパーチャージ Y がストレンジネスと一致するので，これらの表現のウェイト図は図 2.2 のようになる．

現実の世界では，物理的な状態がフレーバー SU(3) で分類されたハドロンの線形結合として実現する**中間子の混合**が起きる．以下では η 中間子および中性 K 中間子の混合について述べる．まず，η_1 と η_8 はどちらも $Y=0$，$I=0$ であり，量子数が一致している．フレーバー SU(3) 対称性が厳密であれば **1** と **8** は独立に実現するが，現実には s クォークは u,d クォークに比べて重いため，SU(3) 対称性は破れている．このとき，同じ量子数をもつ η_1 と η_8 は混合を起こし，物理的な状態は

14) ここではフレーバー波動関数のクォーク組成を表示しており，クォークの順序を考慮した荷電共役および G パリティの固有状態への射影は省略する．

$$|\eta\rangle = \cos\theta_P\,|\eta_8\rangle - \sin\theta_P\,|\eta_1\rangle\,, \tag{2.22}$$

$$|\eta'\rangle = \sin\theta_P\,|\eta_8\rangle + \cos\theta_P\,|\eta_1\rangle\,, \tag{2.23}$$

という重ね合わせになっている[15)]．中性の K 中間子はストレンジネス $S=+1$ の K^0 と，$S=-1$ の $\bar{K}^0$ であり，強い相互作用ではストレンジネスが保存するため，これらは独立な粒子である．しかし弱い相互作用はフレーバーを変化させるため，K^0 と $\bar{K}^0$ の混合が起きる．弱い相互作用はパリティ保存則を破ることが知られていた [33] が，荷電共役変換とパリティ変換を同時に行う CP 変換は対称性として実現すると仮定すると，物理的な状態は CP の固有状態になる．CP 対称性のもとで，中性 K 中間子は $|K^0\rangle \to -|\bar{K}^0\rangle$ および $|\bar{K}^0\rangle \to -|K^0\rangle$ と変換されるので，CP の固有状態は線形結合をとって

$$|K^0_+\rangle = \frac{|K^0\rangle - |\bar{K}^0\rangle}{\sqrt{2}} \quad (CP=+1), \tag{2.24}$$

$$|K^0_-\rangle = \frac{|K^0\rangle + |\bar{K}^0\rangle}{\sqrt{2}} \quad (CP=-1), \tag{2.25}$$

となる．現実の中性 K 中間子には 9.0×10^{-11} s 程度で 2π に崩壊する短寿命の K^0_S と，5.1×10^{-8} s 程度で 3π に崩壊する長寿命の K^0_L が存在する[16)]．2π 状態が $CP=+1$，3π 状態が $CP=-1$ であるので，もし

$$|K^0_S\rangle \approx |K^0_+\rangle\,, \quad |K^0_L\rangle \approx |K^0_-\rangle\,, \tag{2.26}$$

と対応していれば，CP の保存により崩壊様式の違いが説明できる．しかし 1964 年クローニン (J. W. Cronin)[17)]，フィッチ (V. L. Fitch)[18)] らにより小さな確率で $K^0_L \to 2\pi$ 崩壊が起きていることが発見された [34]．これは $|K^0_L\rangle$ が完全な $CP=-1$ の固有状態ではなく，わずかに $|K^0_+\rangle$ を含んでいることを示唆しており，CP 非保存の発見とされている．ここまでのまとめとして，擬スカラーメソンの質量，寿命，主要崩壊モードを表 2.2 に示す．

[15)] 混合角 θ_P の決定にはさまざまな方法があるが，およそ $\theta_P \sim -20^\circ$ と見積もられており，近似的に $\sin\theta_P = -1/3$，$\cos\theta_P = 2\sqrt{2}/3$ と選ぶ方法もよく使われる [32].

[16)] S, L はそれぞれ Short，Long の略.

[17)] 1980 年ノーベル物理学賞を受賞.

[18)] 1980 年ノーベル物理学賞を受賞.

表 2.2　基底状態の擬スカラーメソンの基本的性質 [16].

粒子	質量 [MeV]	寿命／崩壊幅	主要崩壊モード
$\pi^{\pm}$	139.57	2.6×10^{-8} s	$\mu^{\pm}\nu_{\mu}$
π^{0}	134.98	8.4×10^{-17} s	2γ
$K^{\pm}$	493.68	1.2×10^{-8} s	$\mu^{\pm}\nu_{\mu}$
K_S^0	497.61	9.0×10^{-11} s	$\pi^+\pi^-, \pi^0\pi^0$
K_L^0	497.61	5.1×10^{-8} s	$\pi^{\pm}e^{\mp}\nu_e, \pi^{\pm}\mu^{\mp}\mu_e, 3\pi^0, \pi^+\pi^-\pi^0$
η	547.84	1.31 keV	$2\gamma, 3\pi^0, \pi^+\pi^-\pi^0$
η'	957.78	0.197 MeV	$\pi^+\pi^-\eta, \rho^0\gamma, \pi^0\pi^0\eta$

$J^P = 1^-$ のベクトルメソンも擬スカラーメソンと同様に **8** 表現

$$|\rho^+\rangle = -|u\bar{d}\rangle, \quad |\rho^0\rangle = \frac{|u\bar{u}\rangle - |d\bar{d}\rangle}{\sqrt{2}}, \quad |\rho^-\rangle = |d\bar{u}\rangle, \tag{2.27}$$

$$|K^{*+}\rangle = |u\bar{s}\rangle, \quad |K^{*0}\rangle = |d\bar{s}\rangle, \tag{2.28}$$

$$|\bar{K}^{*0}\rangle = -|s\bar{d}\rangle, \quad |K^{*-}\rangle = |s\bar{u}\rangle, \tag{2.29}$$

$$|\omega_8\rangle = \frac{|u\bar{u}\rangle + |d\bar{d}\rangle - 2|s\bar{s}\rangle}{\sqrt{6}}, \tag{2.30}$$

と **1** 表現

$$|\omega_1\rangle = \frac{|u\bar{u}\rangle + |d\bar{d}\rangle + |s\bar{s}\rangle}{\sqrt{3}}, \tag{2.31}$$

の組み合わせが構成される．ベクトルメソンでも SU(3) 対称性の破れによって ω_1 と ω_8 は混合し，物理的な状態は

$$|\omega\rangle = \cos\theta_V\,|\omega_8\rangle - \sin\theta_V\,|\omega_1\rangle, \tag{2.32}$$

$$|\phi\rangle = \sin\theta_V\,|\omega_8\rangle + \cos\theta_V\,|\omega_1\rangle, \tag{2.33}$$

のように両者の線形結合になる．混合角 θ_V が $\sin\theta_V = -\sqrt{2/3}$, $\cos\theta_V = \sqrt{1/3}$ を満たす場合は**理想混合**と呼ばれ，このとき

$$|\omega\rangle = \frac{|u\bar{u}\rangle + |d\bar{d}\rangle}{\sqrt{2}}, \quad |\phi\rangle = |s\bar{s}\rangle, \tag{2.34}$$

のように u, d クォークと s クォークが完全に分離する．現実のベクトルメソンの混合角は理想混合に近いことが知られており，ϕ はほぼ s クォーク，ω はほぼ u, d クォークで構成されている．ベクトルメソンはすべて擬スカラーメソン 2 つの閾値より高いエネルギーに位置しており，強い相互作用で崩壊する．クォーク模型の観点では，ベクトルメソンはスピンが対称に組まれているため，スピン・スピン相互作用の性質により擬スカラーメソンより重いと理解される．また，第 3 章で議論するカイラル対称性の観点からは，擬スカラーメソン，特に π 中間子はカイラル対称性の自発的破れに伴う南部・ゴールドストーンボソンであるために他のハドロンに比べて質量が軽いといえる．

バリオンは 3 つのクォークの複合系なので，波動関数は

$$|qqq\rangle = |\phi(\boldsymbol{\rho}, \boldsymbol{\lambda})\rangle \otimes |\Psi\rangle \otimes |f\rangle \otimes |c\rangle, \tag{2.35}$$

となる．ここで $\boldsymbol{\rho}$ と $\boldsymbol{\lambda}$ はヤコビ座標と呼ばれる 3 体系の相対座標であり，重心系では $\boldsymbol{\rho}$ と $\boldsymbol{\lambda}$ で 3 粒子の空間状態を指定することができる．2 つの座標それぞれに関する軌道角運動量を合成したものが全体の軌道角運動量となる．まず，式 (2.35) で構成される基底状態のスピン・パリティを考えよう．メソンの場合と異なり，3 クォーク系ではフェルミオンの入れ替えに対する反対称性を満たす必要がある．粒子 1, 2, 3 の入れ替え方は 3 通りあるが，どの 2 粒子を入れ替えても元に戻る状態を**完全対称**，どの 2 粒子を入れ替えても負の符号が出る状態を**完全反対称**，それ以外の状態を混合対称という．例として，バリオンのカラー波動関数は常に 1 重項に組まれているが，3 つのカラーを r, g, b で表すと，

$$|c\rangle = \frac{|rgb\rangle + |brg\rangle + |gbr\rangle - |grb\rangle - |bgr\rangle - |rbg\rangle}{\sqrt{6}}, \tag{2.36}$$

と書くことができる．この組み合わせはどの 2 粒子を入れ替えても負の符号が出るので，**カラー波動関数は完全反対称**になっている．また，基底状態では角運動量が最小の状態が実現すると期待されるため，式 (1.2) の議論より**空間波動関数は完全対称**である．ここで式 (2.35) の左辺が完全反対称になるためには，基底状態では**スピン波動関数とフレーバー波動関数の積 $|\boldsymbol{\Psi}\rangle \otimes |\boldsymbol{f}\rangle$ が完全対称**である必要がある．3 クォーク系のスピンは $S = 1/2$ を 3 つ合成した $S = 1/2$

または $S = 3/2$ を，フレーバーは式 (2.14) より $\mathbf{1}, \mathbf{8}, \mathbf{10}$ をとりうる．しかし $|\Psi\rangle \otimes |f\rangle$ が完全対称になるためには，スピンとフレーバーを自由に選ぶことができず，

$$|\Psi\rangle \otimes |f\rangle = \begin{cases} |S = 1/2\rangle \otimes |\mathbf{8}\rangle \\ |S = 3/2\rangle \otimes |\mathbf{10}\rangle \end{cases}, \tag{2.37}$$

のみ可能であることが示される．軌道角運動量をもたない場合，パリティはクォークの固有パリティの積で $P = +$ となり，3 体系の全角運動量 J はスピン S と一致する．以上より，基底状態のバリオンは $\boldsymbol{J^P = 1/2^+}$ **のバリオン 8 重項**と $\boldsymbol{J^P = 3/2^+}$ **のバリオン 10 重項**となる：

$$\mathbf{8}(J^P = 1/2^+), \quad \mathbf{10}(J^P = 3/2^+). \tag{2.38}$$

2.1.2 項で述べたように，核子 N とハイペロンはバリオン 8 重項を形成する．8 重項のバリオンのスピン・パリティは $J^P = 1/2^+$ であり，クォーク模型の予言と一致する．フレーバー波動関数のクォーク組成は

$$|p\rangle \sim |uud\rangle, \quad |n\rangle \sim |udd\rangle, \tag{2.39}$$

$$|\Sigma^+\rangle \sim |uus\rangle, \quad |\Sigma^0\rangle \sim |uds\rangle, \quad |\Sigma^-\rangle \sim |dds\rangle, \quad |\Lambda\rangle \sim |uds\rangle, \tag{2.40}$$

$$|\Xi^0\rangle \sim |ssu\rangle, \quad |\Xi^-\rangle \sim |ssd\rangle, \tag{2.41}$$

であり [19]，図 2.3 左のウェイト図で表される．基底状態のバリオン 8 重項の基本的性質を表 2.3 にまとめる．陽子 p の崩壊事象の探索は岐阜県飛騨市神岡町にあるスーパーカミオカンデ検出器を使った実験で $p \to e^+\pi^0$ や $p \to \nu K^+$ というモードで調べられているが，現在までに崩壊事象は観測されていない．また，SNO+ 実験による p の寿命の下限値は 3.6×10^{29} 年と与えられている [36]．中性子は陽子より ~ 1.29 MeV だけ質量が大きいため，弱い相互作用により崩壊する．電磁相互作用で崩壊する Σ^0 は，弱い相互作用で崩壊する他のハイペロンと比較して寿命が短い．

[19] Σ^0 と Λ の違いは u, d クォークをそれぞれアイソスピン $I = 1$ と $I = 0$ に組み合わせることで表されている．詳細は教科書 [35] などを参照．

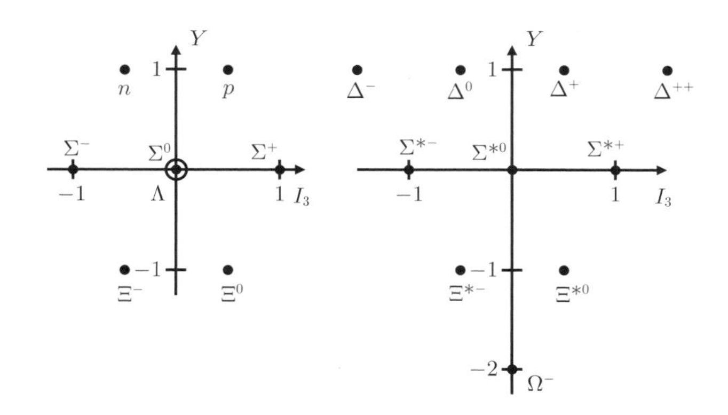

図 **2.3** 基底状態のバリオンのウェイト図．左：バリオン 8 重項，右：バリオン 10 重項．

表 **2.3** 基底状態のバリオン 8 重項の基本的性質 [16].

粒子	質量 [MeV]	寿命	主要崩壊モード
p	938.27	$> 3.6 \times 10^{29}$ 年	—
n	939.57	879.4 s	$pe^-\bar{\nu}_e$
Λ	1115.68	2.6×10^{-10} s	$p\pi^-, n\pi^0$
Σ^+	1189.37	8.0×10^{-11} s	$p\pi^0, n\pi^+$
Σ^0	1192.64	7.4×10^{-20} s	$\Lambda\gamma$
Σ^-	1197.45	1.5×10^{-10} s	$n\pi^-$
Ξ^0	1314.86	2.9×10^{-10} s	$\Lambda\pi^0$
Ξ^-	1321.71	1.6×10^{-10} s	$\Lambda\pi^-$

バリオン 10 重項のフレーバー波動関数のクォーク組成は

$$|\Delta^{++}\rangle \sim |uuu\rangle\,, \quad |\Delta^{+}\rangle \sim |uud\rangle\,, \quad |\Delta^{0}\rangle \sim |udd\rangle\,, \quad |\Delta^{-}\rangle \sim |ddd\rangle\,, \tag{2.42}$$

$$|\Sigma^{*+}\rangle \sim |uus\rangle\,, \quad |\Sigma^{*0}\rangle \sim |uds\rangle\,, \quad |\Sigma^{*-}\rangle \sim |dds\rangle\,, \tag{2.43}$$

$$|\Xi^{*0}\rangle \sim |ssu\rangle\,, \quad |\Xi^{*-}\rangle \sim |ssd\rangle\,, \tag{2.44}$$

$$|\Omega^{-}\rangle \sim |sss\rangle\,, \tag{2.45}$$

である．クォーク模型の観点では，バリオン 10 重項は 8 重項と同じく空間波動関数が s 波に組まれている基底状態であるが，実際にはクォーク間のスピン・スピン相互作用のためバリオン 8 重項より重い．10 重項のメンバーの $\Delta(1232)$ は，πN

表 **2.4**　基底状態のバリオン 10 重項の基本的性質 [16].

粒子	極の位置 [MeV]	質量 [MeV]	崩壊幅／寿命	主要崩壊モード
$\Delta(1232)$	$1210-50i$	1232	117 MeV	$N\pi$
$\Sigma(1385)^+$	$1379-18i$	1383	36 MeV	$\Lambda\pi, \Sigma\pi$
$\Sigma(1385)^0$	–	1384	36 MeV	$\Lambda\pi, \Sigma\pi$
$\Sigma(1385)^-$	$1383-23i$	1387	39 MeV	$\Lambda\pi, \Sigma\pi$
$\Xi(1530)^0$	$1532-4i$	1532	9 MeV	$\Xi\pi$
$\Xi(1530)^-$	$1534-4i$	1535	10 MeV	$\Xi\pi$
Ω^-	–	1672	8.2×10^{-11} s	$\Lambda K^-, \Xi^0\pi^-$

散乱の共鳴状態として 1952 年に最初に発見された [37][20]．Δ はストレンジネス $S=0$ で，アイソスピン $I=3/2$ をもつため，4 つの荷電状態 $\Delta^{++}, \Delta^+, \Delta^0, \Delta^-$ が存在する．Δ の質量は πN の閾値より大きいため，強い相互作用で πN に崩壊する．ストレンジネスをもった $\Sigma(1385)$ は 1960 年，1.15 GeV の K^- 中間子ビームを水素泡箱と反応させて，$K^-p\to\Lambda\pi^-\pi^+$ 反応中の $\pi\Lambda$ の不変質量分布を測定することで発見された [38]．$\Sigma(1385)$ はアイソスピン $I=1$ をもつのでアイソスピン 3 重項を形成し，8 重項の Σ よりエネルギーが高いため，励起状態として Σ^* と表記されることもある．$\Sigma(1385)$ は強い相互作用で $\pi\Lambda$ および $\pi\Sigma$ に崩壊する．$S=-2$ で $I=1/2$ の $\Xi(1530)$ は $K^-p\to\Xi K\pi$ 反応中の $\pi\Xi$ 不変質量分布で発見され，1962 年 6 月に発見を報告する論文が出版された [39]．2.2.1 項で紹介したように，ゲルマンが $\Delta(1232), \Sigma(1385), \Xi(1530)$ の存在から SU(3) 対称性を用いて Ω^- を予言したのが 1962 年 7 月の国際会議なので，$\Xi(1530)$ の発見の直後に Ω が予言されたことがわかる．以上のバリオン 10 重項の基本的な性質を表 2.4 にまとめる．第 4 章で詳しく議論するように，共鳴状態を特徴づける基本的なパラメータは質量と崩壊幅ではなく散乱振幅の極の位置であるので，強い相互作用で崩壊するバリオンは極の位置も合わせて示す．

2.2.4　励起状態とエキゾチックハドロン

ここまでは，クォーク模型の立場での基底状態（$J^P=0^-$ と 1^- のメソン 8 重項と 1 重項，$J^P=1/2^+$ のバリオン 8 重項，$J^P=3/2^+$ のバリオン 10 重項）の性質を紹介した．それでは，これらの粒子にさらに励起エネルギーを与える

[20] $J=I=3/2$ であるため (3,3) 共鳴と呼ばれた時期もある．

と，どのような励起モードが構成されるであろうか？クォーク模型では，基底状態のハドロンはすべて空間波動関数が軌道角運動量をもたない $\ell = 0$ の状態として扱われている．よってクォーク間に**有限の軌道角運動量をもつ状態**が励起状態として記述される．

バリオンの励起状態は，クォーク間に軌道角運動量をもたせることで得られる．軌道角運動量 $\ell = 1$ をもつバリオンのフレーバーと J^P は

$$\mathbf{1}(J^P = 1/2^-, 3/2^-), \tag{2.46}$$

$$\mathbf{8}(J^P = 1/2^-, 3/2^-, 5/2^-), \tag{2.47}$$

$$\mathbf{10}(J^P = 1/2^-, 3/2^-), \tag{2.48}$$

となる [35]．実際に，基底状態の正パリティバリオンより少し高いエネルギー領域に負パリティバリオンが観測されている [21]．クォーク間の相互作用も考慮して負パリティバリオンの質量を計算した理論計算と実験値の比較 [40] を図 2.4 に示す．図より，模型のもつパラメータを適切に選ぶことで，さまざまなフレーバーやスピンをもつバリオン励起状態のスペクトルが良い精度で再現されていることがわかる．つまり，**バリオン励起状態の基本的な性質はクォーク模型で記述できる**といえる．

一方で，クォーク模型と実験結果の整合性に関する問題もいくつか知られている．たとえば，クォーク模型で予言されたすべての励起状態が観測されたわけではなく，見つからない励起状態があることは missing resonance の問題として知られている．また，図 2.4 左から 3 列目の $J^P = 1/2^-$ の Λ^* の 1400–1500 MeV 領域に注目すると，模型の予言と観測されている状態が約 100 MeV 程度ずれていることがわかる．他のバリオンの再現性と比較して有意なずれをもっているこの状態が，第 5 章を中心に本書の後半の議論と密接に関係する **Λ(1405) 共鳴**である．Λ(1405) がクォーク模型で再現できないのは，文献 [40] の模型に特有の結果ではなく，実験データからある程度予想できることである．まず，同じ負パリティの最も軽い核子の励起状態は $N(1535)$ であるが，これは Λ(1405)

[21] ただし核子の励起状態で最も軽いのは正パリティをもつ $N(1440)$ である（ローパー共鳴とも呼ばれる）．

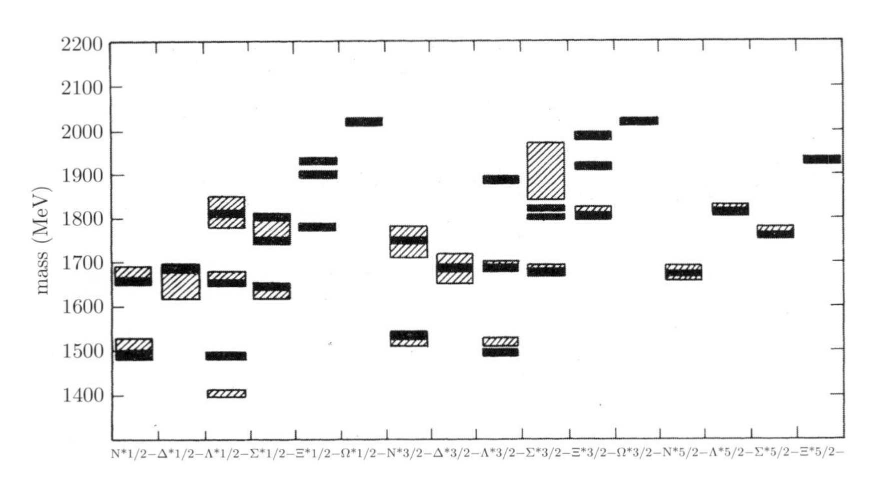

図 2.4　構成子クォーク模型による負パリティバリオン励起状態の予言（実線）と実験値（斜線部）の比較．文献 [40] から引用．Reprinted figure with permission from [N. Isgur and G. Karl, Phys. Rev. D **18**, 4187 (1978).] Copyright (1978) by the American Physical Society.

よりエネルギーが高い．この事実は，u, d クォークのみでできている $N(1535)$ より **s クォークを含む $\Lambda(1405)$ が軽い**ということを示しており，クォーク模型による自然な予想と逆になっている．また，$J^P = 1/2^-$ の状態と $J^P = 3/2^-$ の状態は，クォーク模型の観点からは同じスピン $S = 1/2$ の状態が軌道角運動量 ℓ と合成された LS（スピン・軌道）パートナー状態とみなされる．核子の励起状態では $N(1535)$ と $N(1520)$ のエネルギー差である ~ 15 MeV が LS 分離の大きさと見積もられるが，対応する Λ の励起状態は $\Lambda(1405)$ と $\Lambda(1520)$ であり，分離は 100 MeV を超えている．以上の理由より，$\Lambda(1405)$ はクォーク模型との相性が悪く，3 クォーク状態以外の構造をもっていると考られるようになった（第 5 章の議論を参照）．

以上で紹介した u, d, s クォークからなるハドロン以外にも，現在ではより重いクォークを含むハドロンが観測されている．1974 年の**チャームクォーク (c)** の発見は素粒子物理学の 11 月革命とも呼ばれる大事件であった．c クォークは，米国西海岸のスタンフォード線形加速器研究センター (Stanford Linear Accelerator Center, SLAC) と東海岸のブルックヘブン国立研究所 (Brookhaven National

Laboratory, BNL) で，異なる実験手法でほぼ同時期に発見された．BNL ではティン（S. C. C. Ting, 丁肇中）[22] のグループが $p\,\mathrm{Be} \to e^+e^-X$ 反応により e^+e^- 対に崩壊する共鳴状態を発見し，J と名付けた [41]．一方，SLAC のリヒター (B. Richter)[23] らのグループは電子と陽電子の衝突型検出器 SPEAR (Stanford Positron Electron Asymmetric Rings) で $e^+e^- \to \mathrm{hadrons}, e^+e^-, \mu^+\mu^-$ の断面積に鋭いピークを観測し，ψ という名称を提案した [42]．双方のグループの栄誉を称え J/ψ と名付けられたこのハドロンは，チャーモニウムと呼ばれる $c\bar{c}$ からなるメソンである．1977 年には 5 番目の**ボトムクォーク** (b) も発見された．米国フェルミ国立加速器研究所 (Fermi National Accelerator Laboratory, FNAL) のテバトロン加速器によって，BNL と同様の実験手法により，$p(\mathrm{Cu}, \mathrm{Pt}) \to \mu^+\mu^-X$ という反応の $\mu^+\mu^-$ 不変質量分布に Υ と呼ばれる $b\bar{b}$ 状態の生成が観測された．最後に発見された**トップクォーク** (t) は，FNAL での $p\bar{p}$ 衝突実験で，CDF [43] と D0 [44] という 2 つのグループで発見された．t クォークは質量が非常に重いため，ハドロンを作らずに弱い相互作用で b クォークへと崩壊する．

クォークの種類は**フレーバー量子数**で分類される．u クォークと d クォークはアイソスピン $I = 1/2$ の 2 重項を組み，それぞれ第 3 成分 $I_3 = +1/2$ と $I_3 = -1/2$ をもつ [24]．s, c, b, t クォークはそれぞれストレンジネス $S = -1$，チャーム $C = +1$，ボトムネス $B' = -1$，トップネス $T = +1$ をもつと定義する [25]．クォークのもつ電荷 Q は，拡張したゲルマン・中野・西島の法則

$$Q = I_3 + \frac{B + S + C + B' + T}{2}, \tag{2.49}$$

に従い，u, c, t が $Q = +2/3$，d, s, b が $Q = -1/3$ となる．クォークのもつ量子数を表 2.5 にまとめる．

強い相互作用をする粒子の典型的な崩壊幅は数 10–数 100 MeV であるが，J/ψ の崩壊幅は 92.6 keV，Υ の崩壊幅は 54.02 keV であり [16]，強い相互作用をす

[22] 1976 年ノーベル物理学賞を受賞．
[23] 1976 年ノーベル物理学賞を受賞．
[24] これにより uud で構成される陽子は $I_3 = +1/2$，udd の中性子は $I_3 = -1/2$ となる．
[25] バリオン数 B と区別するためにボトムネスを B' と表記する．

表 **2.5**　クォークの量子数.

	d	u	s	c	b	t
電荷 Q	$-1/3$	$2/3$	$-1/3$	$2/3$	$-1/3$	$2/3$
アイソスピン I	$1/2$	$1/2$	0	0	0	0
I_3	$-1/2$	$1/2$	0	0	0	0
ストレンジネス S	0	0	-1	0	0	0
チャーム C	0	0	0	1	0	0
ボトムネス B'	0	0	0	0	-1	0
トップネス T	0	0	0	0	0	1

る粒子としては極端に狭く，長寿命である．この原因は，大久保・ツヴァイク・飯塚（J. Iizuka, 飯塚重五郎）則（**OZI 則**）[29,30,45,46] と呼ばれる経験的な法則にあると考えられている．OZI 則は，$\phi \to 3\pi$ 崩壊が $\phi \to K\bar{K}$ 崩壊に比べて位相体積が大きいにもかかわらず，崩壊分岐比が小さいことを説明するために導入された．式 (2.34) で示したように，ϕ はほぼ $s\bar{s}$ で構成されているため，終状態にストレンジネスをもつメソンを含む $K\bar{K}$ 崩壊では s クォーク線および $\bar{s}$ クォーク線は始状態と終状態をつなぐことができるが，3π 終状態に崩壊するためには $s\bar{s}$ が対消滅し，クォーク線が中間状態で途切れなければならない．OZI 則は，クォーク線が中間状態で途切れる崩壊が抑制されることを主張する．$c\bar{c}$ の J/ψ および $b\bar{b}$ の Υ の基底状態は，チャームやボトムを含む終状態である $D\bar{D}$ および $B\bar{B}$ の閾値より低いエネルギーにあるため，OZI 則で抑制される終状態にしか崩壊できず，幅が狭いと考えられる．一方で J/ψ や Υ の励起状態で $D\bar{D}$ や $B\bar{B}$ の閾値より高いエネルギーをもつ状態は通常のオーダーの崩壊幅をもつことが知られている．

ここまで見たように，構成子クォーク模型は基底状態および励起状態のハドロンの性質を良く再現する．よって，多くのハドロンはクォーク模型に基づく構造，つまり**メソンは $q\bar{q}$，バリオンは qqq という内部構造**をもつことが示唆される．一方で，$\Lambda(1405)$ のようにクォーク模型ではうまく記述できない励起状態があることもわかっている．これらの状態はクォーク模型の描像を超えた内部構造をもっていると期待され，一般に**エキゾチックハドロン (exotic hadrons)** と呼ばれている．特に，通常の非相対論な構成子クォーク模型では励起状態が軌道角運動量による一種の内部励起で記述されるのに対し，QCD で起こる $q\bar{q}$

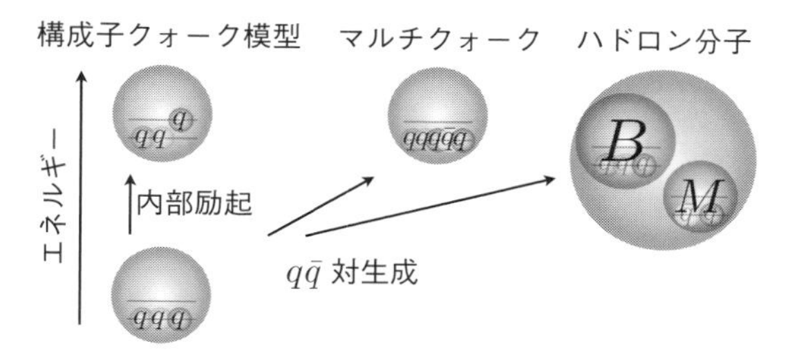

図 2.5 さまざまなバリオン励起状態の模式図．巻末の邦文参考書 (h) より引用．

対生成による励起を考慮することがエキゾチック状態の理解に必要であると考えられている．たとえば，図 2.5 に示すように，4 つ以上の構成子クォークを含む**マルチクォーク状態**や，ハドロンを構成要素としてハドロン間の相互作用によって形成される**ハドロン分子状態**などがエキゾチックハドロンの構造として議論されている [26]．

特に近年注目されているのがチャームやボトムなどの重いクォークを含むセクターでのエキゾチックハドロン候補である [47–49]．2003 年に Belle 実験によって $B^{\pm} \to K^{\pm}\pi^{+}\pi^{-}J/\psi$ 崩壊での $\pi^{+}\pi^{-}J/\psi$ 不変質量分布で発見された $X(3872)$ [50] を端緒として，クォーク模型の予言に合わないクォーコニウム状態が相次いで発見され，XYZ メソンと呼ばれている．これらの状態は $D\bar{D}$ 閾値および $B\bar{B}$ 閾値より高いエネルギー領域で発見されており，性質の理解のためには $q\bar{q}$ 対生成の効果が重要と考えられている．バリオン系でも，2015 年に LHCb 実験で報告されたペンタクォーク状態 P_c が $\Lambda_b \to J/\psi K^{-}p$ 崩壊の $J/\psi p$ 不変質量分布で観測された [51,52]．$X(3872)$ や P_c は終状態に J/ψ を含んでいるため，OZI 則を考慮すると始状態はクォークを 4 個以上含んでいることが期待され，エキゾチックな構造をもつと考えられている．

2021 年，LHCb 実験によって $D^0D^0\pi^+$ の不変質量分布に T_{cc} と呼ばれる状態が発見された [53,54]．T_{cc} はチャーム $C = \pm 2$ をもつメソンであり，最低でも $cc\bar{u}\bar{d}$ のように 4 つのクォークが必要である．300 種を超えるハドロンが発見された中で，T_{cc} のように $q\bar{q}$ または qqq で構成できない量子数をもつハドロン

[26] 他にも構成子グルーオンを含むハイブリッド状態や，グルーオンのみから構成されるグルーボールと呼ばれる状態なども提案されている．

は数えるほどしか存在しないため，量子数エキゾチックと呼ばれている．言い換えると，ほとんどのハドロンは $q\bar{q}$ または qqq で構成できる量子数をもつ．このことは，クォークからハドロンを構成する際に特定の量子数が好まれる機構があることを示唆しているが，その理由は基礎理論である QCD からは解明されていない．

2.3　K 中間子原子核の研究のための加速器施設

K 中間子原子核に関係する実験は，さまざまな加速器施設で行われている．最初に粒子の質量を調べる手法としてよく用いられる不変質量と欠損質量について解説し，いくつかの実験施設の特徴を紹介する．

2.3.1　不変質量と欠損質量

高エネルギーの素粒子・原子核反応では，終状態に複数の粒子（核子，中間子，その他）が放出されることが多い．始状態として粒子 a と粒子 b を衝突させ，終状態に粒子 1，粒子 2，粒子 3 が検出された場合を考える（図 2.6）．つまり

$$a + b \to 1 + 2 + 3, \tag{2.50}$$

という反応が起きたとし，各粒子の 4 元運動量，エネルギー，3 元運動量，質量をそれぞれ p_i，E_i，$\boldsymbol{p}_i$，$m_i\,(i = a, b, 1, 2, 3)$ とする．始状態として，粒子 a の

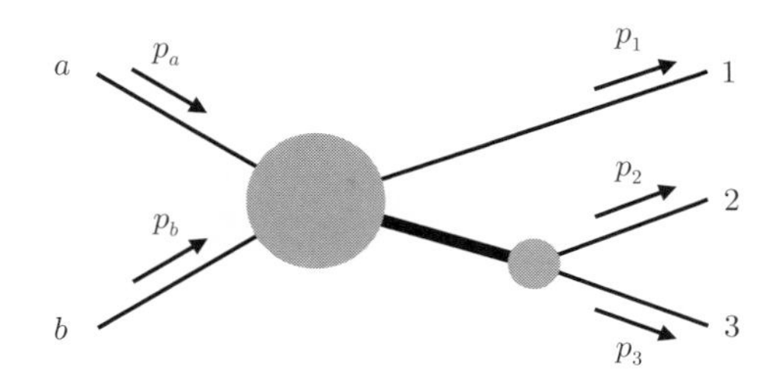

図 2.6　式 (2.50) の反応の模式図．太線は中間状態として粒子 2, 3 に崩壊する共鳴状態を表す．式 (2.54) の反応の場合，$a = \gamma$，$b = p$，$1 = K^+$，$2 = \pi^+$，$3 = \Sigma^-$ のように対応し，中間状態が $\Lambda(1405)$ を表す．

ビームを静止した粒子 b の標的に照射する場合，始状態の 4 元運動量は

$$p_a = (E_a, \boldsymbol{p}_a), \quad p_b = (m_b, \mathbf{0}), \tag{2.51}$$

となる．このとき重心系での全エネルギー $E_{\rm cm} = \sqrt{(p_a + p_b)^2}$ は

$$E_{\rm cm} = \sqrt{E_a^2 + 2m_b E_a + m_b^2 - \boldsymbol{p}_a^2} = \sqrt{2m_b E_a + m_a^2 + m_b^2}, \tag{2.52}$$

である．式 (2.50) の反応が起こるためには，反応の Q 値が正であること，つまり

$$E_{\rm cm} \geq m_1 + m_2 + m_3, \tag{2.53}$$

の条件が必要である．$m_1 + m_2 + m_3$ を**閾値エネルギー (threshold energy)** と呼ぶ．

具体例として，5.2 節で紹介する $\Lambda(1405)$ 共鳴を生成する実験で用いられる反応

$$\gamma + p \to K^+ + \Lambda(1405) \to K^+ + \pi^+ + \Sigma^-, \tag{2.54}$$

を考えよう．中間状態として生成される $\Lambda(1405)$ は強い相互作用の時間スケール（10^{-23} s 程度）で $\pi^+ + \Sigma^-$ に崩壊する．検出した粒子の運動量から $\Lambda(1405)$ の質量を再構成する方法が，不変質量および欠損質量の方法である．実際に，この反応での実験データの例が図 5.1 および図 5.2 に示されている．終状態の $\pi^+ + \Sigma^-$（粒子 2, 3）のエネルギー・運動量が測定された場合，**不変質量 (invariant mass)** $M_{\rm inv}$ は

$$M_{\rm inv} = \sqrt{(p_2 + p_3)^2} = \sqrt{(E_2 + E_3)^2 - (\boldsymbol{p}_2 + \boldsymbol{p}_3)^2}, \tag{2.55}$$

と定義される．$M_{\rm inv}$ はローレンツ不変量であるため慣性系のとり方によらず一定であるが，始状態のエネルギー，つまり $E_{\rm cm}$ を固定した場合は粒子 1 の運動量によって変化する．反応断面積の $M_{\rm inv}$ 依存性のプロットは不変質量分布と呼ばれ，粒子 2,3 に崩壊できる状態すべてのエネルギースペクトルを与える．

強い相互作用で崩壊するハドロンの寿命は 10^{-23} s のオーダーととても短いので，直接時間差として測定するのは困難である．しかし，粒子の崩壊幅（エネルギースペクトルのピークの幅）で測定する場合は，70 MeV 程度の幅となり，崩壊生成物の粒子 2, 3 の運動量を 10 MeV 程度の分解能で測定すれば識別可能である．不変質量分布は，2 体以上の粒子に対しても同様に 4 元運動量の和を計算することで求めることができるため，大立体角を覆うような検出器を使えば，比較的容易に得ることができる．

電気的に中性の粒子に対して検出効率が不十分な検出器を使っている場合には，反応 (2.54) の Σ^- の崩壊でできる中性子が測定できないことがある．この場合は，

$$M_{\mathrm{MM}} = \sqrt{(p_a + p_b - p_1)^2} = \sqrt{(E_a + m_b - E_1)^2 - (\boldsymbol{p}_a - \boldsymbol{p}_1)^2}, \qquad (2.56)$$

で定義される**欠損質量 (missing mass)** が有効である．反応の前後でのエネルギー・運動量の保存により，$M_{\mathrm{inv}} = M_{\mathrm{MM}}$ であることがわかる．一方で式 (2.56) には粒子 3 (Σ^-) の情報が含まれないため，粒子 3 が測定できなくても，不変質量と等価な情報を得ることができる．ただし終状態 2,3 を直接特定していないため，非弾性チャンネルが複数ある場合には欠損質量分布に他の反応の寄与が含まれるので注意が必要である．具体的な例として，反応

$$\gamma + p \to K^+ + \pi^0 + \Lambda, \qquad (2.57)$$

は，不変質量では反応 (2.54) と区別できるが，終状態を特定しない欠損質量の分布にはバックグラウンドとして寄与する．

2.3.2　サイクロトロンからシンクロトロンへ

さまざまなハドロンの生成実験を行うためには，高エネルギーに加速した粒子のビームが必要となる．静電場を 2 つの金属電極の間に印加するという方法では，空間に発生できる静電場の大きさの限界により加速エネルギーに上限が生じる．すなわち電極間での真空放電のために電流が流れてしまって，電場を支えきれなくなってしまう．よって，コッククロフト (J. Cockcroft)[27]・ウォ

[27] 1951 年ノーベル物理学賞を受賞．

ルトン (E. Walton)[28] 型やバンデグラーフ (R. J. Van de Graaff) 型などで発生できる静電場では加速できる粒子のエネルギーに 10 MeV 程度の上限があった．このエネルギーでは原子核のクーロンポテンシャル障壁を超えるのがやっとであり，K 中間子を作るエネルギーには到達できない．

より高いエネルギーへと粒子を加速するには，粒子を発生した静電場中に何度も繰り返し通すこと（繰り返し加速）が考えられる．これに初めて挑戦したのが，米国バークレーのローレンス (E. O. Lawrence)[29] である．1934 年，ローレンスらは**サイクロトロン (cyclotron)** と呼ばれる円形の加速器を世界で初めて製作した．サイクロトロンは，2 つの D 型電極間に電場を印加することで粒子を加速し，一様な円形双極磁場を双極型電磁石によって発生させ粒子を円運動させる．磁場中での質量 m，電荷 q の荷電粒子は円軌道を描き，磁場 B が一定の場合，角速度 ω が

$$\omega = \frac{qB}{m} = \frac{v}{\rho}, \tag{2.58}$$

となるため，周期 $2\pi/\omega$ は速度 v によらず一定（等時性）になるが，加速され v が大きくなると軌道半径 ρ が大きくなる．半周するごとに加速電場は符号を変えなければならないため，$2\pi/\omega$ と同じ周期の交流電場を印加する．サイクロトロンのエネルギーの上限は，双極型電磁石の鉄心と銅コイルの大型化による経済的な理由と，相対論的効果により等時性が成り立たなくなるという原理的な理由で決まり，500 MeV 程度の値になる．

加速するにつれて軌道半径 ρ が増大するサイクロトロンとは対照的に，**シンクロトロン (synchrotron)** では，磁場の強さを加速する粒子の速度に同期（シンクロ）させて調整することで，円軌道の半径を一定にできる．したがって，円軌道の内側には双極子磁場を必要とせず，磁場を発生している磁石の電力を必要としない．これにより画期的にエネルギーを節約できるようになった．もう 1 つの発明は，位相安定性の原理と呼ばれるもので，高周波加速を受ける粒子の速度と周波数が釣り合って平衡位相のまわりに位相振動をすることにより，軌道半径が一定となる安定した加速を実現する原理である．ここまでの工夫を凝らしたシンクロトロンは，周回ビームの収束力が弱く，弱収束シンクロトロン

[28] 1951 年ノーベル物理学賞を受賞．
[29] 1939 年ノーベル物理学賞を受賞

と呼ばれ，例として1948年に建設された米国ブルックヘブン研究所 (BNL) のコスモトロン (3.3 GeV)，LBL のベバトロン (6 GeV) などが挙げられる．ベバトロンでは反陽子の発見が行われた．

最後に，四重極磁場による強い収束力を利用するシンクロトロンが，1960年代頃から1980年頃にかけて，世界の最高エネルギー加速器として建設された．米国 BNL の AGS シンクロトロン (30 GeV) やヨーロッパの欧州原子核研究機構 (Conseil Européen pour la Recherche Nucléaire, CERN) の 26 GeV の陽子シンクロトロン (Proton Synchrotron, PS) などがこれに相当する．わが国でも1970年代に 12 GeV 陽子シンクロトロンがつくば市の高エネルギー物理学研究所で稼働した．これらのシンクロトロンでは，高エネルギーに加速した陽子を固定標的に照射して π 中間子および K 中間子を発生させ，さらに2次ビームとして利用することで新しい粒子の生成が研究されるようになった．

2.3.3 J-PARC 加速器

大強度陽子シンクロトロンとして，2000年より茨城県東海村に**大強度陽子加速器施設 (Japan Proton Accelerator Research Complex, J-PARC)** が建設された．J-PARC は 1) 入射器としての 400 MeV 陽子リニアック，2) ブースターとしての 3 GeV の陽子シンクロトロン RCS (Rapid Cycling Synchrotron)，3) 30 GeV の主リング，によって構成される（図 2.7）．400 MeV 陽子リニアックは 330 m の長さがあり，主リングの周長は約 1.6 km である．加速器で加速されている陽子ビームを金属標的に照射することで，2次粒子として K 中間子，π 中間子，ニュートリノ，μ 粒子などのさまざまな粒子が生成され，素粒子原子核から物質生命科学までの幅広い研究に応用されている．

J-PARC ではビームパワー（ビームエネルギーとビーム電流の積）が MW 級の大強度の陽子ビームを加速するために，いくつかの工夫が成されている．

1. 負水素イオンの加速：リニアックから RCS へ，どれだけたくさんの陽子ビームを入射できるかが大強度化の1つの鍵となる．リニアックのビームは角度広がりが少ないシャープなビームであり，少しずつ入射位置をずらしながら RCS のもつアクセプタンス領域にきれいに並べていくペインティングと呼

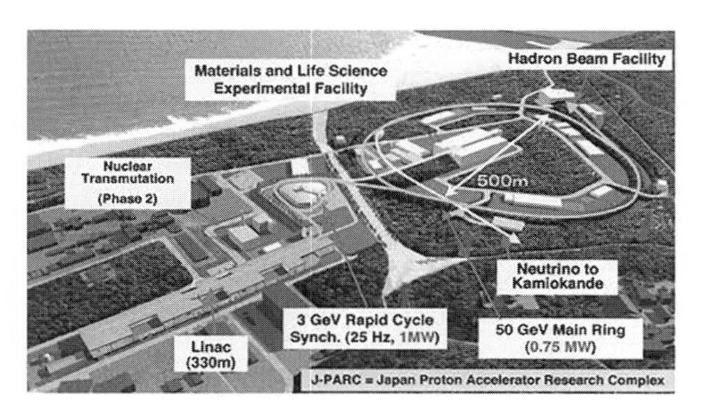

図 2.7　茨城県東海村にある J-PARC 大強度陽子加速器施設の全体図．文献 [55] より引用．

ばれる手法が採用されている．この技術の適用に負水素イオン（電子 2 個が陽子と結合したイオン）ビームと荷電交換膜という入射方式が不可欠となっている．

2. 速い繰り返しの陽子シンクロトロン RCS：25 Hz という短い加速周期で RCS が運転される．陽子エネルギーが 3 GeV になり，ほぼ 1 MW のビームパワーが実現される．
3. 主リングにおける虚数ラティスの採用：シンクロトロンで陽子を加速する場合には，軌道が不安定になるエネルギー（遷移エネルギー）が存在することが知られている．このため，従来の陽子シンクロトロンでは大強度ビームの取りこぼしが避けられなかった．J-PARC の主リングでは，不安定化を避けるため，遷移エネルギーが虚数となるように加速ラティス構造に特殊な設計を施し，安定した加速が実現されている．

主リングで加速された陽子ビームは，2 ヵ所で取り出されて下流の実験施設へ送り出される．取り出し方法の違いから，ニュートリノ実験施設へ送られる箇所が速い取り出し，ハドロン実験施設へ送られる箇所が遅い取り出しと呼ばれている．これまでのところ，遅い取り出しビームについて 65 kW，速い取り出しビームについて 510 kW のビームパワーが実現している．ハドロン実験施設では 2 次粒子としての K 中間子ビームを用いて，本書で扱う K 中間子原子核

や $\Lambda(1405)$ に関する実験をはじめ，ハイパー核などの実験が精力的に行われている．

2.3.4　固定標的型加速器と衝突型加速器

固定標的型加速器のデメリットは，ビームエネルギーを新粒子の生成に必要とされる重心エネルギー ($E_{\rm cm}$) に変換する効率が悪いことである．式 (2.52) でビーム粒子のエネルギー E_a を大きく ($E_a \gg m_a, m_b$) すると，

$$E_{\rm cm} \sim \sqrt{2m_b E_a}, \tag{2.59}$$

となり，重心エネルギー $E_{\rm cm}$ はビームエネルギー E_a の 1/2 乗でしか増大しない．一方，**衝突型加速器**（コライダー）で 2 粒子の運動量の大きさが等しい場合，重心系と実験室系が一致して，

$$p_a = (E_a, \boldsymbol{p}_a), \quad p_b = (E_b, -\boldsymbol{p}_a), \tag{2.60}$$

となり，重心エネルギーは

$$E_{\rm cm} = E_a + E_b, \tag{2.61}$$

とビームエネルギーに対し線形で増加する．つまり，加速に注ぎ込まれたエネルギーを，効率的に重心エネルギーに変換することができる．

衝突型加速器の発展は，1990 年代に電子・陽電子衝突型加速器の全盛期を迎える．一般に，高エネルギーをもつ 2 つのビームを正面衝突させるのは容易ではない．しかし粒子と反粒子は質量が等しく電荷のみが逆符号なので，電子・陽電子衝突の場合は同じビームパイプ中を逆向きに回すことができるという大きなメリットがある．1990–2000 年にかけて，米国西海岸の PEP (Positron-Electron Project) 衝突型加速器とドイツ・ハンブルグにある DESY (Deutsches Elektronen-SYnchrotron) 衝突型シンクロトロンの間で重心エネルギーの競争が行われた．最も重い 6 番目のクォークであるトップクォークの探索や，弱い相互作用を媒介するボソンの探索が行われたが，その発見は，その後の陽子・

反陽子コライダーの登場を待たねばならなかった.

2.3.5 高エネルギー重イオン加速器

米国 BNL では 2000 年から世界初の重イオン（重い原子核）ビームの衝突型加速器 **RHIC (Relativistic Heavy-Ion Collider)** が運転を開始した. RHIC は核子あたりの衝突エネルギーが 200 GeV の金原子核と金原子核との衝突型加速器であり, STAR と PHENIX という 2 つの大型測定器が設置されている. 特に STAR 検出器では,「現代の泡箱」とも呼べる 3 次元飛跡検出機 TPC (Time Projection Chamber) を多数搭載することで, 1 事象あたり数千トラックもの飛跡を捉えることが可能である.

ヨーロッパの CERN では, 2022 年現在, 世界最高エネルギーを誇る陽子・陽子衝突である**大型ハドロン衝突型加速器 (Large Hadron Collider, LHC)** が 14 TeV の重心エネルギーで運転中である. 2012 年にヒッグス (P. W. Higgs)[30] 粒子の発見が報告され [56, 57], LHC は大きな注目を集めた. LHC では陽子だけでなく重イオンを加速することも可能で, 鉛原子核と鉛原子核の核子あたり 2.76 TeV での衝突が実現している. TPC から構成される飛跡検出器である ALICE 検出器を用いてハドロンが多重生成される反応が解析されている.

一般に高エネルギーの重イオン衝突を行うと, 温度, 密度の高い原子核物質が生成される. 衝突エネルギーを上げるにつれ, 生成される核物質の温度および密度が増大し, QCD の漸近自由性（第 3 章参照）により原子核内のクォークとグルーオンが閉じ込めから解放されたクォーク・グルーオン・プラズマ (Quark Gluon Plasma, QGP) と呼ばれる物質が生成されることが理論的に予想される [58]（邦文文献 (k) 参照）. 重イオン衝突実験の主たる目的の 1 つは, 通常核物質から QGP への相転移を探索することにあった. 実際に, 直接光子の熱的スペクトルの測定 [59] は, 200 MeV を超える高温状態が反応初期に実現されていることを強く示唆している.

重イオン衝突直後に生成される物質は反応ソースと呼ばれ, ソースから放出されたハドロンやレプトンが検出器で観測される. QGP 生成を検証するには,

---

[30] 2013 年ノーベル物理学賞を受賞.

反応ソースの空間的広がりや温度分布などの情報を観測から引き出す必要がある．6.4.3 項で詳しく議論するように，生成されたハドロン対の運動量相関関数には，ソースの分布とハドロン対の終状態相互作用が反映されている．よって相互作用が散乱実験で調べられている核子対や π 中間子対などを用いたソースの情報の推定が行われてきた．最近では逆に，ソース関数の情報を仮定することで，ハドロン間の相互作用を調べるフェムトスコピーと呼ばれる手法が注目を集めており，実際に K^-p 相関関数など本書の内容と密接に関係する測定も行われている（6.4.3 項参照）．

2.3.6　電子・陽電子衝突型加速器

電子・陽電子の衝突型加速器で，重心エネルギーを特定のベクトル中間子 $V = \rho, \phi, J/\psi, \Upsilon$ などの質量に合わせると，$e^-e^+ \to V$ という共鳴反応を通じて，高い S/N 比（バックグラウンドに対する信号の比率）でベクトル中間子を生成できる．特に，J/ψ および Υ の励起状態は，それぞれチャームおよびボトムを含むメソン対へ崩壊するため，特定のフレーバーをもつハドロンを大量に生成するのに適している．このような加速器施設として，ϕ 工場，チャーム工場，B 工場などと呼ばれる電子・陽電子コライダーが建設されている．

その 1 つがイタリアローマ近郊のフラスカッティにある電子・陽電子コライダー **DAΦNE (Double Annular ring For Nice Experiments)** である．DAΦNE では重心エネルギーが ϕ に合うように設定されており，

$$\phi \to K^-K^+, \tag{2.62}$$

崩壊によりエネルギーの揃った K^- ビームを得ることができるという特徴がある．通常の固定標的型加速器で生成される K 中間子は高い運動量をもっているため，低運動量の K^- ビームを用意するためには分厚い物質中を通してエネルギー損失によってエネルギーを下げる必要がある．しかし，エネルギーを下げると相対論効果が小さくなるため寿命が短くなり，ほとんどのビーム粒子が標的に到達する前に崩壊してしまう．これに対し，幅の狭い ϕ の崩壊から得られる K 中間子対の運動量はほぼ一義的 (~ 127 MeV) に決まるため，低エネルギーの K ビーム源として，ハイパー核や K 中間子原子の実験などに応用され

ている．ϕ 生成だけでなく，重心エネルギーを ϕ からずらすことで，質量の小さな η，η'，f_0，a_0，ω，ρ などの生成も可能である．将来的には Crab-waist 空洞という技術を使ってルミノシティの改善が計画されている．

日本のつくば市にある高エネルギー加速器研究機構 (KEK) で稼働しているスーパー **KEKB 加速器**は，従来の KEKB 加速器の 40 倍のビーム強度 (8×10^{35} cm^{-2}s^{-1}) を達成目標としている．この加速器では，実験室系で電子が 7 GeV，陽電子が 4 GeV まで加速され，$\Upsilon(4S)$ を経由して B メソンと $\bar{B}$ メソンの対が大量に生成される．所定のルミノシティでは全部で約 500 億個の B 中間子対の生成が期待されており，CP 対称性の破れの研究が行われている．大量に生成される B 中間子の崩壊では c や s を含む多くのハドロンが生じるため，K 中間子や Λ^* などを含むハドロン分光学の研究も期待されている．実際に 2.2.4 項で紹介した $X(3872)$ などのエキゾチックハドロンは KEKB で見つかっており，今後も終状態に J/ψ，D^*，K^* などを含むモードを探ることによるエキゾチックハドロン探索が計画されている．現在，DAΦNE 加速器と同様に，Crab-waist 空洞や nano-beam 技術を用いてルミノシティを上げる努力が行われている．

第3章 QCDとカイラル対称性

身の周りの電気，磁気に関係する現象は古典電磁気学のマクスウェル方程式で記述される．原子などのミクロな世界の電磁気現象を精密に記述するには，量子力学と特殊相対論の効果を取り込んだ量子電磁気学 (QED) が必要になる．QED は素粒子標準模型の一部をなす場の量子論であり，理論の予言が高精度の実験で検証されている．本書で扱う強い相互作用の基礎理論は**量子色力学 (QCD)** である．QCD は SU(3) ゲージ対称性をもつ場の量子論であり，色（カラー）電荷をもった素粒子であるクォークとグルーオンの相互作用を支配している．これはちょうど電磁気的電荷をもった素粒子である電子と光子の相互作用を記述する QED に色の自由度を加えたものであるが，まさにこの色自由度のために，QCD は QED と本質的に異なる性質を示す．本章では QCD の基本的な性質を対称性に焦点を当てて解説し，核子，π 中間子，K 中間子などのハドロンの性質をカイラル対称性の観点から議論する．巻末の邦文参考書 (l)，(m)，(n) も参照.

3.1 量子色力学 (QCD)

3.1.1 QCD の基礎

はじめに，QCD のラグランジアンを見てみよう．通常の量子力学の問題では，ハミルトニアンが物理系を規定するのに対し，場の量子論では，相対論的共変性を明確にするためラグランジュ形式を用いて問題設定が与えられる．QCD のラグランジアンは以下で与えられる：

$$\mathcal{L}_{\rm QCD} = -\frac{1}{4}G^a_{\mu\nu}G^{a\mu\nu} + \bar{q}(i\not{D} - m_q)q. \tag{3.1}$$

ここで，場の強さテンソル $G^a_{\mu\nu}$ と共変微分 D_μ は

$$G^a_{\mu\nu} = \partial_\mu A^a_\nu - \partial_\nu A^a_\mu - gf^{abc}A^b_\mu A^c_\nu, \tag{3.2}$$

$$D_\mu = \partial_\mu + igA^a_\mu T^a, \quad \not{D} = D_\mu\gamma^\mu, \tag{3.3}$$

と定義される．m_q はクォーク質量，g はゲージ結合定数である [1)]．強い相互作用の物理は，1 行で書ける式 (3.1) に支配されており，原理的にはハドロンの性質はすべて $\mathcal{L}_{\rm QCD}$ が決定している．

次に，クォークとグルーオンがどのように式 (3.1) に含まれているかを説明する．**クォーク (quark) 場** q はカラー SU(3) 群の基本表現である **3** 表現に属し，カラー空間での 3 成分の縦ベクトルで表される．**グルーオン (gluon) 場** A^a_μ はカラー SU(3) の随伴表現である **8** 表現に属する．クォーク，グルーオンが「場」であるということは，電磁場と同様に $q, \bar{q}, A^a_\mu$ が時間 t と空間 $\boldsymbol{x}$ の関数であることを意味する．量子力学のハミルトニアンが運動エネルギー項とポテンシャル項で与えられるように，ラグランジアン $\mathcal{L}_{\rm QCD}$ もクォークおよびグルーオンの伝播に関する運動エネルギー項と，相対論に特有な質量エネルギー項，ポテンシャルに対応する相互作用項を含んでいる．たとえば，式 (3.3) の共変微分 D_μ の第 2 項から，クォークとグルーオンの相互作用項 $-g\bar{q}\gamma^\mu A^a_\mu T^a q$ があらわれる．ここまでは QCD と QED に共通の性質であるが，式 (3.2) の場の強さテンソル $G^a_{\mu\nu}$ の第 3 項から**グルーオン間の相互作用項**が得られる．これは電磁気学には存在しない効果で，非可換ゲージ理論である QCD 特有の性質であり，次節で述べる漸近自由性の起源となる．全体として $\mathcal{L}_{\rm QCD}$ は局所的なカラー SU(3) 変換のもとで不変である．

クォークはカラーとは別にフレーバーと呼ばれる内部自由度をもっている．2.2.4 項で紹介したように，現在では 6 種類のフレーバーの存在が知られており，

[1)] 添字はそれぞれ $a = 1, \ldots, 8$ および $\mu = 0, 1, 2, 3$ で，繰り返し添字は和をとる規則を採用する．T^a はカラー SU(3) 群の基本表現の生成子であり，カラー空間で 3×3 の行列で，群の構造定数 f^{abc} は生成子と $[T^a, T^b] = if^{abc}T^c$ という関係に従う．γ^μ はスピノル空間で 4×4 の行列である．また，ここでは量子化の際に必要となるゲージ固定項や，強い相互作用のセクターで CP 対称性を破る θ 項は省略してある．

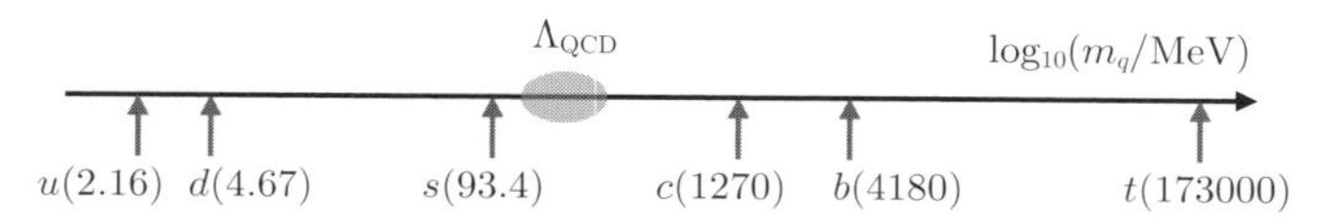

図 3.1 log スケールで表示したクォーク質量．$\Lambda_{\rm QCD}$ は次節で説明する QCD の非摂動効果が顕著になるエネルギースケール．

この自由度を書き下すためにクォーク場 q をフレーバー空間での 6 成分の縦ベクトルで表す：

$$q = \begin{pmatrix} u & d & s & c & b & t \end{pmatrix}^T, \tag{3.4}$$

ここで T は転置を表す．クォークの質量はフレーバーごとに異なるので，クォーク質量 m_q は対角行列 $\mathrm{diag}(m_u, m_d, m_s, m_c, m_b, m_t)$ で与えられる．フレーバー量子数は強い相互作用で保存するため，ハドロンはフレーバー量子数 I, I_3, S, C, B' を用いて分類できる [2]．QCD ラグランジアンにあらわれるクォーク質量 m_q は直接観測できる量ではなく，場の理論のくりこみ処方とスケール μ を指定して初めて定義される．u, d, s クォークの質量は，$\overline{\rm MS}$ くりこみ処方でスケール $\mu = 2$ GeV の場合，中心値が

$$m_u = 2.16 \text{ MeV}, \quad m_d = 4.67 \text{ MeV}, \quad m_s = 93.4 \text{ MeV}, \tag{3.5}$$

と与えられている [16]．ヘビークォークと呼ばれる c，b クォークの質量は，$\overline{\rm MS}$ 処方でそれぞれスケール $\mu = m_c$，$\mu = m_b$ で評価すると

$$m_c = 1.27 \text{ GeV}, \quad m_b = 4.18 \text{ GeV}, \tag{3.6}$$

となる [16]．トップクォークの質量の決定はさらに微妙な問題を含んでいるが，およそ $m_t \sim 173$ GeV と見積もられる [16]．これらクォーク質量は QCD の枠

[2] フレーバー量子数は表 2.5 参照．u, d クォークの質量差があるためアイソスピン対称性は厳密には近似的対称性であるが，アイソスピンの大きさ I による分類は良い精度で成立する．I_3 の保存は，電磁気的電荷の保存（あるいは u, d クォーク数それぞれの保存）と等価なのでアイソスピン対称性が破れている場合でも厳密に成立する．また，トップクォークは重い質量とカビボ・小林・益川行列の性質のため，強い相互作用でハドロンを形成する前に弱崩壊するため，ハドロンの分類に T は事実上使われない．

内では決定できないパラメータで，標準模型ではヒッグス機構によって与えられている．最も軽い u クォークと最も重い t クォークの間には 5 桁程度のスケールの差があることは注目に値する（図 3.1 参照）．実際に，この質量の多様性が次節で説明する対称性の起源となる．

3.1.2　漸近自由性とカラーの閉じ込め

QCD の最も重要な特徴の 1 つが，高エネルギー領域で結合定数 g が小さくなるという**漸近自由性** [60, 61] である．場の量子論の結合定数は，くりこみの影響でエネルギースケールに応じて変化するため running coupling constant と呼ばれる．たとえば，電磁相互作用を記述する QED では低エネルギーで結合定数が小さくなるため，量子力学による水素原子の記述に対する QED の補正は小さい．エネルギースケール μ での QCD の結合定数 g を調べるため，慣例に従い，強い相互作用の微細構造定数 $\alpha_s = g^2/(4\pi)$ を μ^2 の関数として表すと，α_s の μ 依存性を決定するくりこみ群方程式は

$$\mu^2 \frac{d\alpha_s}{d\mu^2} = -\frac{(33-2N_f)}{12\pi}\alpha_s^2 + \cdots, \tag{3.7}$$

となる．ここで N_f はスケール μ でのフレーバー数で，省略記号は摂動の高次の寄与を表しており α_s が小さければ無視できる．式 (3.7) の左辺は本質的にエネルギースケールを増加したときの α_s の傾きを表しているので，右辺の α_s^2 の係数が正であればエネルギー増加とともに結合定数が増加，負であればエネルギー増加とともに結合定数が減少する（漸近自由）ことを表している．式 (3.7) 右辺の係数のうち 33 は本質的にグルーオンからの寄与であり，グルーオンの自己相互作用に起因している．一方 $-2N_f$ はクォークからの寄与であり，$N_f = 6$ の場合，右辺の係数全体は負になることから，QCD が高エネルギー極限で漸近自由性を示すことがわかる．高エネルギー現象である深非弾性散乱を QCD の結合定数が小さいとして展開する摂動計算（摂動的 QCD）で解析すると，実験で観測されたスケーリング則の破れを定量的に説明することができたため，QCD が強い相互作用の基礎理論として確立した．くりこみ群方程式 (3.7) の解は，

$$\alpha_s(\mu^2) = \frac{12\pi}{(33 - 2N_f)\ln\dfrac{\mu^2}{\Lambda_{\mathrm{QCD}}^2}}(1 + \cdots), \tag{3.8}$$

と与えられる．ここで Λ_{QCD} はエネルギーの次元をもった積分定数である．式 (3.8) の高次項を無視すると $\mu \to \Lambda_{\mathrm{QCD}}$ のとき α_s が発散するため，Λ_{QCD} は低エネルギーで QCD の摂動計算が破綻するスケールを表すと考えられており，数値的には $\Lambda_{\mathrm{QCD}} \sim 200$ MeV と見積もられている [3)]．低エネルギー領域では QCD は強結合となり，場の理論の標準的な手法である摂動論が使えず，さまざまな興味深い非摂動的現象があらわれる．

非摂動効果として特に重要な性質の 1 つが**カラーの閉じ込め**である．素粒子であるクォーク，グルーオンは単独で観測することができず，実際に観測できるのは核子や π 中間子などのハドロンである．クォーク，グルーオンはカラー電荷をもった状態であり，ハドロンはカラー 1 重項（カラー電荷中性）であることから，この現象はカラーの閉じ込めと呼ばれる．特定の多重項（電荷状態）のみが観測され，それ以外が禁止される事実は QCD の非自明な性質であり，QCD から解析的に示すことは現在のところ未解決の問題である．閉じ込めと並んで重要な低エネルギー QCD の非摂動的性質が**カイラル対称性の自発的破れ**であり，次節で詳しく議論する．

3.2 対称性とハドロン物理

3.2.1 量子力学の対称性

対称性 (symmetry) は現代の物理学のさまざまな場面で重要な役割を果たしている．3 次元空間の中心力，つまりポテンシャルが原点からの距離のみに依存する場合 $V(\boldsymbol{r}) = V(|\boldsymbol{r}|)$ を考えよう．古典力学では，ポテンシャル中を運動する粒子に力のモーメントがはたらかないことから系は角運動量保存則を満たし，惑星の運動などが説明できる．量子力学では，シュレディンガー (E.

3) 厳密にはくりこみ群方程式 (3.7) の省略記号が無視できるのは α_s が小さい場合であり，μ が Λ_{QCD} に近づくにつれ α_s は増大し，高次項が無視できなくなる．Λ_{QCD} の議論はあくまでもスケールの見積もりと理解されている．

Schrödinger)[4] 方程式を動径方向と角度方向に変数分離することができ，角運動量の大きさ ℓ が保存量子数となる．このとき動径方向のシュレディンガー方程式が磁気量子数 m_ℓ に依存しないことから，エネルギー固有値は $2\ell+1$ 重の縮退を示す．対称性の観点からは，角運動量演算子が 3 次元空間回転の生成子であり，中心力ポテンシャルは回転対称性 SO(3) をもっているといえる．エネルギーが縮退しているハミルトニアンの固有状態は互いに SO(3) 変換で移り変われる状態であり，ポテンシャルが対称性をもつことから，変換後の状態も同じエネルギー固有値をもつことが保証される．つまり固有状態の $2\ell+1$ 重の縮退は回転対称性 SO(3) の帰結であり，ポテンシャルの動径方向の関数形がどんなものであっても成立する [5]．対称性の原理は，シュレディンガー方程式を解かずとも解の縮退が示せるという点で，非常に強力な指針である．強い相互作用の場合には，QCD からハドロンの性質を直接計算できなくても，QCD のもつ対称性からハドロンの性質に制限を与えることができる．

現実には対称性変換が厳密でない場合（**対称性が「破れている」**と表現される）もしばしば存在する．再び回転対称性 SO(3) をもつ量子力学の中心力ポテンシャルを考えよう．ポテンシャル中の質量 m，電荷 Q をもつ荷電粒子に対して z 方向に強さ B の外部磁場をかけると，ハミルトニアンに $-QBL_z/(2m)$ の項が追加される．この項によりエネルギーの縮退は解け，$2\ell+1$ 個の準位は分裂する（ゼーマン (P. Zeeman)[6] 効果，図 3.2 参照）．対称性の観点からは，磁場によって z 方向という特定の方向が選ばれたために回転対称性が破れ，縮退が実現しなかったと理解される．つまり，中心力のみのハミルトニアンは対称性をもっているが，外部磁場項が対称性を破るので，結果として縮退が解けたといえる．

ここで，破れている対称性は，物理にどのような制限を与えるだろうか．外部磁場による対称性の破れの場合，準位分裂の大きさ Δ はボーア (N. Bohr)[7]

[4] 1933 年ノーベル物理学賞を受賞.
[5] 古典的なクーロンポテンシャル $V(|\boldsymbol{r}|) \propto 1/|\boldsymbol{r}|$ には，角運動量に加えてルンゲ・レンツベクトルが保存するという特殊な性質がある．これらを量子化した演算子からは 4 次元の回転である SO(4) 対称性があらわれ，エネルギー縮退度はより高い n^2 になる．
[6] 1902 年ノーベル物理学賞を受賞.
[7] 1922 年ノーベル物理学賞を受賞.

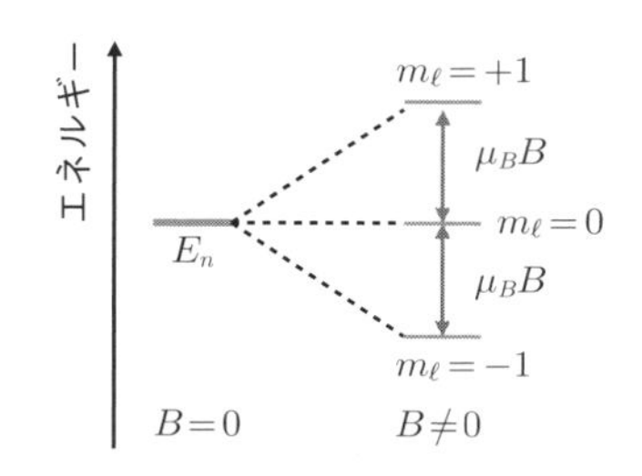

図 3.2　$\ell = 1$ のエネルギー準位に対するゼーマン効果の模式図．m_ℓ は磁気量子数，B は外部磁場の強さ，$\mu_B = |Q|/(2m)$ はボーア磁子．

磁子 $\mu_B = |Q|/(2m)$ を使って $\Delta = \mu_B B$ となり，磁場の強さが小さい[8] 場合は $2\ell + 1$ 個の準位の近似的な縮退が観測できる．さらに，ゼーマン効果による準位分裂は磁場が小さいとき等間隔になるという性質をもつ．このように，対称性が破れていても破れの効果が小さい場合，系は**近似的対称性**をもつといわれる．理想的に対称性をもつ極限と，破れの効果による極限からのずれを考えることが，近似的対称性をもつ系の解析に有効である．

最後に**自発的対称性の破れ (spontaneous symmetry breaking)** について説明する．上述の対称性の破れは「あからさまな破れ (explicit breaking)」と呼ばれ，ハミルトニアンが対称性の破れの起源となる項を含んでいる．自発的な破れとは，ハミルトニアンは対称性を保っているにもかかわらず，相互作用の結果，固有状態が対称性を破る現象である．例として，格子点上にスピンが並んでいる量子スピン系を考えよう．各スピンが 3 次元空間の任意の方向を向く模型（ハイゼンベルク模型）で，最近接スピンの間にはスピンの向きが揃ったときにエネルギーが最も下がる強磁性相互作用がはたらくとする．強磁性相互作用のハミルトニアンは隣接するスピンの演算子の内積 $\boldsymbol{S}_i \cdot \boldsymbol{S}_j$ の和に比例する形で与えられ，特定の方向をもたないため 3 次元回転対称性 SO(3) をもっている．一方，温度 T の多体系で実現される基底状態は自由エネルギー $F = E - TS$ を最小にする状態であり，内部エネルギー E を下げるためにはスピンを揃える方が得だが，TS の項はスピンの向きが乱雑でエントロピー S が大きい場合に F を下げるため，自由エネルギーを下げるスピン配位が第 1 項と第 2 項で逆になっ

[8]「小さい」の比較対象は，たとえば中心力ポテンシャルによる励起エネルギーに比べて準位分裂が十分小さい，という意味である．

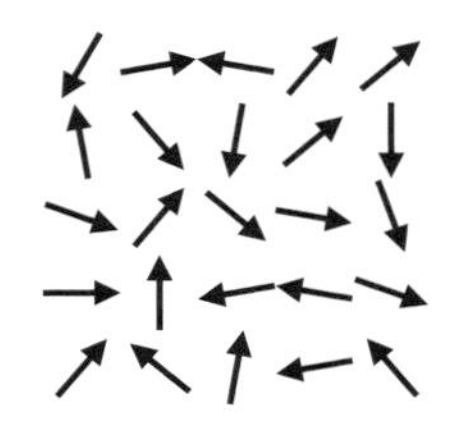
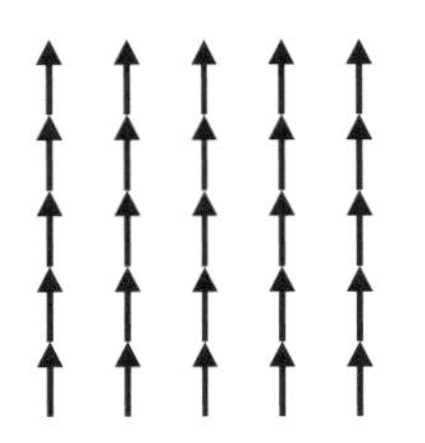

図 3.3　スピン系の状態の模式図．左：高温でスピンの向きがランダム（回転対称性あり）．右：低温でスピンの向きが揃う（回転対称性なし）．

ていることがわかる．これより，系が十分高温にあれば，熱ゆらぎのため各スピンはランダムな方向を向く方が自由エネルギーを下げるため，磁化（各スピンの特定方向の期待値の和）はゼロとなり，対称性は破れない（図 3.3 左）．しかし低温になると内部エネルギーを下げるためにすべてのスピンの向きが揃った状態が実現する（図 3.3 右）．このとき，向きが揃った方向に自発磁化が発生し，その特定の方向が選ばれたために対称性が自発的に破れる．この場合の自発磁化は**秩序変数 (order parameter)** と呼ばれ，自発的対称性の破れを特徴づける量である．秩序変数の値が 0 か有限かが，対称性の自発的破れが起きたことを判定する指標となる．

一般に，対称性が破れる際に，一部の対称性が破れずに残る場合がある．強磁性体の例で磁化が揃った向きを z 軸にとると，x 軸まわり，y 軸まわりの回転に対しては磁化をもった状態は不変ではないが，z 軸を中心とした 2 次元回転は依然として対称性として実現しており，破れていない．2 次元の回転対称性は SO(2) 群で表されるので，この場合対称性の破れのパターンは $\mathrm{SO}(3) \to \mathrm{SO}(2)$ と表される．空間回転 SO(3) のような連続対称性が自発的に破れると，一般に南部・ゴールドストーン (J. Goldstone) モード（NG モード）と呼ばれる低エネルギー励起があらわれる [62–64]．強磁性量子スピン系の場合は，マグノンと呼ばれるスピン波を量子化した励起が NG モードに対応する．破れた対称性の数（破れた対称性変換に付随する生成子の数）と，NG モードの数の間には関係があり，相対論的な理論での対応関係は 1960 年代から知られていた [62–64] が，相対論的共変性がない場合の一般的な関係式は 2012 年になって与えられた [65,66].

3.2.2 QCD のカイラル対称性

QCD ラグランジアン (3.1) のもつ対称性を考えよう．厳密な対称性としては，時空に関係するローレンツ対称性とゲージ変換に関係するカラー SU(3) 対称性がある．また，式 (3.1) は荷電共役 C，パリティ P，時間反転 T，それぞれの離散的変換に対し不変である．ローレンツ対称性が 3 次元回転 SO(3) を部分群として含むことから，QCD の固有状態である**ハドロンは固有スピン $\boldsymbol{J}$（整数または半整数）とパリティ $\boldsymbol{P = \pm 1}$ によって分類**できる．近似的な対称性としては，カイラル対称性，フレーバー対称性，ヘビークォーク対称性が挙げられる．以下ではこれらの対称性とそのハドロン物理における帰結を紹介する．

カイラル対称性は質量のないディラック粒子の右巻き成分と左巻き成分に関する対称性である [35,67]．ディラック場 q は右巻き成分 q_R と左巻き成分 q_L に

$$q = q_R + q_L, \quad q_R = \frac{1+\gamma_5}{2}q, \quad q_L = \frac{1-\gamma_5}{2}q, \tag{3.9}$$

と分解できる．これより QCD ラグランジアン (3.1) のクォーク部分は

$$\bar{q}(i\not{D} - m_q)q = \bar{q}_R i\not{D} q_R + \bar{q}_L i\not{D} q_L - (\bar{q}_L m_q q_R + \bar{q}_R m_q q_L), \tag{3.10}$$

となる．ここで運動項 $\bar{q}i\not{D}q$ は右巻きと左巻き成分の和の形に分離しているのに対し，質量項 $\bar{q}m_q q$ は右巻きと左巻きが混合していることがわかる．N_f フレーバー [9)] のカイラル対称性は，右巻き，左巻き成分それぞれに独立に作用するユニタリー変換

$$q_R \to R q_R, \quad R = e^{i\theta_R^i T^i} \in \mathrm{U}(N_f)_R, \quad i = 0, \cdots, N_f^2 - 1, \tag{3.11}$$

$$q_L \to L q_L, \quad L = e^{i\theta_L^i T^i} \in \mathrm{U}(N_f)_L, \tag{3.12}$$

として定義される．ここで R, L はフレーバー空間での $N_f \times N_f$ ユニタリー行列であり，それぞれ右巻き，左巻きクォークを独立に回転させる．$T^i (i \geq 1)$ は $\mathrm{SU}(N_f)$ の生成子で $T^0 = 1/\sqrt{2N_f}$．実数のパラメータ θ_R^i と θ_L^i は回転変換の

9) 実際には u, d クォークについて考える $N_f = 2$ の場合と，u, d, s クォークについて考える $N_f = 3$ の場合を主に扱う．

角度を表している．$N_f \times N_f$ ユニタリー行列の組 (R, L) で指定されるクォークの変換を（大域的）カイラル $\mathrm{U}(N_f)_R \otimes \mathrm{U}(N_f)_L$ 変換という．右巻き，左巻きの変換から，ベクトル変換と軸性ベクトル変換が以下のように定義される．

$$q_R \to V q_R, \quad q_L \to V q_L, \quad V = e^{i\theta_V^i T^i} \in \mathrm{U}(N_f)_V, \tag{3.13}$$

$$q_R \to A q_R, \quad q_L \to A^\dagger q_L, \quad A = e^{i\theta_A^i T^i} \in \mathrm{U}(N_f)_A. \tag{3.14}$$

つまりベクトル変換 $(R, L) = (V, V)$ は右巻きと左巻きクォークを同じ角度で回転し，軸性ベクトル変換 $(R, L) = (A, A^\dagger)$ は逆向きに回転する．一般にユニタリー群が $\mathrm{U}(N) = \mathrm{U}(1) \otimes \mathrm{SU}(N)$ と分解できることを利用すると，N_f フレーバーのカイラル対称性は

$$\mathrm{U}(1)_V \otimes \mathrm{U}(1)_A \otimes \mathrm{SU}(N_f)_R \otimes \mathrm{SU}(N_f)_L, \tag{3.15}$$

と表記できる．式 (3.10) の運動項はすべてのカイラル変換に対して不変であるのに対し，質量項は $\mathrm{U}(1)_V$ でのみ不変である．つまり QCD には**厳密な $\mathbf{U(1)_V}$ 対称性**があり，この帰結は**クォーク数保存**として実現している [10]．クォークが質量をもたない極限（カイラル極限 $m_q \to 0$）では，$\mathrm{U}(1)_A$ 対称性が量子異常で破れることを除いて，QCD ラグランジアンはカイラル変換で不変となる．よって N_f 個のクォークの質量が小さい場合，QCD で**カイラル対称性 (chiral symmetry)**

$$\mathrm{SU}(N_f)_R \otimes \mathrm{SU}(N_f)_L, \tag{3.16}$$

が近似的に成立する．

カイラル対称性は低エネルギーの真空で自発的に破れていることが知られている [35,62–64,68]．以下，クォーク質量を 0 と理想化した（カイラル極限と呼ばれる）QCD で考える．このときカイラル対称性の自発的破れを特徴づける秩

---

[10] ここでのクォーク数とは (クォークの数)−(反クォークの数) のことである．また，バリオン数 B はクォーク数 N_q から $B = N_q/3$ と定義され，N_q が保存することから B の保存も同様にいえる．

序変数の 1 つは**クォーク凝縮**と呼ばれる量である．クォーク凝縮は，演算子 $\bar{q}q$ の QCD 真空 $|0\rangle$（量子力学の基底状態に対応する）による期待値であり，低エネルギーで有限の値をもつ：

$$\langle 0|\,\bar{q}q\,|0\rangle \neq 0. \tag{3.17}$$

ここで一般のカイラル $\mathrm{SU}(N_f)_R \otimes \mathrm{SU}(N_f)_L$ 変換では L と R が独立なので，演算子 $\bar{q}q = \bar{q}_L q_R + \bar{q}_R q_L$ はカイラル対称性を破る．一方で，ベクトル変換 $(R, L) = (V, V)$ では右巻きと左巻きが同じ角度で回転するため，$\bar{q}q$ は $\mathrm{SU}(N_f)_V$ のもとで不変である．つまり，クォーク凝縮が存在しても $\mathrm{SU}(N_f)_V$ は対称性として残っている．これがフレーバー対称性であり，詳しくは次節で議論する．ベクトル対称性はいくつかのもっともらしい仮定のもとで自発的に破れないことが知られている [69] ので，カイラル極限の QCD での自発的対称性の破れのパターンは

$$\mathrm{SU}(N_f)_R \otimes \mathrm{SU}(N_f)_L \to \mathrm{SU}(N_f)_V, \tag{3.18}$$

である．カイラル対称性の自発的破れの 1 つの重要な帰結が**ゼロ質量の南部・ゴールドストーン (NG) ボソンの出現**である．QCD のようにローレンツ共変な理論では，破れた対称性に付随する生成子ごとに 1 つの NG ボソンがあらわれる．フレーバー数 N_f のカイラル対称性の場合，自発的に破れる軸性ベクトル変換の生成子の数に対応する $N_f^2 - 1$ 個の NG ボソンがあらわれる．u, d クォークがゼロ質量の場合 $(N_f = 2)$ には，3 つの π 中間子 (π^+, π^-, π^0) が NG ボソンであり，s クォークまでゼロ質量の場合 $(N_f = 3)$ では，擬スカラー中間子 8 重項 (π, K, η) が NG ボソンとなる．

ここまでクォーク質量を無視する極限でカイラル対称性の自発的破れを考えたが，実際の QCD ではクォーク質量は 0 ではないので，カイラル対称性はあからさまに破れている．前節の議論に従えば，クォーク質量が十分に小さければ，破れていても対称性を考慮することでハドロンの性質を議論する意味がある．対称性の破れの度合いを定量化するために，カイラル対称性の自発的破れに関する典型的なエネルギースケールを Λ_χ とすると，$m_q/\Lambda_\chi \ll 1$ であれば，カイ

ラル対称性は近似的によい対称性といえる．ではΛ_χはどのように決まるだろうか．1つの見積もりは，Λ_χをNGボソン以外のハドロンの質量で与えるものである．もしクォーク質量が0であればNGボソンの質量も0になるが，それ以外のハドロンは特別な理由がない限り有限の質量をもつ．クォーク質量を有限にするとNGボソンも質量を獲得するが，それらが「NGボソンらしさ」を保つには，他のハドロンより十分軽い必要がある．現実のQCDで，$J^P = 1^-$および$1/2^+$の量子数で最も軽いハドロンは，それぞれρ中間子 ($m_\rho \sim 770$ MeV) と核子 ($M_N \sim 940$ MeV) であり，この質量スケールがΛ_χを与える．もう1つの見積もりは，$\Lambda_\chi = 4\pi f_\pi \sim 1$ GeVとする考え方である．ここでf_πはπ中間子の**崩壊定数**で，対称性の自発的破れに伴いπ中間子場が軸性ベクトルカレントと結合する強さに対応し，実験的には弱い相互作用による崩壊$\pi^+ \to \mu^+\nu_\mu$で決定される．係数4πは，場の理論の高次補正を表すループ計算に起因する．どちらの見積もりでも，Λ_χは約1 GeVというスケールとなり，式(3.5)のu, dクォーク質量は十分小さいので，$N_f = 2$のカイラル対称性に基づいてπ中間子は近似的なNGボソンとみなすことができる．sクォークの質量はu, dに比べ少し重いが，Λ_χとの比較から$N_f = 3$のカイラル対称性を考えることもできる．この場合近似的なNGボソンはπ, K, ηとなり，本書の主題である***K*** **中間子の性質をカイラル対称性の観点から考える**ことができる．ただし$N_f = 2$に比べてsクォークの質量が重いことにより，対称性のあからさまな破れの効果を含めて議論することが必要である．

3.2.3　カイラル摂動論とワインバーグ・友沢関係式

カイラル対称性はNGボソンと他のハドロンの相互作用にも制限を与える．これらの制限は**カイラル低エネルギー定理**と呼ばれ，たとえばゴールドバーガー (M. L. Goldberger)・トライマン (S. B. Treiman) 関係式 [70] は核子の軸性電荷とπNN結合定数を関係づける．また，**ワインバーグ・友沢**（Y. Tomozawa, 友沢幸男）**関係式** [71, 72] は，任意のハドロンとNGボソンのs波相互作用の性質を決定する．種々の低エネルギー定理はカレント代数と呼ばれる手法で発見されたが，現代的な観点からは，有効場の理論の手法に基づいた**カイラル摂動論 (chiral perturbation theory)** [67, 73–79] によって系統的に与えること

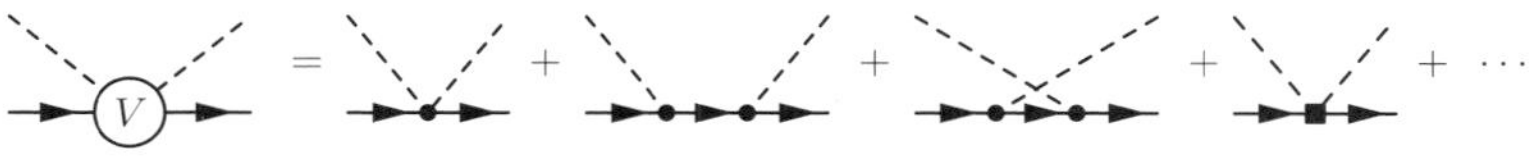

図 3.4　カイラル摂動論での相互作用 V を表現するファインマン図．黒丸は $\mathcal{O}(p)$ の頂点，黒四角は $\mathcal{O}(p^2)$ の頂点を表す．右辺第 1 項が V_{WT}，第 2 項と第 3 項が V_{Born}，第 4 項が V_{NLO} で，省略記号は $\mathcal{O}(p^3)$ の寄与に対応する．

ができる．

本書の主題である K 中間子と核子の相互作用を含むメソン・バリオン相互作用について，カイラル摂動論を具体的に用いてワインバーグ・友沢関係式を議論しよう．カイラル摂動論では，相互作用項を典型的な運動量スケール p のベキである**カイラル次数**で分類する．慣例に従いカイラル次数を $\mathcal{O}(p^n)$ と表記するが，実際には 3.2.2 項で導入されたカイラル対称性の自発的破れのスケール $\Lambda_\chi \sim 1$ GeV で無次元化された p/Λ_χ のベキで展開が行われる．つまり，$p \ll \Lambda_\chi$ の低エネルギー現象に対しては，次数の小さい項の寄与が支配的となり，有限次数の展開で現実の物理が記述できると期待される．メソン・バリオン系のカイラル摂動論では $n=1$ が最低次 (leading order, LO) の項となり，$\mathcal{O}(p^2)$ の項 (next to leading order, NLO) までのメソン・バリオン相互作用は形式的に

$$V = \underbrace{V_{\mathrm{WT}} + V_{\mathrm{Born}}}_{\mathcal{O}(p^1)} + \underbrace{V_{\mathrm{NLO}}}_{\mathcal{O}(p^2)} + \mathcal{O}(p^3), \tag{3.19}$$

と展開される（図 3.4）．カイラル摂動論では，各相互作用項に**低エネルギー定数** (low-energy constant, LEC) と呼ばれる，対称性だけでは決まらない定数が含まれている．より高い次数の項まで含めて計算すれば精度が上がる一方，高次の計算を行うためには，すべての LEC を決定できるだけの十分な実験データが必要となる．

$\mathcal{O}(p^1)$ の主要項 (LO) のうち，s 波散乱に支配的な寄与を与えるのは**ワインバーグ・友沢項** V_{WT} であり，これはメソン・バリオンの 4 点接触相互作用である（図 3.4 右辺第 1 項）．弾性散乱で重心系の全エネルギーが W の場合の V_{WT} の具体形は

$$V_{\mathrm{WT}}(W) = -\frac{C}{2f^2}\mathcal{N}^2(W-M), \tag{3.20}$$

となる．ここで M はバリオンの質量，f はメソン崩壊定数でメソンの弱崩壊から $f_\pi = 92.4$ MeV，$f_K = 1.19 f_\pi$ と決まっている．運動学的係数 $\mathcal{N} = \sqrt{(E+M)/(2M)}$ はバリオンのエネルギー E に依存しており，閾値では $\mathcal{N} = 1$ となる．よってメソンの質量を m とすると，メソン・バリオン閾値 $W = M + m$ での相互作用は

$$V_{\mathrm{WT}}(M+m) = -\frac{Cm}{2f^2}, \tag{3.21}$$

となる．係数 C はフレーバー対称性のみで決まる群論的係数で，SU(2) の場合は標的ハドロンのアイソスピンを I_T（N の場合は 1/2），π を組み合わせた全系のアイソスピンを I_α（πN の場合は 1/2 または 3/2）として [80]

$$C = -[I_\alpha(I_\alpha+1) - I_T(I_T+1) - 2], \tag{3.22}$$

で与えられる．3 フレーバーの場合は SU(3) アイソスカラー因子 [81] を用いたより複雑な表式 [80] となるが，いずれにしても標的ハドロンと全系のフレーバー量子数のみで決定できる．これらの表式を用いた πN，KN，$\bar{K}N$，$\pi\Sigma$ の場合の係数 C を表 3.1 にまとめる．SU(2) の場合の πN の係数 $C = 2, -1$ に比べて，SU(3) の $\bar{K}N$ $(I=0)$ と $\pi\Sigma$ $(I=0)$ の $C = 3, 4$ が大きな値をもつことがわかる．これは，式 (3.22) が 2 次のカシミア不変量の差に比例しており，次元の大きい表現をもつ SU(3) の場合に大きな値を取りうることに起因する．相互作用の性質を表す式 (3.21) の V_{WT} をメソン質量と崩壊定数の具体的な数値を用いて評価すると，表 3.1 に示す値になる．V_{WT} が正（負）のチャンネルは相互作用が斥力（引力）であり，絶対値が大きいほど強い相互作用であるといえる．表より，**$\bar{K}N$ $(I=0)$ が最も強い引力**をもつことがわかる．この原因は，群論的係数 $C=3$ およびメソン質量 $m = m_K$ による．次に強い引力は $\pi\Sigma$ $(I=0)$ であり，この場合はメソンの質量は πN と同じであるものの，群論的係数 $C=4$ が強い引力の起源となることがわかる．

引力の強さの判定は，散乱長を調べることで定量化される．相互作用が十分弱ければボルン (M. Born)[11] 近似を用いて摂動的に散乱長 a_{WT} を計算でき，ワ

[11] 1954 年ノーベル物理学賞を受賞．

表 3.1 ワインバーグ・友沢相互作用による群論的係数 C，式 (3.21) の閾値での相互作用 V_{WT}，式 (3.23) の摂動論による散乱長 a_{WT}，経験的な散乱長の値 a_{emp} の比較.

チャンネル	C	V_{WT} [fm]	a_{WT} [fm]	a_{emp} [fm]
πN $(I=1/2)$	2	-3.2	0.22	0.240 ± 0.003 [82, 83]
πN $(I=3/2)$	-1	1.6	-0.11	-0.122 ± 0.003 [82, 83]
KN $(I=0)$	0	0	0	0.02 [84]
KN $(I=1)$	-2	8.1	-0.42	-0.33 [84]
$\bar{K}N$ $(I=0)$	3	-12.1	0.63	$-1.70+0.68i$ [84]
$\bar{K}N$ $(I=1)$	1	-4.0	0.21	$0.37+0.60i$ [84]
$\pi\Sigma$ $(I=0)$	4	-6.4	0.46	–

インバーグ・友沢相互作用を用いた場合は [12]

$$a_{\mathrm{WT}} = \frac{CmM}{8\pi(m+M)f^2}, \tag{3.23}$$

となる．a_{WT} を数値的に評価した結果を，経験的に得られた散乱長の値 a_{emp} との比較で表 3.1 に示す．πN 散乱の場合は a_{WT} が経験的に得られた散乱長 a_{emp} [82,83] とよく一致していることがわかる．これは**カイラル低エネルギー定理が現実の π の物理を支配していること**，および πN 散乱の場合は相互作用が弱く，ボルン近似による摂動計算が有効であることを示している．一方，SU(3) の場合は事情が異なっている．KN 散乱長は，$I=0$ でほぼ 0 で，$I=1$ では斥力的という定性的な性質は再現されているものの，$I=1$ の散乱長の大きさは πN の場合ほど定量的に一致していない．これは s クォークによる SU(3) 対称性の破れが重要であることを表している．さらに $\bar{K}N$ 散乱の場合を経験的な散乱長の値 a_{emp} [84] と比較すると [13]，大きく結果が異なっている．まず，$\bar{K}N$ が最低エネルギーの閾値ではないために，a_{emp} は $\pi\Sigma$ や $\pi\Lambda$ への崩壊を表す虚部をもっている．一方で a_{WT} は実数で与えられているが，これは摂動の最低次では $\bar{K}N \to \pi\Sigma$ の遷移が考慮されないためで，チャンネル結合を取り込むため

[12] 散乱長については後述の 4.2.1 項，散乱振幅と T 行列の関係は式 (5.16) 参照．本節での散乱長 a_0 の定義は，式 (4.28) に従い，散乱振幅 $f_0(p)$ と $a_0 = f_0(p=0)$ と関係する慣習を用いる．

[13] 文献 [84] での散乱長の決定は最近の K 中間子水素の測定の結果が反映されていない古い解析に基づいているが，ここから得られる K^-p 散乱長の値 $a_{K^-p} \sim -0.67+0.64i$ fm は 5.2 節で紹介する SIDDHARTA の結果の解析からそれほど離れておらず，また数値の詳細はここでの議論に影響しない．

には最低でも1ループの計算が必要になる．さらに，$I=0$ のチャンネルでは a_{emp} の実部の符号が a_{WT} と異なっており，閾値で斥力的な散乱長を示している．これは閾値より下のエネルギーに $\Lambda(1405)$ が準束縛状態として存在するために，散乱長の符号が反転していることを表している．強い引力によって得られる（準）束縛状態は摂動計算では再現できず，散乱方程式を近似せずに非摂動的に解くことが必要である．つまり，表3.1で $\bar{K}N$ の a_{WT} が経験的な値を再現しないのは摂動計算を行ったためであり，**カイラル対称性の予言する強い引力相互作用**をもつ $\bar{K}N$ 系では，散乱の非摂動的な取り扱いが必要であることを示している．実際に5.3節でカイラル相互作用を非摂動的な散乱方程式と組み合わせることで，$\bar{K}N$ 散乱長が再現されることを示す．$\pi\Sigma$ については実験的な散乱長の情報が得られていないが，V_{WT} が $\bar{K}N$ と πN のちょうど中間の相互作用の強さを示しているために，a_{emp} の決定はカイラル動力学のさらなる検証に役立つと期待される．実験的には Λ_c の弱崩壊の終状態相互作用を用いた測定 [85] が提案されている他，将来的には格子QCDを用いた計算が期待できる．

3.2.4 QCDのフレーバー対称性

最後にフレーバー対称性のハドロン物理に対する制限を考える．式(3.13)のベクトル変換を右巻きと左巻きを合わせたクォーク場 $q=q_R+q_L$ に対して考えると，$\mathrm{SU}(N_f)_V$ 変換はクォーク場のフレーバー空間での回転として理解できる：

$$q \to Vq, \quad V=e^{i\theta_V^i T^i} \in \mathrm{SU}(N_f)_V \quad i=1,\cdots,N_f^2-1. \tag{3.24}$$

カイラル対称性 $\mathrm{SU}(N_f)_R \otimes \mathrm{SU}(N_f)_L$ と異なり，クォーク質量が有限の場合でも，N_f 個のクォークの質量が等しければ，フレーバー対称性 $\mathrm{SU}(N_f)_V$ は厳密に成立する．フレーバー対称性の破れは，異なるフレーバーのクォークの質量差によって生じる．つまり，質量差の小さいクォークの組に対して，フレーバー対称性を考える利点がある．

$N_f=2$ のフレーバー対称性は u,d クォークの間の**アイソスピン対称性**である．歴史的には陽子と中性子の性質の類似性から導入されたアイソスピン対称性

(1.3.1 項) であるが，QCD の観点からは，u クォークと d クォークの質量差が小さいことに起因すると解釈される．実際にハドロン質量におけるアイソスピン対称性は良い精度で成立しており，典型的には**数 MeV のオーダー**である．たとえば陽子と中性子の質量差は $M_n - M_p \sim 1.3$ MeV であり，中性 π 中間子と荷電 π 中間子の質量差は $m_{\pi^\pm} - m_{\pi^0} \sim 4.6$ MeV，K 中間子では $m_{K^0} - m_{K^\pm} \sim 3.9$ MeV となっている．ハドロン自身の質量が数 100–数 1000 MeV のオーダーであるため，アイソスピン対称性の破れは多くの場合無視でき，ハドロンをアイソスピン量子数 I で分類することが有用になる [14]．

s クォークまで含めた $N_f = 3$ の場合は**フレーバー SU(3) 対称性**が考えられる．式 (3.5) にあるように，s クォークの質量は u, d クォークほど軽くないため，SU(3) 対称性はアイソスピンほど良く成り立ってはいない．典型的な対称性の破れのスケールは**数 100 MeV 程度**である．たとえば Λ と核子の質量差は $M_\Lambda - M_N \sim 177$ MeV であり，K^* と ρ の質量差は $m_{K^*} - m_\rho \sim 116$ MeV である．しかしながら，ハドロンの分類について SU(3) 対称性を考えることは有益である．2.2.2 項で述べたように，u, d, s クォークからなるハドロンは SU(3) の 1 重項，8 重項，10 重項などに分類される．この多重項のメンバー間には上で述べたように数 100 MeV 程度の質量差があるが，対称性の破れの効果は系統的に調べることができる．SU(3) 多重項における対称性の破れに起因する質量差は，**ゲルマン・大久保関係式**で与えられる [23, 25]

$$M(I, Y) = a + bY + c\left[I(I+1) - \frac{1}{4}Y^2\right], \tag{3.25}$$

ここで I はアイソスピン，$Y = B + S$ は式 (2.5) で与えられるハイパーチャージである．a, b, c は対称性から決まらない係数で，多重項ごとに決定されるパラメータである．この公式は純粋に群論のみから導出され，**ハドロンの内部構造に依存せずに成立**する．また，一般に SU(3) 対称性を破る際には，さまざま

[14] ただし特殊な状況下ではアイソスピン対称性の破れが重要になる．たとえば，閾値近傍にハドロン共鳴が存在する場合，束縛エネルギーや励起エネルギーがアイソスピン対称性の破れによる質量差と同程度になることがある．顕著な例が $D\bar{D}^*$ の閾値近傍に存在する $X(3872)$ 中間子で，$D^0\bar{D}^{*0}$ 閾値が 3871.69 MeV，アイソスピンパートナーである D^+D^{*-} 閾値が 3879.92 MeV であるのに対し，$X(3872)$ の質量の中心値は 3871.65 MeV であり [16]，この場合アイソスピンの破れを無視することはできない．

な可能性が考えられるが，式 (3.25) は s クォークのみが u, d クォークと質量が異なるという破り方を指定して導かれる．この点に注目すると，式 (3.25) の最初の 2 項は直感的に解釈できる．つまり，多重項に共通の質量（a の項）と，s クォークの数に比例した質量（bY の項）である．しかし第 3 項は直感的に解釈できず，SU(3) 対称性の非自明な予言である．公式 (3.25) は 3 つのパラメータを含んでいるため，4 種以上のハドロンを含む多重項に対しては，1 つの関係式を与えることになる．たとえばバリオン 8 重項は 4 種のアイソスピン多重項 $(N, \Lambda, \Sigma, \Xi)$ を含んでいるため，関係式

$$2(M_N + M_\Xi) = 3M_\Lambda + M_\Sigma, \tag{3.26}$$

が導かれる．表 2.3 の実際の基底状態のバリオン 8 重項の質量を用いると，

$$\frac{3M_\Lambda + M_\Sigma - 2(M_N + M_\Xi)}{3M_\Lambda + M_\Sigma} \sim 0.0057, \tag{3.27}$$

と 1% 以下の非常に良い精度で成立していることがわかる．バリオン 10 重項については，ゲルマン・大久保関係式は等間隔の質量差

$$M_{\Sigma^*} - M_\Delta = M_{\Xi^*} - M_{\Sigma^*} = M_\Omega - M_{\Xi^*}, \tag{3.28}$$

を与える [15]．2.2.1 項で述べたように，この関係は実験で知られていた Δ, Σ^*, Ξ^* の質量から Ω を予言する際に利用された．

---

[15] 10 重項には 4 つのアイソスピン多重項があるのに対し，等間隔則 (3.28) は 2 つの関係式になっている．これは 10 重項に対しては b と c の項の特殊な組み合わせのみが質量にあらわれるためであり，4 つの質量が本質的に 2 つのパラメータで書けるためである．一般に，対称表現と呼ばれるウェイト図が三角形になる表現 $(\mathbf{6}, \mathbf{10}, \overline{\mathbf{10}}, \cdots)$ では質量差が等間隔になる．

第4章 共鳴状態と散乱理論

ハドロンには基底状態以外に多数の**励起状態**が存在する．現在までに観測されたハドロン励起状態は Particle Data Group (PDG) によってまとめられ，その数はバリオンが 150 種以上，メソンが 200 種以上にのぼる [16]．基底状態の核子の質量 (~ 940 MeV) に対し，最もエネルギーの低い核子の励起状態 $N(1440)$ の質量は ~ 1440 MeV 程度であり，ハドロンの励起エネルギーは典型的に 500 MeV 程度と考えられる．一方で，π 中間子の質量は，カイラル対称性の自発的破れに起因する NG ボソンの性質を反映し ~ 140 MeV と典型的励起エネルギーより小さい．このため，一般に励起ハドロンのエネルギーは基底状態ハドロンと π 中間子の質量の和より大きく，ほとんどの励起ハドロンは強い相互作用によって崩壊する不安定な状態である．不安定性を考慮して議論するためには，ハドロン励起状態をハドロン散乱中の**共鳴状態** (**resonance**) として記述する必要がある．本章では，文献 [86] に従い，量子力学による散乱問題の基礎を導入し，共鳴状態に関係する物理量を引き出す方法を議論する．特に，**ハミルトニアンの固有状態**としての共鳴状態が，**散乱振幅の極**で表現されることを示す．共鳴状態の定式化は教科書 [87–89] を，散乱問題に関する詳細は教科書 [90, 91] を参照するとよい．

4.1 量子力学での共鳴状態

量子力学の束縛状態はハミルトニアンの離散固有状態であり，実数のエネルギー固有値（束縛エネルギー）をもっている．本節では，共鳴状態が束縛状態の一般化として，**複素エネルギーをもつ離散固有状態**として記述され，束縛状態と同じ境界条件に従うことを示す．歴史的には 1928 年，α 崩壊する不安定な原子核を記述するために，ガモフ (G. Gamow) によって複素エネルギー固有状態が初めて導入された [92]．本節で述べる外向き境界条件は文献 [93] で与えられ，より数学的に洗練された形での共鳴状態の定式化は 1960 年代以降に与えられた [94–96]．

4.1.1　シュレディンガー方程式と散乱状態

はじめに，量子力学での束縛状態（離散固有値）と散乱状態（連続固有値）の波動関数を復習する．実際のハドロン散乱には，チャンネル結合や内部自由度，相対論効果など複雑な要素が含まれているが，本節では散乱問題の本質に焦点を当てるため，最も基本的な場合，つまり非相対論的な量子力学に支配される粒子 1（質量 m_1）と粒子 2（質量 m_2）の 3 次元空間での散乱問題を考える．また，散乱する粒子はスピンやフレーバーなどの内部自由度をもたず，チャンネル結合のない弾性散乱が起きるとする（非弾性散乱とチャンネル結合は 4.2.3 項で議論する）．2 粒子系のハミルトニアンは重心座標と相対座標の成分に分離でき，2 粒子の重心系で考えると重心運動のエネルギーは 0 となる．外力がはたらかない場合，ポテンシャルは相対座標 $\boldsymbol{r}$ のみに依存し，系のハミルトニアン H は

$$H = H_0 + V, \tag{4.1}$$

と相対運動エネルギー項 H_0 と相互作用ポテンシャル V で書かれる．ポテンシャル V は局所的で**球対称**，つまり 2 粒子間の相対距離にのみ依存する場合，H_0 と V は座標表示で

$$H_0 = -\frac{\boldsymbol{\nabla}^2}{2\mu}, \quad V = V(r), \tag{4.2}$$

となる．ここで換算質量は $\mu = m_1 m_2/(m_1 + m_2)$，$\boldsymbol{\nabla}$ は相対座標 $\boldsymbol{r}$ による微分で，$r = |\boldsymbol{r}|$ である．この場合，3.2.1 項で述べたように系は回転対称性をもち，ハミルトニアンは角運動量演算子 $\boldsymbol{L} = -i\boldsymbol{r} \times \boldsymbol{\nabla}$ と交換するため，角運動量の大きさ ℓ と磁気量子数 m_ℓ は保存量子数となる．波動関数 $\psi_{\ell,m_\ell}(\boldsymbol{r})$ は ℓ と

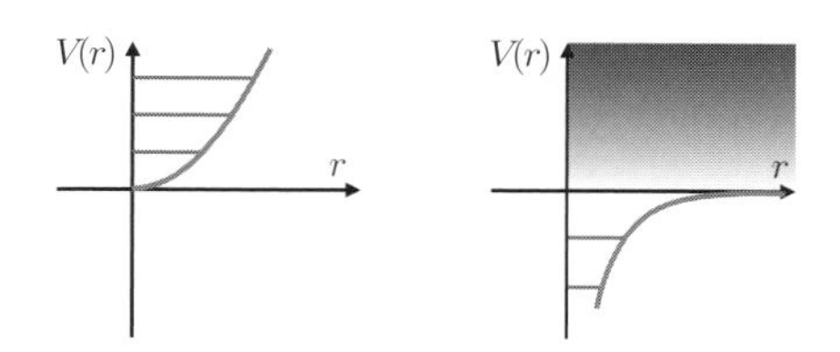

図 4.1 量子力学でのポテンシャルと固有エネルギーの模式図．左：調和振動子ポテンシャル，右：湯川ポテンシャル．

m_ℓ で指定され，シュレディンガー方程式

$$H\psi_{\ell,m_\ell}(\boldsymbol{r}) = E\psi_{\ell,m_\ell}(\boldsymbol{r}), \tag{4.3}$$

$$\psi_{\ell,m_\ell}(\boldsymbol{r}) = \frac{\chi_\ell(r)}{r}Y_\ell^{m_\ell}(\hat{\boldsymbol{r}}), \quad \hat{\boldsymbol{r}} = \frac{\boldsymbol{r}}{r}, \tag{4.4}$$

を満たす．波動関数の角度依存性は球面調和関数 $Y_\ell^{m_\ell}(\hat{\boldsymbol{r}})$ で表され，動径波動関数 $\chi_\ell(r)$ は動径シュレディンガー方程式

$$\left[-\frac{1}{2\mu}\frac{d^2}{dr^2} + V(r) + \frac{\ell(\ell+1)}{2\mu r^2}\right]\chi_\ell(r) = E\chi_\ell(r), \tag{4.5}$$

に従い，原点 $r \to 0$ で $\chi_\ell(r) \to 0$ という境界条件を満たす．与えられたポテンシャル $V(r)$ に対し微分方程式 (4.5) の解 $\chi_\ell(r)$ を求めることで，固有エネルギー E が得られる．

ポテンシャル $V(r)$ の遠方 $(r \to \infty)$ の振る舞いによって，系の固有状態の性質が分類できる．調和振動子 $V(r) \propto r^2$ のように遠方で $V(r) \to \infty$ となるポテンシャルの場合，遠方での存在確率を 0 にするために，波動関数に $r \to \infty$ で境界条件が課せられ，離散固有値をもつ解のみが得られる（図 4.1 左参照）．散乱問題では，湯川ポテンシャル $V(r) \propto e^{-mr}/r$ のように遠方で $V(r) \to 0$ となるようなポテンシャルを考える．この場合，引力が十分であれば $E < 0$ に対して離散固有値をもつ束縛状態が得られるが，$E > 0$ の状態は $r \to \infty$ でも有限の存在確率が生じるため，境界条件は課されず，任意の $E > 0$ で解になる**連続固有状態**が得られる（図 4.1 右参照）．これが**散乱状態**の波動関数である．

散乱状態の波動関数の具体形を調べるため，角運動量 $\ell = 0$ の s 波の問題に

注目する．$r \to \infty$ で相互作用が十分速く 0 になる [1) としているため，r が十分大きいとき式 (4.5) は単振動の微分方程式になり，一般解の漸近形は固有運動量 $p = \sqrt{2\mu E} > 0$ を用いて

$$\chi_{0,p}(r) \to A^{-}(p)e^{-ipr} + A^{+}(p)e^{+ipr} \quad (r \to \infty), \tag{4.6}$$

となる．ここで e^{+ipr} は運動量の大きさ p で r が増大する外向きに進む波を表しているため，係数 $A^{+}(p)$ は外向き波の振幅であり，同様に $A^{-}(p)$ は r の負の向きに進む内向き波の振幅であることがわかる．つまり，散乱状態の波動関数は**外向き波と内向き波の重ね合わせ**で書かれていることがわかる．$A^{\pm}(p)$ の具体形はポテンシャルに依存して決まる．散乱波動関数の漸近形 (4.6) は $r \to \infty$ で 0 にならないため，体積積分すると

$$\int d^3\boldsymbol{r}|\psi_{0,0,p}(\boldsymbol{r})|^2 = \int_0^\infty dr|\chi_{0,p}(r)|^2 \to \infty, \tag{4.7}$$

となり規格化ができない．つまり散乱解の場合は，係数 $A^{\pm}(p)$ を規格化から一意に決定することができない．言い換えると，散乱波動関数には定数倍をする自由度があることになる．この理由は，定常状態の波動関数は入射する波と放出する波の重ね合わせになっており，入射波と放出波の比だけが物理的に意味がある（入射フラックスが大きければその分多く放出される）からと解釈できる．

4.1.2　束縛状態

次に，エネルギーが $E < 0$ の場合のシュレディンガー方程式 (4.5) の解，つまり**束縛状態**を考えよう．この場合，固有運動量 $p = \sqrt{2\mu E}$ は純虚数になる．$\kappa > 0$ を用いて $p = i\kappa$ と定義すると [2)，動径シュレディンガー方程式の一般解

---

1) 「十分速く」の厳密な条件は示す結果に応じて与えられるが，ハドロン間相互作用の遠距離部分である湯川ポテンシャルのような，距離に対して指数関数的に減少するポテンシャルは条件を満たしていると考えてよい．クーロンポテンシャルのように $1/r$（距離のベキ）で減少する場合は，式 (4.6) のように漸近形を取り扱うことができない．

2) 複素数 z の関数 $\sqrt{z}$ は負の実軸上にカットがあるので，$E < 0$ の場合の $\sqrt{2\mu E} = \sqrt{-2\mu|E|}$ は正の E から上半面を通って解析接続するか，下半面を通るかによって答えが変わるため不定である．$\kappa > 0$ と定義することは，上半面を通って解析接続すること，あるいは境界条件を $p = \sqrt{-2\mu|E|+i0^+} = i\sqrt{2\mu|E|}$ として計算することに対応する．$\kappa < 0$ で $p = i\kappa$ という固有運動量をもつ状態は **virtual 状態**と呼ばれ，核力の ${}^1\mathrm{S}_0$ チャンネルなど s 波で束縛状態はないが散乱長が大きい系の散乱に関係する．ただし virtual 状態は留数が負であり，物理的な状態ではないことが知られている．

は，式 (4.6) の $A^{\pm}(p)$ を用いて

$$\chi_{0,i\kappa}(r) \to A^{-}(i\kappa)e^{+\kappa r} + A^{+}(i\kappa)e^{-\kappa r} \quad (r \to \infty), \tag{4.8}$$

と与えられる．束縛状態の波動関数の存在確率は無限遠方で 0 になる必要があるため，増大する成分 $e^{+\kappa r}$ を消す必要がある．これは式 (4.8) で

$$A^{-}(i\kappa) = 0, \tag{4.9}$$

とすることと等価である．連続固有値をもつ散乱状態と異なり，条件 (4.9) を満たす κ，つまり対応するエネルギー $E = -\kappa^2/(2\mu)$ のみが解となるため，束縛状態は**離散固有値**をもつ．また，条件 (4.9) より，波動関数は遠方で $e^{-\kappa r}$ の成分しか持たず，2 乗可積分になる

$$\int_0^{\infty} dr |\chi_{0,i\kappa}(r)|^2 < \infty. \tag{4.10}$$

よって規格化から波動関数の係数 $A^{+}(i\kappa)$ を決定することができる．

最後に，束縛状態の条件式 (4.9) の物理的意味を考えよう．4.1.1 項の議論より，$A^{-}(p)$ は内向き波の係数であるので，$A^{-}(p) = 0$ は内向き波の振幅を 0 にする条件，つまり波動関数が**外向き波のみになる条件**と考えられる．よって式 (4.9) は，散乱解の場合に正の実数で定義されていた**固有運動量 $\boldsymbol{p}$ を純虚数 $\boldsymbol{i\kappa}$ に解析接続**し，遠方で外向き波のみになる境界条件を課したものと解釈できる．

4.1.3 共鳴状態

以上の準備を踏まえて**共鳴状態**を議論する．共鳴状態は，束縛状態の場合に純虚数にしていた**固有運動量 $\boldsymbol{p}$ を複素数に解析接続**し，外向き波のみになる境界条件

$$A^{-}(p_R) = 0, \quad p_R \in \mathbb{C}, \tag{4.11}$$

を満たす解として定義される [93]．つまり，式 (4.11) を満たす p_R が虚軸上に

あれば束縛状態を表し，一般の複素平面にあれば共鳴状態に対応するものと考える．p_R が複素数であれば，対応する固有エネルギーも複素数になる．これを実数 M_R と Γ_R を用いて

$$E_R = \frac{p_R^2}{2\mu} \equiv M_R - \frac{i}{2}\Gamma_R, \tag{4.12}$$

と表す．M_R は崩壊幅がない極限での固有エネルギー（質量）に対応する．波動関数の時間依存性を考えると，

$$\Psi(t) \propto e^{-iE_R t} = e^{-iM_R t} e^{-\Gamma_R t/2}, \tag{4.13}$$

となるため，存在確率が

$$|\Psi(t)|^2 \propto e^{-\Gamma_R t}, \tag{4.14}$$

と時間ともに指数関数的に減少することから Γ_R は崩壊幅と解釈できる（4.2.2 項のブライト (G. Breit)・ウィグナー (E. P. Wigner)[3) 項の議論も参照）[4)].

ここで共鳴状態の場合にはハミルトニアンの**固有値 $\boldsymbol{E_R}$ が複素数**であることに注意しよう．通常の量子力学では，ハミルトニアンなど物理量を表す演算子はエルミート演算子であり，実数の固有値をもつとされる．しかし，固有値が実数になることは，固有状態として 2 乗可積分な波動関数を考える場合には正しいが，より一般化された 2 乗可積分ではない波動関数をもつ固有状態に対しては必ずしも成立しない[5)]．式 (4.11) を満たす複素数の $p_R \in \mathbb{C}$ をもつ波動関数の $r \to \infty$ での漸近形は

---

3) 1963 年ノーベル物理学賞を受賞．

4) 式 (4.12) で $\Gamma_R < 0$ となる解（$p = -p_R^*$ となる解）も存在するが，これは anti-resonance と呼ばれ，$\Gamma_R > 0$ の解を時間反転した解に対応する．$\Gamma_R > 0$ が式 (4.14) のように共鳴状態から散乱状態へ崩壊する現象を表すのに対し，$\Gamma_R < 0$ の解は散乱状態から共鳴状態が形成される解を表している．シュレディンガー方程式は時間反転対称なので，共鳴状態と anti-resonance は必ず対であらわれる [97].

5) 固有値の性質を正確に議論するには，演算子のエルミート性（厳密には自己共役性）や演算子が作用する固有状態の集合の性質（内積空間の完備性）についてより数学的な議論が必要となる．詳細は文献 [96] および教科書 [87–89] を参照．

$$\chi_{0,p_R}(r) \to A^+(p_R)e^{i\mathrm{Re}[p_R]r}e^{-\mathrm{Im}[p_R]r}, \tag{4.15}$$

と書ける．波動関数は $\mathrm{Im}[p_R] > 0$ であれば 2 乗可積分であるため，複素 p 平面の上半面では複素エネルギー解は許されない．実際に 4.1.2 項の束縛解は $\mathrm{Im}[p_R] = \kappa > 0$ であり，固有エネルギーは実である．一方，複素 p 平面の下半面 ($\mathrm{Im}[p_R] < 0$) では波動関数は 2 乗可積分でないため，複素エネルギー解が許され，共鳴解はこの領域に存在する．このように，共鳴状態の波動関数は，境界条件 (4.11) を課したハミルトニアンの固有状態であるという意味で，束縛状態と同等に扱うことができる．同時に，共鳴の波動関数は複素エネルギー固有値をもち，遠方で波動関数が収束しないという **"一般化された" 固有状態**であることにも注意する．

4.2 散乱理論での共鳴状態

本節では散乱の S 行列と散乱振幅を導入し，4.1 節で紹介したハミルトニアンの固有状態としての共鳴状態が，散乱振幅の極としてあらわれることを示す．さらに，散乱振幅の極が観測できる物理量に与える影響を議論し，実験で共鳴状態を同定する方法を議論する．

4.2.1 S 行列，散乱振幅，ヨスト関数

まず一般の角運動量での遠方での波動関数の漸近形を調べる．ポテンシャルは十分遠方で消えると仮定されているので，r が十分大きい場合の動径シュレディンガー方程式 (4.5) は

$$\left[-\frac{1}{2\mu}\frac{d^2}{dr^2} + \frac{\ell(\ell+1)}{2\mu r^2}\right]\chi_\ell(r) = E\chi_\ell(r) \quad (r \to \infty), \tag{4.16}$$

となる．この方程式の一般の角運動量 ℓ，運動量 $p = \sqrt{2\mu E} > 0$ での解は

$$\chi_{\ell,p}(r) \to A\hat{j}_\ell(pr) + B\hat{n}_\ell(pr) = C\hat{h}_\ell^-(pr) + D\hat{h}_\ell^+(pr) \quad (r \to \infty), \tag{4.17}$$

のように，リッカチ・ベッセル関数 $\hat{j}_\ell(z)$ とリッカチ・ノイマン関数 $\hat{n}_\ell(z)$ の

重ね合わせ，またはリッカチ・ハンケル関数 $\hat{h}^{\pm}_{\ell}(z) = \hat{n}_{\ell}(z) \pm i\hat{j}_{\ell}(z)$ の重ね合わせで書ける [6]．$\ell = 0$ の s 波の場合はそれぞれ $\hat{j}_0(z) = \sin z$，$\hat{n}_0(z) = \cos z$，$\hat{h}^{\pm}_0(z) = e^{\pm iz}$ となり [7]，4.1.1 項で議論した単振動の解に対応している．一般の ℓ の場合でも，リッカチ・ハンケル関数の漸近形は

$$\hat{h}^{\pm}_{\ell}(z) \to \exp[\pm i(z - \ell\pi/2)] \quad (z \to \infty), \tag{4.18}$$

であるので $\hat{h}^{-}_{\ell}(pr) \sim e^{-ipr}$ は一般の ℓ での内向き波，$\hat{h}^{+}_{\ell}(pr) \sim e^{+ipr}$ は外向き波に対応する．

4.1.1 項で述べたように，散乱波動関数は規格化できず定数倍の自由度があるため，この自由度を都合の良いように選ぶことでさまざまな物理量が定義できる．散乱の ***S* 行列**（正確には S 行列要素）$s_{\ell}(p) \in \mathbb{C}$ は，部分波 ℓ での遠方の波動関数の内向き波の振幅を 1 とした場合の外向き波の振幅として [8]

$$\chi_{\ell,p}(r) \to \hat{h}^{-}_{\ell}(pr) - s_{\ell}(p)\hat{h}^{+}_{\ell}(pr) \quad (r \to \infty), \tag{4.19}$$

と定義される．S 行列演算子のユニタリー性（確率の保存）から $s^{*}_{\ell}(p)s_{\ell}(p) = |s_{\ell}(p)|^2 = 1$ が従うため，$s_{\ell}(p)$ は絶対値が 1 の複素数であることがわかり，実数の位相の自由度で表現することができる．**位相差 (phase shift)** $\delta_{\ell}(p) \in \mathbb{R}$ を用いると S 行列は

$$s_{\ell}(p) = \exp\{2i\delta_{\ell}(p)\}, \tag{4.20}$$

と表される．散乱振幅 $f(p, \theta) \in \mathbb{C}$ は $\psi_{\ell,m_{\ell}}(\boldsymbol{r})$ を用いて，入射平面波 $e^{i\boldsymbol{p}\cdot\boldsymbol{r}}$ に対し，外向きの球面波が散乱角 θ に放出される重みとして

---

6) リッカチ・ベッセル，リッカチ・ノイマン，リッカチ・ハンケル関数 $\hat{j}_{\ell}(z)$，$\hat{n}_{\ell}(z)$，$\hat{h}^{\pm}_{\ell}(z)$ は球ベッセル，球ノイマン，球ハンケル関数 $j_{\ell}(z)$，$n_{\ell}(z)$，$h^{\pm}_{\ell}(z)$ と $\hat{j}_{\ell}(z) = zj_{\ell}(z)$，$\hat{n}_{\ell}(z) = zn_{\ell}(z)$，$\hat{h}^{\pm}_{\ell}(z) = zh^{\pm}_{\ell}(z)$ のように関係している．

7) ノイマン関数の符号が異なる定義もあるので注意する．ここでは文献 [90] の定義に従う．

8) 以下，式 (4.19)，(4.21)，(4.23)，(4.29)，(4.30) などでは適切な次元をもった規格化定数によって両辺の次元が一致していると理解する．

$$\psi_{\ell,m_\ell}(\boldsymbol{r}) \to e^{i\boldsymbol{p}\cdot\boldsymbol{r}} + f(p,\theta)\frac{e^{ipr}}{r} \quad (r\to\infty), \tag{4.21}$$

と定義される．散乱振幅は散乱角 θ の**微分断面積**と

$$\frac{d\sigma}{d\Omega} = |f(p,\theta)|^2, \tag{4.22}$$

という関係がある．式 (4.21) の両辺を部分波展開することで，**部分波 ℓ の散乱振幅 (scattering amplitude)** $f_\ell(p)$ と動径波動関数の関係が

$$\chi_{\ell,p}(r) \to \hat{j}_\ell(pr) + pf_\ell(p)\hat{h}_\ell^+(pr) \quad (r\to\infty), \tag{4.23}$$

となる．これを式 (4.19) と比較することで，散乱振幅と S 行列の関係

$$f_\ell(p) = \frac{s_\ell(p)-1}{2ip}, \tag{4.24}$$

を得る．つまり，散乱断面積などの観測量は散乱振幅 $f_\ell(p)$ または S 行列 $s_\ell(p)$ から計算できる．この表式を用いて散乱振幅を位相差 $\delta_\ell(p)$ で表し，p が小さい場合に $p^{2\ell+1}\cot\delta_\ell(p)$ が p^2 のベキで展開できることを利用すると，散乱振幅の**有効レンジ展開 (effective range expansion)**

$$f_\ell(p) = \frac{p^{2\ell}}{-\dfrac{1}{a_\ell} + \dfrac{r_\ell}{2}p^2 + \mathcal{O}(p^4) - ip^{2\ell+1}}, \tag{4.25}$$

を得ることができる．特に $\ell = 0$ の s 波の場合は

$$f_0(p) = \frac{1}{-\dfrac{1}{a_0} + \dfrac{r_0}{2}p^2 + \mathcal{O}(p^4) - ip}, \tag{4.26}$$

と表され，a_0 は**散乱長 (scattering length)**，r_0 は有効レンジと呼ばれる．$p=0$ での散乱振幅は

$$f_0(p=0) = -a_0, \tag{4.27}$$

であり，散乱断面積は $\sigma(p=0)=4\pi|a_0|^2$ と散乱長のみで表されるため，散乱長は低エネルギーでの相互作用の強度に対応している．標準的な散乱理論では，散乱長は式 (4.27) のように $p=0$ の散乱振幅と逆符号で定義されるが，メソン・メソンおよびメソン・バリオン散乱の議論では，散乱長を符号なしで

$$a_0 = f_0(p=0) \quad \text{（メソン・バリオン散乱）}, \tag{4.28}$$

とする慣習が用いられる．本書でも，本節の議論と式 (5.35) を除いて，式 (4.28) の慣習の散乱長を用いる．

S 行列と散乱振幅は遠方の波動関数の性質を用いて定義されたが，原点での波動関数の性質を用いた定義も有用である．"regular solution" と呼ばれる規格化では，動径波動関数が原点で

$$\chi_{\ell,p}(r) \to \hat{j}_\ell(pr) \quad (r \to 0), \tag{4.29}$$

とリッカチ・ベッセル関数になるように規格化する．式 (4.29) は，4.1.1 項で要請した原点 $r \to 0$ で $\chi_{\ell,p}(r)$ が消えるという条件に加えて，$r \to 0$ で $\chi_{\ell,p}(r)/\hat{j}_\ell(pr) \to 1$ となる条件，つまり傾きが一致する条件が課してあるため，$\chi_{\ell,p}(r)$ の大きさも一意的に決まり，波動関数に対するリップマン (B. A. Lippmann)・シュウィンガー (J. Schwinger)[9] 方程式を用いることで具体的に $\chi_{\ell,p}(r)$ を構成することができる．式 (4.29) の境界条件を課した regular solution の $r \to \infty$ での漸近形は

$$\chi_{\ell,p}(r) \to \frac{i}{2}[\mathscr{f}_\ell(p)\hat{h}_\ell^-(pr) - \mathscr{f}_\ell(-p)\hat{h}_\ell^+(pr)] \quad (r \to \infty), \tag{4.30}$$

とリッカチ・ハンケル関数の重ね合わせで書ける[10]．内向き波の係数 $\mathscr{f}_\ell(p)$ は**ヨスト関数 (Jost function)** と呼ばれ，動径波動関数を用いて

$$\mathscr{f}_\ell(p) = 1 + \frac{2\mu}{p}\int_0^\infty dr\ \hat{h}_\ell^+(pr)V(r)\chi_{\ell,p}(r), \tag{4.31}$$

---

[9] 1965 年ノーベル物理学賞を受賞．

[10] 厳密にはヨスト関数はまず，$p>0$ の物理散乱領域で式 (4.31) で定義され，複素 p 平面に解析接続した後に，$\hat{h}_\ell^+(pr)$ の係数が $\mathscr{f}_\ell(-p)$ と書けることが示される．

と書ける．遠方で十分速く消えるポテンシャルに対しては $\mathscr{f}_\ell(p)$ が複素 p 平面の原点を含む領域で解析的であることが示される．ヨスト関数は S 行列および散乱振幅と関係づけることができる．式 (4.30) を式 (4.19) と比較することで，S 行列は

$$s_\ell(p) = \frac{\mathscr{f}_\ell(-p)}{\mathscr{f}_\ell(p)}, \tag{4.32}$$

とヨスト関数の比で表すことができる．また，式 (4.24) を用いることで散乱振幅は

$$f_\ell(p) = \frac{\mathscr{f}_\ell(-p) - \mathscr{f}_\ell(p)}{2ip\mathscr{f}_\ell(p)}, \tag{4.33}$$

と表される．

s 波の場合の regular solution の漸近形 (4.30) と，式 (4.8) を比較すると，内向き波の係数 $A^-(p)$ がヨスト関数 $\mathscr{f}_0(p)$ に比例していることがわかる．式 (4.11) で，**共鳴状態がハミルトニアンの固有状態**になるという条件が，内向き波の係数を 0 にする条件であったので，以上より

$$\mathscr{f}_\ell(p_R) = 0, \tag{4.34}$$

と共鳴状態の固有運動量 p_R で**ヨスト関数は零点**をもつことがわかる．このとき式 (4.32)，(4.33) より，ヨスト関数を分母にもつ S 行列 $s_\ell(p_R)$ と散乱振幅 $f_\ell(p_R)$ が発散する．つまり，**S 行列と散乱振幅は極 (pole)** をもつことがわかる．以上の事実を形式的に図 4.2 にまとめる．シュレディンガー方程式の散乱解に対し，内向き波が消える条件式 (4.11) を課すことで，束縛状態（$E < 0$，p は純虚数）と共鳴状態（E, p は複素数で $\mathrm{Im}[p] < 0$）が統一的に記述できる．波動関数の漸近形を通じて，外向き境界条件は散乱理論におけるヨスト関数の零点と等価であることが示される．式 (4.32)，(4.33) より，ヨスト関数の零点は散乱振幅と S 行列の極と等価である．

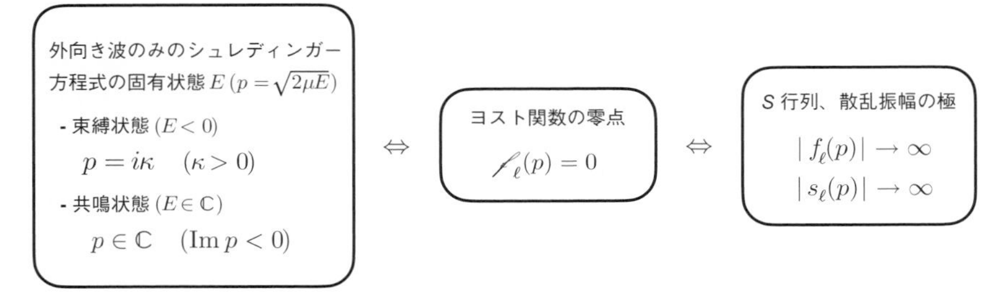

図 **4.2**　共鳴状態の定義の関係のまとめの模式図.

4.2.2　共鳴状態と散乱振幅

ここまでで，複素エネルギーでの散乱振幅の極を用いると，理論的に不定性のない共鳴状態の定義ができることを議論した．一方で，物理的な散乱は実エネルギー $E>0$ でのみ起こるため，複素エネルギーの物理量を直接実験で観測することはできない．原理的に極の位置は一意に決まるとしても，実際上は観測できる**実エネルギーでの散乱の物理量**の振る舞いを通じて共鳴状態の性質を調べることが必要になる．

部分波 ℓ に固有エネルギー $E_R=M_R-i\Gamma_R/2$ をもつ共鳴状態が存在する場合を考える $(M_R>0,\ \Gamma_R>0)$. 散乱振幅 $f_\ell(E)$ は $E=E_R$ に極をもつため [11]，E_R のまわりでローラン展開を行うと，一般的に

$$f_\ell(E)=f_{\ell,\mathrm{BW}}(E)+f_{\ell,\mathrm{BG}}(E), \tag{4.35}$$

と書くことができる．ここで $f_{\ell,\mathrm{BW}}(E)$ は極の寄与を表すブライト・ウィグナー項で，複素数の留数 $Z_R=-\Gamma_R/(2p_R)$ を用いて

$$f_{\ell,\mathrm{BW}}(E)=\frac{Z_R}{E-E_R}=\frac{Z_R(E-M_R-\frac{i}{2}\Gamma_R)}{(E-M_R)^2+\frac{1}{4}\Gamma_R^2}, \tag{4.36}$$

と書け，$f_{\ell,\mathrm{BG}}(E)$ は $E=E_R$ で正則な非共鳴バックグラウンド項で係数 C_n を用いて

[11] 以下では散乱振幅などの引数をエネルギー E で表す．$p=\sqrt{2\mu E}$ より複素数の p に対してはエネルギー E のリーマン面を指定する必要があるが，物理的な散乱 $(E>0)$ では 1 対 1 対応であるので不定性は生じない．

$$f_{\ell,\mathrm{BG}}(E) = \sum_{n=0}^{\infty} C_n (E - E_R)^n, \tag{4.37}$$

と表される．式 (4.36) の右辺の分母の形より，特に幅 Γ_R の狭い共鳴状態の場合には，$E \sim M_R$ のエネルギー領域で $f_{\ell,\mathrm{BW}}(E)$ は大きな振幅で急速に値を変化させることがわかる．バックグラウンド項は極の項に比べて緩やかに E に依存する関数で，特別な理由がなければブライト・ウィグナー項に比べて絶対値が小さいと期待される．よって，バックグラウンド項が無視できると**仮定すると**，散乱振幅はブライト・ウィグナー項によって

$$f_\ell(E) \approx f_{\ell,\mathrm{BW}}(E) \quad (f_{\ell,\mathrm{BG}}(E) \to 0), \tag{4.38}$$

と近似される．このとき，共鳴状態の特徴づけとしてよく使われる実エネルギーでの散乱の物理量の振る舞いが従う：

(i) $E = M_R$ で散乱断面積 $\sigma(E)$ に幅が Γ_R のピーク構造があらわれる
(ii) $E = M_R$ で散乱振幅の実部 $\mathrm{Re}\,[f_\ell(E)]$ が 0 になり，虚部 $\mathrm{Im}\,[f_\ell(E)]$ が最大になる
(iii) 位相差 $\delta_\ell(E)$ が急速に増大し $E = M_R$ で $\pi/2$ を切る

まず，性質 (ii) は式 (4.36) で留数が $Z = -\Gamma_R/(2p) < 0$ であることを用いると，右辺の E 依存性から理解できる [12]．次に，性質 (i) は (ii) の虚部の性質と光学定理から従う．性質 (iii) を示すには，まず (ii) の $E = M_R$ で実部が消えるという性質を式 (4.24) に適用すると，S 行列が実で $s_\ell(M_R) = \exp[2i\delta_\ell(M_R)] \in \mathbb{R}$ という条件が得られる．これを満たすのは，相互作用がない場合に対応する $\delta_\ell(M_R) = 0$ 以外では，$\delta_\ell(M_R) = \pi/2$ (modulo π) であることがわかる．

ここで性質 (i)–(iii) は**バックグラウンド項を無視するという仮定**に基づいて得られたことを強調する．バックグラウンド項の寄与はこれらの性質を修正し，観測される物理量に影響を与える．実際に，式 (4.35) ではバックグラウンド項

[12] 本文の式 (4.36) の導出では $Z_R = -\Gamma_R/(2p_R)$ を極の留数として定義したため p_R が固定された複素数となるが，性質 (ii) を導く議論では通常 S 行列の形で背景項を落としてブライト・ウィグナー項を定義するため，散乱振幅の留数 Z の運動量 p は変数となり，物理的な散乱で $p > 0$ となる [90].

はブライト・ウィグナー項とコヒーレントに足されているため，断面積に関係する散乱振幅の2乗は

$$|f_\ell(E)|^2 = |f_{\ell,\mathrm{BW}}(E)|^2 + |f_{\ell,\mathrm{BG}}(E)|^2 + 2\mathrm{Re}\,[f_{\ell,\mathrm{BW}}(E) f^*_{\ell,\mathrm{BG}}(E)], \qquad (4.39)$$

となり，**共鳴項とバックグラウンドの干渉項**（第3項）が寄与する．第1項のピーク位置は $E = M_R$ にあっても，実際に観測する断面積のピーク位置は第2，第3項の寄与によって一般に $E = M_R$ からずれる．よって，実験で得られたスペクトルから共鳴状態の情報を取り出すには，注意深く背景項の寄与を除去して解析する必要がある．幅が狭い共鳴状態に対しては $E \sim M_R$ で極の寄与が優勢となるため $|f_{\ell,\mathrm{BW}}(E)| \gg |f_{\ell,\mathrm{BG}}(E)|$ と期待できるが，幅が広い場合は一般に $f_{\ell,\mathrm{BG}}(E)$ の寄与は無視できない．さらに，共鳴状態の近くで他の**チャンネルの閾値が開く**場合にも注意が必要である（4.2.3項参照）．閾値には散乱振幅が非解析的になる点があるため，閾値より低いエネルギーにある共鳴極の影響は閾値より高いエネルギー領域の散乱振幅に直接影響しないし，逆も同様である．つまり，ブライト・ウィグナー振幅を閾値をまたいで適用することは正当化されない．さらに，**閾値カスプ**に代表される動力学的な効果は，共鳴状態の極が存在しない場合にでも断面積にピーク構造を作ることがある [98]．このように，ブライト・ウィグナー項を用いた共鳴状態のフィットは，共鳴幅が狭く，バックグラウンド項が物理的によく理解されており，ピーク構造の近くのエネルギー領域に閾値が存在しないという，理想化された状況でのみ正当化される．実際のハドロン散乱から共鳴状態の情報を引き出す際には，バックグラウンド項も含めた実験データの詳細な解析を行い，極の位置を決定するという作業が必要になる．

4.2.3　チャンネル結合とフェッシュバッハ共鳴

$\Lambda(1405)$ などの実際のハドロン共鳴状態を議論するためには，上述の弾性散乱を拡張した**チャンネル結合散乱**を取り扱う必要がある．チャンネルの説明の具体例として，次節で議論する $\Lambda(1405)$ 共鳴に関係する $I = 0$，$S = -1$ の量子数をもつメソン・バリオン系を考えよう．基底状態のメソンとバリオンを組み合わせたとき，$I = 0$，$S = -1$ の量子数をもつ状態は，

$$\pi\Sigma, \quad \bar{K}N, \quad \eta\Lambda, \quad K\Xi, \tag{4.40}$$

が考えられる．上記の状態は同じフレーバー量子数をもっているため，フレーバーを保存する強い相互作用で遷移できる．つまり $\pi\Sigma \to \bar{K}N$ のように始状態と終状態が異なる**非弾性散乱過程**が可能である．

チャンネル結合散乱で重要になるのは**閾値 (threshold)** の概念である．2.3.1 項の議論と同様に，散乱が起こるためには系のエネルギーが，各チャンネルを構成するハドロンの質量の和である閾値エネルギーより大きい（閾値が開く，と表現する）必要がある．具体的に $\pi\Sigma$ と $\bar{K}N$ の閾値は

$$E_{\pi\Sigma} = m_\pi + M_\Sigma \sim 1331 \text{ MeV}, \quad E_{\bar{K}N} = m_{\bar{K}} + M_N \sim 1435 \text{ MeV}, \tag{4.41}$$

となり，$\eta\Lambda$ と $K\Xi$ はより高い閾値エネルギーをもつ．よって $E_{\bar{K}N}$ より低いエネルギー領域で起こるのは $\pi\Sigma \to \pi\Sigma$ の弾性散乱のみである．4.2.2 項までの非相対論的な定式化は，エネルギーの原点を $E_{\pi\Sigma}$ に選ぶことで $E > 0$ で散乱が起こる状況に対応する（図 4.3）．$\bar{K}N$ との閾値エネルギー差を $\Delta = E_{\bar{K}N} - E_{\pi\Sigma}$ とすると，$E < \Delta$ では $\pi\Sigma$ 弾性散乱しか起こらないが，$E > \Delta$ になると $\bar{K}N$ の閾値が開き，非弾性散乱が可能になる．チャンネル結合を表現するため，散乱振幅や S 行列は**チャンネルの添字をもった行列**

$$f_{\ell,ij}(E), \quad s_{\ell,ij}(E), \tag{4.42}$$

となり，$i, j = 1, 2, \ldots$ に対し $\pi\Sigma, \bar{K}N, \ldots$ が対応し，行列の対角成分が弾性散

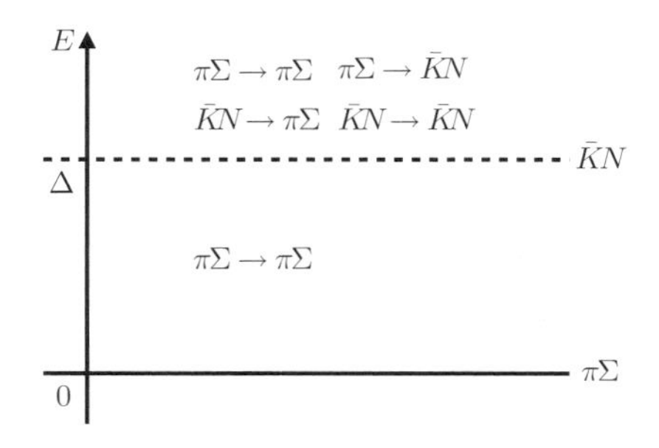

図 4.3 閾値とチャンネル結合散乱の模式図．

乱を，非対角成分が非弾性散乱を表す．全系のエネルギー E に対応して，運動量はチャンネルごとに異なり

$$p_1 = \sqrt{2\mu_1 E}, \quad p_2 = \sqrt{2\mu_2(E-\Delta)}, \quad \cdots \tag{4.43}$$

のように与えられる．ここで μ_i はチャンネル i の換算質量である．チャンネル i の閾値と一致するエネルギーで運動量は $p_i = 0$ であり，閾値より高いエネルギーで正の実数になる．

4.1.2 項での議論で，弾性散乱の束縛状態の場合に負のエネルギー状態を考えると運動量が純虚数になったように，チャンネル結合の場合も $E < \Delta$ に対し p_2 を純虚数に解析接続して散乱振幅を考えることが可能である．同様に複素数のエネルギー E に解析接続すると，すべてのチャンネルの運動量が複素数になる．チャンネル結合散乱の場合，ヨスト関数も式 (4.42) と同様に行列 $\mathscr{F}_{\ell,ij}(E)$ となり，外向き境界条件に対応する条件は

$$\det\left[\mathscr{F}_{\ell}(E_R)\right] = 0, \tag{4.44}$$

で与えられる [90]．式 (4.32), (4.33) と同様に，チャンネル結合の散乱振幅 $f_{\ell,ij}(E)$ および S 行列 $s_{\ell,ij}(E)$ は $\left[\mathscr{F}_{\ell}(E)\right]^{-1}$ に比例し，逆行列は余因子行列を行列式で割ったものであるため，ヨスト関数の行列式が 0 になる条件 (4.44) により $E = E_R$ で散乱振幅と S 行列のすべての成分が発散する．系が時間反転対称性を満たす場合，$E = E_R$ に共鳴極がある散乱振幅は

$$f_{\ell,ij}(E) = \frac{g_i g_j}{E - E_R} + (E \text{ regular}), \tag{4.45}$$

と与えられる．$g_i \in \mathbb{C}$ は共鳴状態とチャンネル i との結合定数である．条件 (4.44) より極の留数の行列は階数が 1 となるため，必ず $g_i g_j$ のように因子化された形で与えられる [90]．

チャンネル結合散乱問題では，弾性散乱とは異なる機構で共鳴状態が形成されうる．はじめに，弾性散乱の場合の共鳴状態をポテンシャルの形状との関係で考えよう．束縛状態は図 4.4(a) に示すように，$E < 0$ で引力ポテンシャルの

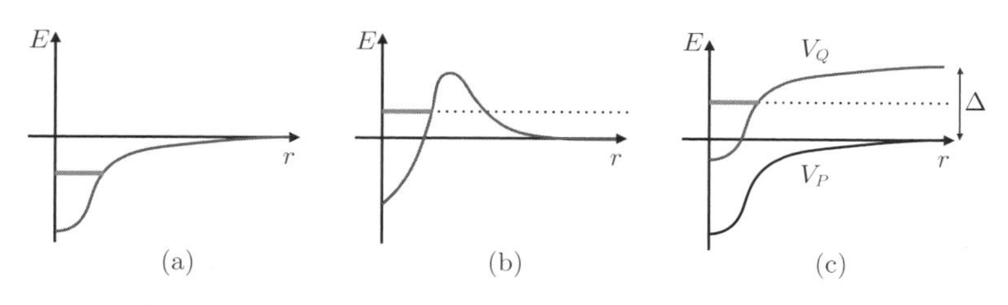

図 4.4 共鳴状態の模式図. (a)：束縛状態, (b)：形状共鳴, (c)：フェッシュバッハ共鳴.

中に閉じ込められるため, 局在化した波動関数が得られ, 安定な固有状態となる. 典型的な共鳴状態は図 4.4(b) のように障壁をもつポテンシャルに対し正のエネルギーをもつ固有状態として実現され, **形状共鳴 (shape resonance)** と呼ばれる. 正であっても障壁より低いエネルギーならば古典的な粒子はポテンシャル内に閉じ込められるが, 量子力学ではトンネル効果で有限の確率で障壁を通過し, 散乱状態へ遷移する成分が存在する. つまり形状共鳴は**トンネル効果によって不安定**になる状態である. ポテンシャル障壁の起源は何でもよいが, $\ell \geq 1$ の部分波では軌道角運動量による遠心力障壁（式 (4.5) の第 3 項）があるため, 形状共鳴は有限の角運動量で実現されることが多く, 遠心力障壁のない s 波散乱ではあまり起こらないと考えられている [13].

フェッシュバッハ共鳴 (Feshbach resonance) はチャンネル結合問題特有の機構で生成される共鳴状態である. フェッシュバッハ (H. Feshbach) の原著論文 [99,100] はチャンネル結合散乱の原子核反応で光学ポテンシャルや共鳴現象を取り扱い, 特にチャンネルを消去した模型空間での有効的なハミルトニアンの導出など, 後の原子核物理の研究に大きな影響を与えた. 最近では冷却原子物理の分野で, 磁場を用いて相互作用（散乱長）を制御する技術として応用され発展を遂げている. 不安定状態としてのフェッシュバッハ共鳴の模式図を図 4.4(c) に示す. チャンネル P が, 閾値エネルギーが $\Delta > 0$ にあるチャンネル Q と結合しており, チャンネル Q には引力がはたらき $0 < E < \Delta$ の領域に束縛状態を作る状況を考える. チャンネル結合がなければエネルギーが Δ に満たな

[13] ただし s 波の引力井戸型ポテンシャルのようにポテンシャル障壁なしで散乱振幅が共鳴極をもつ場合や, ポテンシャルのエネルギー依存性に起因した共鳴状態なども存在することが知られている.

いので Q チャンネルの散乱状態には崩壊できないが，P チャンネルの閾値は開いているので，$Q \to P$ のチャンネル結合遷移が起こると束縛状態は P チャンネルの散乱状態へと崩壊できる．つまりフェッシュバッハ共鳴は**チャンネル結合によって不安定**になる状態である．形状共鳴と異なり，フェッシュバッハ共鳴は遠心力障壁を必ずしも必要としないため，s 波散乱でも共鳴状態を容易に作ることができる．

Q チャンネルの閾値より低いエネルギーでは P チャンネルの弾性散乱しか起きないため，図 4.4 のフェッシュバッハ共鳴と形状共鳴はどちらも弾性散乱中の共鳴状態という点には変わりがない．では 2 種の共鳴状態を実験で区別することはできるのだろうか．理論的には，形状共鳴は P チャンネル（弾性散乱チャンネル）の相互作用に起源があるのに対し，フェッシュバッハ共鳴は（チャンネル結合し，共鳴のエネルギーでは閾値が閉じている）Q チャンネルに起源をもつので，両者は起源が異なる状態であるといえる．起源の違いを調べる方法として，複合性の概念を用いて内部構造を定量化する手法が知られている．複合性を用いたハドロンの内部構造の議論は 5.3.4 項で $\Lambda(1405)$ を例にとって紹介する．

第5章

Λ^* 共鳴と K 中間子核子相互作用

本章では K 中間子原子核の研究と密接に関係する $\Lambda(1405)$ 共鳴について，理論と実験によって現在までに明らかになった結果を紹介する．また，後の章で議論する K 中間子原子および K 中間子原子核の最も基礎的な相互作用である K 中間子と核子の間の相互作用の構築について議論する．より詳細な議論はレビュー論文 [86,101–104] などでまとめられている．

5.1 $\Lambda(1405)$ 共鳴の導入

$\Lambda(1405)$ 共鳴はスピン $J = 1/2$，負パリティ，アイソスピン $I = 0$，ストレンジネス $S = -1$ をもつバリオン共鳴状態である．4.2.3 項で紹介したように，$I = 0$，$S = -1$ の量子数は $\pi\Sigma$ や $\bar{K}N$ などのチャンネルに結合する．$\Lambda(1405)$ は $\bar{K}N$ 閾値より少し低く $\pi\Sigma$ より高い共鳴エネルギーをもっており，強い相互作用で $\pi\Sigma$ チャンネルへ崩壊する．つまり $\Lambda(1405)$ は $\pi\Sigma$ 散乱における共鳴状態である．1959 年にダリッ (R. H. Dalitz) とトゥアン（S. F. Tuan，段三孚）は $\bar{K}N$ 散乱長のデータの解析から，理論的にこの共鳴を予言した [105,106]．ダリッらは $\bar{K}N$-$\pi\Sigma$ チャンネル結合系におけるユニタリー性から，$\pi\Sigma$ 散乱振幅が共鳴極をもつべきと結論づけた．$\Lambda(1405)$ 共鳴の実験的な証拠は，1961 年に 1.15 GeV での $K^-p \to \pi\pi\pi\Sigma$ 反応の $\pi\Sigma$ 不変質量分布で報告された [107]．その後 60 年以上にわたって実験的，理論的な研究が積み重ねられ，特に 2010 年以降の進展により $\Lambda(1405)$ 共鳴の基本的な性質が定まり，現在では PDG に 4-star

の状態 [1)] として記載されている [16]．特に重要な近年の進展として，以下が挙げられる．

- **固有エネルギー**の決定：第 4 章で述べたように，共鳴状態の複素エネルギー固有値は散乱振幅の共鳴極の位置に対応し，極の実部が共鳴のエネルギーを，虚部が半値幅を表している．5.2 節で紹介するさまざまな実験データ，特に SIDDHARTA 実験による K 中間子水素の精密測定 [108, 109] を利用した理論解析 [110–113] によって，$\Lambda(1405)$ の共鳴極の位置が決定された．これらの解析の結果が現在の PDG で採用されている．
- **スピン・パリティ量子数**の実験的決定：$\Lambda(1405)$ は第 1 励起状態であることから，クォーク模型に基づきスピン・パリティは $J^P = 1/2^-$ と想定されていたものの，2014 年までは直接実験的に検証されていなかった．実験的な J^P の決定は光生成反応を使って文献 [114] で行われ，期待されていた $J^P = 1/2^-$ であることが検証された．

現在議論の中心になっているのは，$\Lambda(1405)$ 共鳴の内部構造である．励起バリオンに対する標準的な描像は，構成子クォーク 3 つが閉じ込めポテンシャル内で励起されるという，構成子クォーク模型に基づくものである．しかし，構成子クォーク模型による負パリティ励起バリオンの体系的な研究 [40] では，模型の予言が多くの励起バリオンの実験値を再現するにもかかわらず，$\Lambda(1405)$ については実験値との有意な（~ 100 MeV ほどの）ずれがあることが知られている（2.2.4 項参照）．このことは，$\Lambda(1405)$ 共鳴が標準的な 3 クォーク状態ではなく，エキゾチックな内部構造をもつことを示唆している．特に構成子クォーク模型にはメソン・バリオン散乱状態との結合という動的な機構が欠けており，$\Lambda(1405)$ がメソンとバリオンがゆるく結合したハドロン分子的状態であるためにクォーク模型による記述が不十分であるという解釈が可能である．実際に複合性を利用した解析 [115, 116] では，$\Lambda(1405)$ の支配的な成分が $\bar{K}N$ 分子的であることが示されている（5.3.4 項参照）．$\Lambda(1405)$ を**ゆるく束縛した $\boldsymbol{\bar{K}N}$ 状態**

1) PDG のバリオンセクションでは，各バリオンの実験的な状況を星の数で格付けしている．4-star は最もよく確立した粒子につけられ “Existence is certain, and properties are at least fairly well explored.” と説明される [16].

とみなす描像は，K 中間子と核子の間に引力相互作用がはたらくことを示唆し，K 中間子原子核の研究の基礎をなす．

このように，$\Lambda(1405)$ 共鳴の構造の解明は，ハドロン分光学の研究として重要なばかりでなく，広くストレンジネスを含む原子核の研究に波及的な影響がある．さらに，最近の理論・実験研究の進展により，$\Lambda(1405)$ 共鳴の近くにもう 1 つ共鳴状態が存在することが指摘されており，2022 年版の PDG に **$\boldsymbol{\Lambda(1380)}$** として記載[2] されている [16]．以下では，これら最新の動向にも触れつつ $\Lambda(1405)$ 共鳴の実験的，理論的研究の現状を紹介する．

5.2 実験の現状

まず，$\Lambda(1405)$ に関係する実験データを見てみよう．上述のように，$\Lambda(1405)$ が崩壊できるチャンネルは $\pi\Sigma$ のみであるため，質量スペクトルを得るためには $\pi\Sigma$ 終状態を実験的に同定する必要がある．理論的に最も理想的な反応は $\pi\Sigma \to \pi\Sigma$ 弾性散乱であるが，これは安定な Σ 標的がなく，閾値から 100 MeV 程度の低エネルギー散乱を衝突実験で実現することも事実上不可能である．よって終状態に $\pi\Sigma$ 以外のハドロンが作られる**生成反応での $\boldsymbol{\pi\Sigma}$ 不変質量分布**から $\Lambda(1405)$ の質量スペクトルを得る必要がある．一方で，$\bar{K}N$ の 1 つのアイソスピン状態である K^-p チャンネルについては，K^- ビームを陽子標的に照射することで，**2 体 $\boldsymbol{K^-p}$ 散乱**実験が可能である．$\bar{K}N$ 閾値の近傍に $\Lambda(1405)$ 共鳴が位置することから，$\bar{K}N$ 散乱データにも $\Lambda(1405)$ の情報が反映されている．このように，$\Lambda(1405)$ の性質を決定する際には $\bar{K}N$ および $\pi\Sigma$ チャンネルの実験データが利用できる．以下ではこれらの実験データの現状と，状態の構造に密接に関係するスピン・パリティ量子数の決定について解説する．

5.2.1 $\bar{K}N$ 散乱

閾値近傍の K^-p 散乱データは低エネルギー K 中間子ビームで得られる．K^-

---

[2] $\Lambda(1380)$ 共鳴は 2022 年版で 2-star（“Evidence of existence is only fair” と説明される）の状態として掲載され，より詳細な解析が必要とされている [16].

は有限の寿命 ($\sim 1.2 \times 10^{-8}\,\mathrm{s}$) をもつことから，低エネルギー K^- ビームの強度は限られており，散乱断面積の精度はそれほど良くない．しかし，4.2.1 項で紹介したように，散乱断面積は 2 体散乱振幅と直接関係づけられるので，最も基本的な実験データとして重要である．強い相互作用では電荷とストレンジネスが保存するので，始状態が K^-p である低エネルギー 2 体散乱は

$$\begin{aligned}&K^-p \to K^-p, \quad K^-p \to \bar{K}^0 n, \quad K^-p \to \pi^0\Lambda,\\&K^-p \to \pi^+\Sigma^-, \quad K^-p \to \pi^0\Sigma^0, \quad K^-p \to \pi^-\Sigma^+,\end{aligned} \tag{5.1}$$

の反応が可能である [3)]．これらの反応の**散乱断面積**の実験データは主に 1960 年代の泡箱実験で蓄積され，文献 [117–124] などで報告されている．

散乱実験では有限の運動量をもつ K^- ビームを照射するため，閾値より高いエネルギーをもった K^-p 系の散乱断面積の情報が得られる．一方で，閾値以下のエネルギーに存在する $\Lambda(1405)$ の性質に対しては，より低いエネルギーでの情報が強い制限を与える．低エネルギー散乱の極限にあたる閾値直上での散乱の情報は，いくつかの手法で調べることができる．たとえば，減速した K^- を水素標的中に静止させ，崩壊過程で生じる非弾性チャンネルへの崩壊の割合を測定することで，**閾値分岐比**が決定できる．閾値分岐比の実験による測定の結果は，

$$\gamma = \frac{\Gamma(K^-p \to \pi^+\Sigma^-)}{\Gamma(K^-p \to \pi^-\Sigma^+)} = 2.36 \pm 0.04, \tag{5.2}$$

$$R_c = \frac{\Gamma(K^-p \to \pi^+\Sigma^-,\, \pi^-\Sigma^+)}{\Gamma(K^-p \to \mathrm{all})} = 0.664 \pm 0.011, \tag{5.3}$$

$$R_n = \frac{\Gamma(K^-p \to \pi^0\Lambda)}{\Gamma(K^-p \to \text{neutral states})} = 0.189 \pm 0.015, \tag{5.4}$$

と与えられている [125, 126]．

また，***K* 中間子水素**のエネルギー準位の精密測定から，K^-p 散乱長を測定することができる．第 7 章で詳しく議論するように，K 中間子水素は水素原子中の電子を，負電荷をもつ K^- で置き換えた状態である．強い相互作用のため

[3)] K^-p はアイソスピン $I=0$ 成分と $I=1$ 成分の両方を含むため，$I=1$ をもつ $\pi\Lambda$ チャンネルと結合する．

に，観測される K 中間子水素のエネルギーは，純粋なクーロン相互作用による準位から ΔE ずれており，よりエネルギーの低い $\pi\Sigma$ と $\pi\Lambda$ への遷移のためにエネルギー準位に線幅 Γ が生じる．基底状態の ΔE と Γ は，π 中間子原子の研究で提案された**デザー** (S. Deser)**・トルーマン** (T. L. Trueman) **公式** [127, 128] を，有効場の理論を用いてアイソスピン対称性の破れの効果を考慮して改良した関係式によって

$$\Delta E - \frac{i\Gamma}{2} = -2\alpha^3\mu_K^2 a_{K^-p}\left[1 - 2\alpha\mu_K(\ln\alpha - 1)a_{K^-p}\right], \tag{5.5}$$

と K^-p 散乱長 a_{K^-p}（後述の式 (5.24) 参照）と関係づけられる [129, 130]．ここで換算質量 $\mu_K = m_{K^-}M_p/(m_{K^-} + M_p)$ と電磁相互作用の微細構造定数 $\alpha \sim 1/137$（1.1 節参照）が用いられている．a_{K^-p} は閾値での K^-p 弾性散乱振幅によって与えられる．K 中間子原子の実験的研究の歴史の詳細は第 7 章でまとめられており，最新のデータは DAΦNE で行われた SIDDHARTA 実験 [108, 109] によって

$$\epsilon_{1s} = -283 \pm 36(\text{stat.}) \pm 6(\text{syst.})\ \text{eV}, \tag{5.6}$$

$$\Gamma = 541 \pm 89(\text{stat.}) \pm 22(\text{syst.})\ \text{eV}, \tag{5.7}$$

と得られている [4]．散乱断面積や閾値分岐比が本質的に散乱振幅の絶対値 2 乗に関係する実験データであるのに対し，散乱長は散乱振幅の**実部と虚部に対する直接的な実験的制限**となるため，K 中間子水素の精密測定は $\bar{K}N$ 相互作用の決定において特別な位置を占めている．実際に以下で示すように，K^-p 散乱長の決定によって $\Lambda(1405)$ の性質が強く制限される．将来的に，$\bar{K}N$ 散乱長のアイソスピン依存性を決定するために，K^- と重陽子の束縛状態である K 中間子重水素の測定が J-PARC での E57 実験 [131, 132] および DAΦNE での SIDDHARTA-2 実験 [132, 133] で計画されている．

5.2.2 $\pi\Sigma$ 不変質量分布

ここでは $\Lambda(1405)$ のピーク構造があらわれる $\pi\Sigma$ 不変質量分布の実験データ

---

[4] $\epsilon_{1s} = -\Delta E$ と定義されている．詳細は第 7 章参照．

表 5.1　$\Lambda(1405)$ の不変質量分布の測定実験のまとめ．

実験グループ	施設	反応	終状態
LEPS [134, 135]	SPring-8	$\gamma p \to K^+(\pi\Sigma)$	$\pi^+\Sigma^-, \pi^-\Sigma^+$
Crystal Ball [136]	BNL	$K^- p \to \pi^0(\pi\Sigma)$	$\pi^0\Sigma^0$
文献 [137]	COSY-Jülich	$pp \to pK^+(\pi\Sigma)$	$\pi^0\Sigma^0$
HADES [138]	GSI	$pp \to pK^+(\pi\Sigma)$	$\pi^+\Sigma^-, \pi^-\Sigma^+$
CLAS [139]	JLab	$\gamma p \to K^+(\pi\Sigma)$	$\pi^+\Sigma^-, \pi^0\Sigma^0, \pi^-\Sigma^+$
CLAS [140]	JLab	$e^- p \to e^- K^+(\pi\Sigma)$	$\pi^+\Sigma^-$
J-PARC E31 [141]	J-PARC	$K^- d \to n(\pi\Sigma)$	$\pi^+\Sigma^-, \pi^0\Sigma^0, \pi^-\Sigma^+$

を紹介する．2003 年以降，高強度ビームと現代的な検出器を用いた $\Lambda(1405)$ の不変質量分布のデータが得られ始め，表 5.1 に示すように，さまざまな反応で高統計の実験結果が蓄積された．以下では $\pi\Sigma$ 終状態のアイソスピン分解を議論した後に，実験の代表例として LEPS と CLAS による光生成の結果を紹介する．

$\Lambda(1405)$ の性質を調べる際には，実験で観測される荷電 $\pi\Sigma$ 状態はアイソスピンの固有状態でないことに注意する必要がある．π も Σ もアイソスピン $I=1$ であるので，複合系である $\pi\Sigma$ 状態のアイソスピンの大きさは $I=0,1,2$ の 3 種類がある．$\Lambda(1405)$ と結合できる電荷中性の複合系は $I_3=0$ の状態に対応し，それぞれ線形結合を用いて [5)]

$$|\pi^+\Sigma^-\rangle = -\frac{1}{\sqrt{6}}\,|I=2\rangle - \frac{1}{\sqrt{2}}\,|I=1\rangle - \frac{1}{\sqrt{3}}\,|I=0\rangle\,, \tag{5.8}$$

$$|\pi^-\Sigma^+\rangle = -\frac{1}{\sqrt{6}}\,|I=2\rangle + \frac{1}{\sqrt{2}}\,|I=1\rangle - \frac{1}{\sqrt{3}}\,|I=0\rangle\,, \tag{5.9}$$

$$|\pi^0\Sigma^0\rangle = \sqrt{\frac{2}{3}}\,|I=2\rangle - \frac{1}{\sqrt{3}}\,|I=0\rangle\,, \tag{5.10}$$

と表される．この分解より，不変質量 M_I をもつ質量分布は

5) 線形結合の係数は SU(2) のクレブシュ・ゴルダン (Clebsch-Gordan) 係数で決まっているが，通常のクレブシュ・ゴルダン係数の表（Condon-Shortley の規約）を用いる場合は，アイソスピンの大きさ I，第 3 成分 I_3 の状態 $|I, I_3\rangle$ と物理状態との対応が $|\pi^+\rangle = -|1,1\rangle$，$|\Sigma^+\rangle = -|1,1\rangle$ となることに注意する．

$$\frac{d\sigma\left(\pi^{+}\Sigma^{-}\right)}{dM_{I}} \propto \frac{1}{3}\left|T^{(0)}\right|^{2}+\frac{1}{2}\left|T^{(1)}\right|^{2}+\frac{2}{\sqrt{6}}\mathrm{Re}\left(T^{(0)}T^{(1)*}\right)+\cdots, \tag{5.11}$$

$$\frac{d\sigma\left(\pi^{-}\Sigma^{+}\right)}{dM_{I}} \propto \frac{1}{3}\left|T^{(0)}\right|^{2}+\frac{1}{2}\left|T^{(1)}\right|^{2}-\frac{2}{\sqrt{6}}\mathrm{Re}\left(T^{(0)}T^{(1)*}\right)+\cdots, \tag{5.12}$$

$$\frac{d\sigma\left(\pi^{0}\Sigma^{0}\right)}{dM_{I}} \propto \frac{1}{3}\left|T^{(0)}\right|^{2}+\cdots, \tag{5.13}$$

となる [142][6]．ここで $T^{(I)}$ はアイソスピン I の散乱振幅で，省略記号は共鳴を含まず絶対値が小さいと期待される $T^{(2)}$ を含む項と，アイソスピン対称性の破れの効果に起因する項を表している．$T^{(0)}T^{(1)*}$ の実部に比例する項は**アイソスピンの異なる振幅の干渉**に起因しており，ここから $\pi^{\pm}\Sigma^{\mp}$ 終状態の差が生じている．散乱振幅 $T^{(0)}$ には $\Lambda(1405)$ が含まれており，共鳴のエネルギー領域では一般に共鳴散乱振幅の絶対値が大きくなることから，どの終状態を測定しても $\Lambda(1405)$ に対応するピーク構造が見えることが期待される．一方で，$I=1$ をもつ $\Sigma(1385)$ 共鳴が同じエネルギー領域に存在しているため，$T^{(1)}$ は必ずしも無視できるほど小さいとは限らない（ただし $\Sigma(1385)$ の $\pi\Sigma$ への崩壊分岐比は 11.7 % と小さいことが知られている [16]）．よって $\pi^{\pm}\Sigma^{\mp}$ 終状態のスペクトルでは，純粋な $\Lambda(1405)$ のピーク構造が他の成分の寄与によってゆがめられ，正しく共鳴の情報が得られない可能性がある．上記の終状態のアイソスピン分解より，$\pi\Sigma$ 状態のスペクトルについて以下のことがわかる：

- $\pi^{0}\Sigma^{0}$ 状態は $I=1$ の寄与を含まず，$\Lambda(1405)$ の情報を引き出すのに理想的なチャンネルである．
- 荷電 $\pi^{\pm}\Sigma^{\mp}$ 状態は $I=1$ の寄与を含んでいる．特に，アイソスピンの異なる振幅の干渉項が $\pi^{+}\Sigma^{-}$ と $\pi^{-}\Sigma^{+}$ の差を生み出している．

実際の実験データを見てみよう．LEPS は $E_{\gamma}=1.5$–2.4 GeV のエネルギーをもつ光子ビームを用いて $\gamma p \to K^{+}X$ 反応の欠損質量を測定し，終状態を同定することで $\pi^{-}\Sigma^{+}$ と $\pi^{+}\Sigma^{-}$ の質量分布を測定した [134]．同じ終状態に寄与する $K^{*}(890)$ 生成の効果を $K^{+}\pi^{-}$ の不変質量分布を用いて排除し，$\pi\Sigma$ スペクトルの 1.4 GeV 領域にピーク構造が確認された．$\pi^{-}\Sigma^{+}$ と $\pi^{+}\Sigma^{-}$ の分布に差があ

[6] ただし式 (5.25) で議論するように，実際にはこれらの表式に加えて他の粒子の終状態相互作用などの影響を考慮する必要がある．

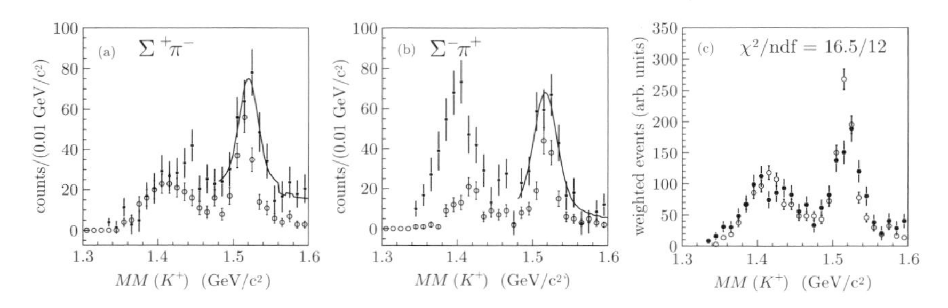

図 5.1　LEPS による $\gamma p \to K^+X$ 反応の欠損質量の実験データ [135]. (a) $\Sigma^+\pi^-$ 終状態, (b) $\Sigma^-\pi^+$ 終状態の結果. 実線は $K^+\Lambda(1520)$ 反応と非共鳴振幅によるフィットの結果. (c) は $\Sigma^+\pi^-$ と $\Sigma^-\pi^+$ を合わせたスペクトルで, 黒丸が文献 [135] の結果, 白丸が文献 [134] の結果. 文献 [135] から引用. Reprinted figure with permission from [M. Niiyama *et al.*, Phys. Rev. C **78**, 035202 (2008).] Copyright (2008) by the American Physical Society.

ることが明らかになり, 上述のアイソスピン干渉効果が実験的に初めて検証された. しかしこの解析では $I = 1$ の $\Sigma(1385)$ の寄与の分離は行われていなかった. 後継の実験 [135] では, $\pi^0\Lambda$ 終状態の同定により $\Lambda(1405)$ の寄与と $\Sigma(1385)$ の寄与を分離した. $\pi^0\Lambda$ は $I = 0$ 成分を含まないため, $\Sigma(1385)$ の崩壊の寄与を取り出すことができ, 既知の $\Sigma(1385)$ 崩壊分岐比を利用することで $\pi\Sigma$ スペクトル中に含まれる $\Sigma(1385)$ の寄与を決定した. 結果として, 図 5.1 に示すように, 異なる荷電終状態でのアイソスピン干渉の効果が再確認された.

CLAS は高統計の $\gamma p \to K^+\pi\Sigma$ 反応実験で, 3 つすべての荷電 $\pi\Sigma$ 状態の質量分布を初めて同時に測定した [139]. 光子のエネルギーが $1.95 < W < 2.85$ GeV ($E_\gamma = 2.1$–2.5 GeV) という範囲で実験が行われ, 図 5.2 に示すようにアイソスピン干渉に起因する荷電 $\pi\Sigma$ 状態間のスペクトルの差が確認された. つまり, 実験で直接得られる荷電 $\pi\Sigma$ 状態のスペクトルは, 純粋な $\Lambda(1405)$ の寄与だけでなく $I = 1$ 振幅や干渉項の影響を含んでおり, 解析には注意を要することが実験的に確立した. CLAS の高統計データは, $\Lambda(1405)$ だけでなく $\Sigma(1385)$ と $\Lambda(1520)$ も含めた光生成反応の微分断面積のエネルギー依存性の評価 [143] や, 次項で述べるスピン・パリティの決定に利用されている.

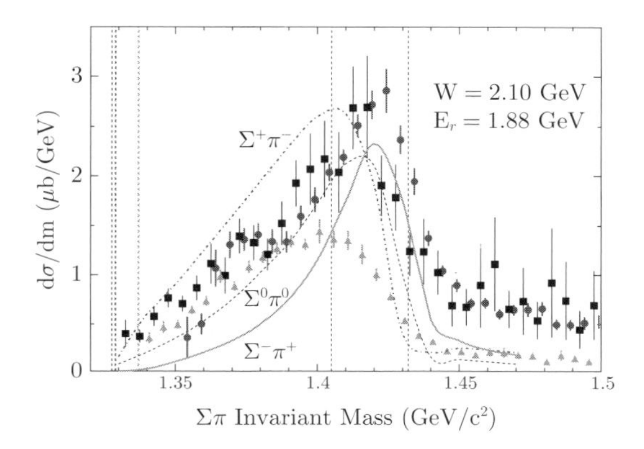

図 5.2 CLAS による $\gamma p \to K^+\Sigma\pi$ 反応の $\Sigma\pi$ 質量分布のデータ．図中の垂直の点線は左から順に $\Sigma^0\pi^0$ 閾値，$\Sigma^+\pi^-$ 閾値，$\Sigma^-\pi^+$ 閾値，1405 MeV, $\bar{K}N$ 閾値を表す．曲線は文献 [142] の理論計算．文献 [139] から引用．Reprinted figure with permission from [K. Moriya *et al.* (CLAS Collaboration), Phys. Rev. C **87**, 035206 (2013).] Copyright (2013) by the American Physical Society.

5.2.3 スピン・パリティの決定

$\Lambda(1405)$ のスピンは過去の実験 [144–146] で 1/2 と整合的であることは議論されていたが，パリティの決定には至らなかった．2014 年になってパリティの実験的な直接測定が CLAS の高統計データを用いて行われた [147]．パリティの決定には，$\Lambda(1405) \to \pi^-\Sigma^+$ 崩壊における $\Lambda(1405)$ の偏極（スピンベクトル）$\vec{P}$ に対する Σ^+ の偏極 $\vec{Q}$ の角度分布が用いられた．強い相互作用による 2 体崩壊の場合，偏極を考慮しない崩壊角分布はパリティに依存せず，始状態のスピンの大きさのみで決まる．しかし，始状態と終状態のバリオンの偏極を指定すると，図 5.3 左に示すような**偏極方向の違い**が生まれる．具体的に，始状態が $J^P = 1/2^-$ で s 波崩壊の場合は，図の (a) のように $\vec{Q}$ の方向は崩壊角度に依存しないが，$J^P = 1/2^+$ で p 波崩壊の場合は，図の (b) のように $\vec{Q}$ の方向が崩壊角度に応じて $\vec{P}$ ベクトルのまわりで回転する．つまり，$\Lambda(1405)$ の偏極方向を z 軸にとると，$1/2^-$ の場合 Σ の偏極 $\vec{Q}$ の z 成分 Q_z は一定値となるが，$1/2^+$ の場合は Q_z が角度に応じて符号を変化させるはずである．実験的には，γ と K^+ の運動量方向で指定される生成平面を用いて $\Lambda(1405)$ の偏極 $\vec{P}$ が決められ，Σ^+ の弱崩壊から Σ^+ の偏極 $\vec{Q}$ が決定された．図 5.3 右に示すよう

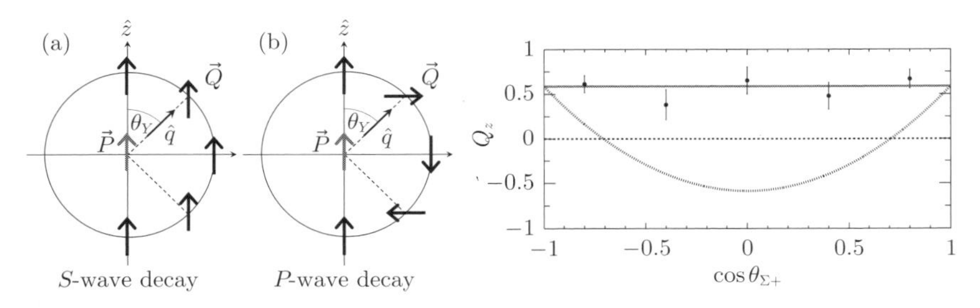

図 5.3　左：$Y^* \to Y\pi$ 崩壊における Y^* から Y への偏極移行の模式図．(a) は $J^P = 1/2^-$ の場合，(b) は $J^P = 1/2^+$ の場合．右：反応の全エネルギー $2.65 < W < 2.75$ GeV で重心系の K^+ の散乱角 $0.70 < \cos\theta_{K^+}^{\mathrm{cm.}} < 0.80$ の場合の $\cos\theta_{\Sigma^+}$ の関数としての Σ^+ の偏極 Q_z．実線は平均値，点線は p 波崩壊の場合の予想，破線は偏極なしの場合．文献 [147] から引用．Reprinted figure with permission from [K. Moriya *et al.* (CLAS Collaboration), Phys. Rev. Lett. **112**, 082004 (2014).] Copyright (2014) by the American Physical Society.

に，観測された Q_z は $\vec{P}$ を基準とした崩壊角 $\cos\theta_{\Sigma^+}$ に依存せず，$\Lambda(1405)$ が $J^P = 1/2^-$ であることが実証された．

5.3　理論的解析

5.3.1　カイラル SU(3) 動力学

$\Lambda(1405)$ は $\pi\Sigma$ 散乱の共鳴状態であり，$\bar{K}N$ 閾値の近傍に位置している．そのため $\Lambda(1405)$ の記述には，ストレンジネス $S = -1$ のチャンネル結合メソン・バリオン散乱振幅の記述が必要である．$J^P = 0^-$ の $\pi, \bar{K}$ と $1/2^+$ の Σ, N を組み合わせて $\Lambda(1405)$ の量子数である $1/2^-$ を作るために，角運動量 $\ell = 0$ の s 波のメソン・バリオン散乱を考える．3.2.2 項で示したように，π 中間子と K 中間子は $N_f = 3$ のカイラル対称性の自発的破れに伴う南部・ゴールドストーンボソンとみなすことができ，バリオンとの s 波相互作用の低エネルギー極限はカイラル対称性によって制限される．この考え方に基づき，S 行列のユニタリー性を満たすチャンネル結合散乱振幅を構築する理論的手法が**カイラル SU(3) 動力学**である [148–151]．

4.2.3 項で述べたように，散乱振幅はメソン・バリオンチャンネルを表す添字

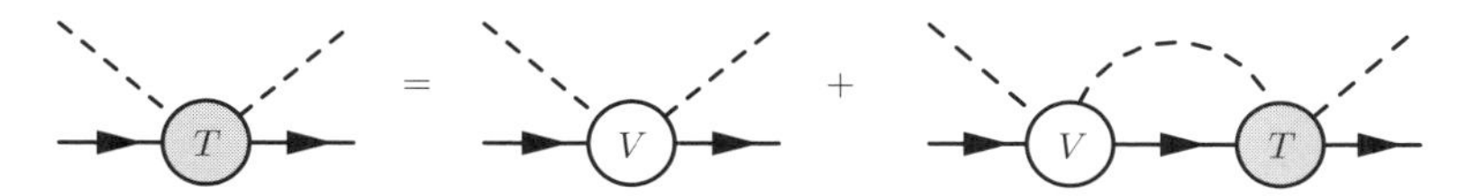

図 5.4 散乱方程式を表現するファインマン図．実線はバリオンの伝播関数，点線はメソンの伝播関数で，メソン・バリオン中間状態のループが G に対応する．

i, j をもつ行列として表される．角運動量 $\ell = 0$ に射影した s 波散乱では，T 行列 T_{ij} は全エネルギー W のみの関数になる．カイラル SU(3) 動力学では，T_{ij} は以下の**チャンネル結合散乱方程式**の解として与えられる：

$$T_{ij} = V_{ij} + V_{ik} G_k T_{kj}, \tag{5.14}$$

ここで繰り返し添字は和をとる規約を採用する．図 5.4 に散乱方程式に対応するファインマン図を示す．V_{ij} は相互作用カーネルと呼ばれメソンとバリオンの相互作用を表し，カイラル摂動論を用いて系統的に構築することでカイラル対称性の要請を取り込むことができる．G_i はループ関数で，メソン・バリオン中間状態の伝播を表している．散乱方程式 (5.14) は非相対論的散乱理論のリップマン・シュウィンガー方程式に対応している．実際に式 (5.14) 右辺に T_{ij} を逐次的に代入すると

$$T_{ij} = V_{ij} + V_{ik} G_k V_{kj} + V_{ik} G_k V_{kl} G_l V_{lj} + \cdots, \tag{5.15}$$

となり，T_{ij} にはメソンとバリオンとの多重散乱が含まれているため，散乱のユニタリー性が保証されていることがわかる．第 4 章で導入した非相対論的散乱振幅 f_{ij} と T_{ij} の関係は [7]，重心系の全エネルギーを W として

$$f_{ij}(W) = -\frac{\sqrt{M_i M_j}}{4\pi W} T_{ij}(W), \tag{5.16}$$

で与えられる．ここで M_i はチャンネル i のバリオンの質量である．カイラル SU(3) 動力学と同じ手法はカイラル有効場の理論として核力の研究に応用され

[7] 文献により同じ記号を用いても定義が異なる場合があることに注意．本書では文献 [101] に従い，T^{-1}, V^{-1}, G が質量の次元で与えられる場合の表式を用いる．

ている [10,11]．以下で V_{ij} と G_i の具体的な構成方法を説明する．

相互作用カーネル V_{ij} は**カイラル摂動論**によって決定される．3.2.3 項で紹介したように，カイラル次数 $\mathcal{O}(p^2)$ までのメソン・バリオン相互作用は形式的に

$$V = \underbrace{V_{\rm WT} + V_{\rm Born}}_{\mathcal{O}(p^1)} + \underbrace{V_{\rm NLO}}_{\mathcal{O}(p^2)} + \cdots, \tag{5.17}$$

と展開される（図 3.4）．チャンネル結合を考慮した場合のワインバーグ・友沢相互作用は，式 (3.20) の拡張として

$$V_{{\rm WT},ij}(W) = -\frac{C_{ij}}{4f_i f_j}\mathcal{N}_i\mathcal{N}_j(2W - M_i - M_j), \tag{5.18}$$

と与えられる．時間反転対称性より相互作用は添字 i, j の入れ替えに対して対称なので，群論的係数は $C_{ji} = C_{ij}$ という性質をもつ．

ボルン項と呼ばれる $V_{\rm Born}$ は s チャンネルと u チャンネルのバリオン交換ダイアグラムで表される（図 3.4 右辺第 2, 3 項）．ダイアグラムに含まれるメソン・バリオン・バリオンの 3 点頂点は，ゴールドバーガー・トライマン関係式 [70] を通じてバリオンの軸性電荷と関係づけられる．軸性電荷の値は標的ハドロン（今の場合バリオン）の内部構造を反映しており，ボルン項の強度は対称性だけでは決定できない．ボルン項のカイラル次数は $\mathcal{O}(p^1)$ であるが，これらは主として p 波のメソン・バリオン散乱に寄与しており，今問題にしている s 波散乱に射影した成分は $V_{\rm WT}$ に比べて非相対論展開で高次になることが知られている [152]．つまり，同じカイラル次数 $\mathcal{O}(p^1)$ でもボルン項の寄与は $V_{\rm WT}$ に比べ小さく，低エネルギー極限のメソン・バリオン相互作用はカイラル対称性の要請から模型に依存せずに $V_{\rm WT}$ で与えられる．$V_{\rm WT}$ のみを使用した模型 [149] の現象論的な成功は，カイラル対称性の要請が実際に現実の物理を支配していることを示している．SIDDHARTA の K 中間子水素の測定 [108, 109] のような，より精密な実験データを扱う際には，高次項の寄与を取り込んで理論の枠組みの精度も上げる必要がある．これは $\mathcal{O}(p^2)$ の $V_{\rm NLO}$ まで相互作用カーネルに取り込むことで達成される [110–113]．

散乱方程式 (5.14) は運動量表示のリップマン・シュウィンガー方程式のよう

に一般に積分方程式である．しかし，実際の応用ではユニタリー性に抵触しない質量核上因子化 (on-shell factorization) の手法を使って代数方程式に帰着させた形式がよく用いられる（文献 [101, 103, 149, 150] 参照）．主要項である V_{WT} が 4 点接触相互作用であるために，散乱方程式の運動量積分は紫外発散を含んでいる．ループ関数の紫外発散は通常次元正則化を用いて処理され，G_i の有限部分は紫外カットオフに対応するサブトラクション定数 (subtraction constant) と呼ばれる定数で指定される [150]．1 ループのダイアグラムは $\mathcal{O}(p^3)$ にカウントされるため，カイラル摂動論でのメソン・バリオン散乱のくりこみは $\mathcal{O}(p^3)$ の次数で行われる．よって，式 (5.14) を用いたユニタリー化された方法で $\mathcal{O}(p^2)$ の相互作用カーネル ($V = V_{\mathrm{WT}} + V_{\mathrm{Born}} + V_{\mathrm{NLO}}$) を用いる場合，サブトラクション定数は実験データを用いて決定する必要がある．上述のように，V_{WT} はカイラル対称性によって完全に決定している．2 フレーバーのボルン項は通常 D と F と記述される 2 種の軸性電荷を結合定数として含んでいるが，これらはハイペロンのセミレプトン崩壊から決定できる．よって $\mathcal{O}(p^1)$ の相互作用 V_{WT} と V_{Born} を用いる場合は，サブトラクション定数のみが自由に変えられるパラメータである．サブトラクション定数はチャンネルごとに選ぶことができ，式 (4.40) の $I = 0$ の 4 チャンネルに $I = 1$ の $\pi\Lambda$ と $\eta\Sigma$ を加えた 6 チャンネルが関係するため，6 つのサブトラクション定数が実験データを再現するために使われる．$\mathcal{O}(p^2)$ の計算では，サブトラクション定数に加えて V_{NLO} に含まれる 7 つの LEC を実験データで決定する．現在の実験データは $\mathcal{O}(p^2)$ までの LEC を決定できるが，$\mathcal{O}(p^3)$ の計算を行うには十分ではない．

5.3.2 2 つの共鳴極と $\Lambda(1380)$

第 4 章で説明したように，共鳴状態に対応するハミルトニアンの固有エネルギーは複素エネルギー平面に解析接続された散乱振幅 T_{ij} の極として表現される．通常は 1 つの共鳴状態に対して 1 つの共鳴極が存在し，状態の質量 M_R と崩壊幅 Γ_R は，複素エネルギーの共鳴極の位置 z_R と

$$M_R = \mathrm{Re}\ z_R, \quad \Gamma_R = -2\ \mathrm{Im}\ z_R, \tag{5.19}$$

と関係している．PDG [16] では，$\Lambda(1405)$ のエネルギー領域で $I = 0$ で $S = -1$

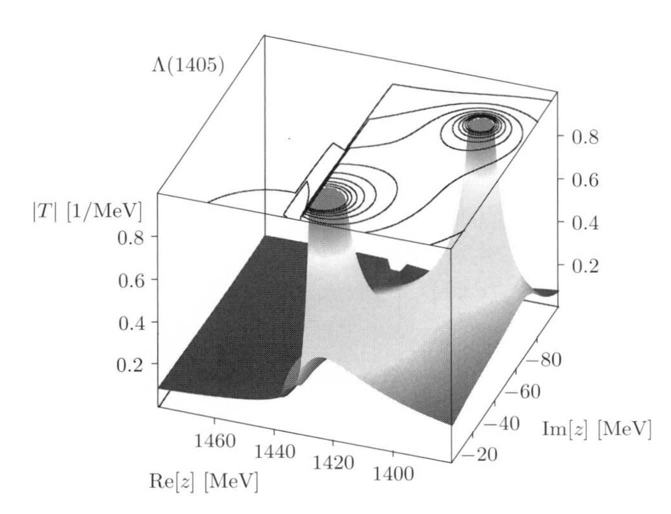

図 5.5　複素エネルギー z 平面での $\bar{K}N$ 散乱振幅の絶対値 $|T|$ のプロット．文献 [101] から引用．Reprinted from Prog. Part. Nucl. Phys. **67**, T. Hyodo and D. Jido, 55 (2012), with permission from Elsevier.

の散乱振幅の**2つの共鳴極**が記載されており，$\pi\Sigma$ の閾値に近い方の極が 2-star の $\Lambda(1380)$ 共鳴，$\bar{K}N$ の閾値の近くの 1420 MeV 付近にあらわれる極が $\Lambda(1405)$ となっている．つまり，従来「$\Lambda(1405)$」と呼ばれていた状態は単一の共鳴状態ではなく，**2つの固有状態の重ね合わせ**として状態が実現している．ここで，共鳴極が近いエネルギーに2つ存在する場合，実エネルギーの散乱振幅の示す共鳴のピーク構造が2つあらわれるとは限らないことに注意しておきたい．スペクトルの形は2つの極の留数の相対位相に依存して決まり，実際に $\Lambda(1405)$ の場合はピーク構造は1つしか観測されない（図 5.5 参照）．言い換えると，5.2.2 項で説明した $\Lambda(1405)$ のスペクトルは，2つの固有状態が協力して形作っていたことになる．

$\Lambda(1405)$ の共鳴極が2つ存在する可能性は，カイラル SU(3) 動力学の文献 [150] で指摘され，後に多くの研究で検証された [86, 102, 103]．定量的な極の位置の決定は 5.3.3 項で詳しく議論する．カイラル動力学以外の手法であるバッグ模型 [153]，ユーリッヒ (Jülich) メソン交換模型 [154]，動的チャンネル結合模型 [155, 156]，ハミルトニアン有効場の理論 [157] などでも $\Lambda(1405)$ の極が2つ確認されている．これらの手法は，散乱方程式を解いて動的な散乱振幅の極を求めるという方針は共通しているが，相互作用の構成や実験データの選択が異なる指針で行われた模型になっている．このように，共鳴極が 2 つ存在することは特定の模型に依存する結論ではなく，さまざまな手法による実験データの解析によって確認されている．

2 つの極の物理的起源はワインバーグ・友沢相互作用の性質に基づいて文献 [158] で議論された．メソン・バリオンチャンネルは，K^-p などの物理基底（荷電基底，粒子基底）と $\bar{K}N$ $(I=0)$ などのアイソスピン基底のどちらでも記述でき，両基底は式 (5.8) のように SU(2) のクレプシュ・ゴルダン係数で関係づけられる．これと同様に SU(3) アイソスカラー因子 [81] を用いると，**1** や **8** などの SU(3) の規約表現の基底に移ることができる：

$$\begin{pmatrix} K^-p \\ \bar{K}^0 n \\ \pi^0\Lambda \\ \pi^0\Sigma^0 \\ \pi^+\Sigma^- \\ \pi^-\Sigma^+ \\ \eta\Lambda \\ \eta\Sigma^0 \\ K^+\Xi^- \\ K^0\Xi^0 \end{pmatrix} \overset{\text{SU(2) C.G.}}{\leftrightarrow} \begin{pmatrix} \bar{K}N\,(I=0) \\ \pi\Sigma\ (I=0) \\ \eta\Lambda\ (I=0) \\ K\Xi\ (I=0) \\ \bar{K}N\ (I=1) \\ \pi\Lambda\ (I=1) \\ \pi\Sigma\ (I=1) \\ \eta\Sigma\ (I=1) \\ K\Xi\ (I=1) \\ \pi\Sigma\ (I=2) \end{pmatrix} \overset{\text{SU(3) I.F.}}{\leftrightarrow} \begin{pmatrix} \mathbf{1}\ (I=0) \\ \mathbf{8}\ (I=0) \\ \mathbf{8}'\,(I=0) \\ \mathbf{27}\ (I=0) \\ \mathbf{8}\ (I=1) \\ \mathbf{8}'\,(I=1) \\ \mathbf{10}\ (I=1) \\ \overline{\mathbf{10}}\ (I=1) \\ \mathbf{27}\ (I=1) \\ \mathbf{27}\ (I=2) \end{pmatrix}. \tag{5.20}$$

一般に相互作用項はどの基底でも表現できるが，アイソスピン基底や SU(3) 基底は相互作用のもつ対称性を見るのに便利である．たとえばアイソスピン対称性をもつ相互作用は異なる I の成分を混ぜないため，アイソスピン基底で表現すると I の値ごとにブロック対角形になる．式 (5.20) の例では，4×4 行列の $I=0$ 成分と，5×5 行列の $I=1$ 成分，スカラーの $I=2$ 成分にそれぞれ分解される．$V_{\rm WT}$ は SU(3) 対称性をもっているため，SU(3) 基底では異なる表現の混合が起きず，完全な対角行列になる．よってハドロン質量を SU(3) 対称な極限にとると，表現ごとに独立な 1 チャンネル散乱の問題に帰着する [80,159].

具体的に $\Lambda(1405)$ に関係する $I=0$ の $\mathbf{1}, \mathbf{8}, \mathbf{8}', \mathbf{27}$ の4チャンネルの結合の強さ $C_{ij}^{\mathrm{SU(3)}}$ は

$$C^{\mathrm{SU(3)}} = \begin{pmatrix} 6 & 0 & 0 & 0 \\ 0 & 3 & 0 & 0 \\ 0 & 0 & 3 & 0 \\ 0 & 0 & 0 & -2 \end{pmatrix}, \tag{5.21}$$

と対角成分のみをもつ．表3.1の議論より，$C>0$ のチャンネルが引力なので，このうち $\mathbf{1}$, $\mathbf{8}$, $\mathbf{8}'$ のチャンネルで V_{WT} は引力的であるとわかる．8重項のメソンとバリオンの質量をそれぞれの平均値とするSU(3)極限では，各引力チャンネルで束縛状態が形成され，合計3つの固有状態が $I=0$ に存在する [158]. SU(3)の破れを導入して物理的状態に連続的に変形し，共鳴極の動きを調べると，1つの状態は高いエネルギーに移動し $\Lambda(1670)$ 共鳴の極になり，残りの2つが $\bar{K}N$ と $\pi\Sigma$ の間のエネルギーに移動して $\Lambda(1405)$ の2つの極に発展する．同じ議論はアイソスピン基底を用いてより物理的に行うことが可能である [160]. 式(5.20)より，$I=0$ には $\bar{K}N$, $\pi\Sigma$, $\eta\Lambda$, $K\Xi$ の4つのチャンネルがあり，対応する結合の強さ $C_{ij}^{\mathrm{Isospin}}$ は

$$C^{\mathrm{Isospin}} = \begin{pmatrix} 3 & -\sqrt{\frac{3}{2}} & \frac{3}{\sqrt{2}} & 0 \\ -\sqrt{\frac{3}{2}} & 4 & 0 & \sqrt{\frac{3}{2}} \\ \frac{3}{\sqrt{2}} & 0 & 0 & -\frac{3}{\sqrt{2}} \\ 0 & \sqrt{\frac{3}{2}} & -\frac{3}{\sqrt{2}} & 3 \end{pmatrix}, \tag{5.22}$$

となる．ここで非対角項は同じアイソスピンをもつチャンネル間の遷移を表す．表3.1で議論したように，$\bar{K}N \to \bar{K}N$ および $\pi\Sigma \to \pi\Sigma$ の対角相互作用がどちらも引力的である．また，表3.1の V_{WT} が示すように，K 中間子の質量も考慮すると，$\bar{K}N$ の相互作用の方が強い引力をもつ．ここで $\bar{K}N \to \pi\Sigma$ のような非対角なチャンネル結合を人為的に切ったZero coupling limit (ZCL)で計算すると，**$\bar{K}N$ チャンネルは閾値より下に束縛状態を作り，$\pi\Sigma$ は閾値より上に共鳴状態を作ることが示された** [160]. このように，対角相互作用によって $\bar{K}N$ と

$\pi\Sigma$ の閾値の間に 2 つの固有状態が存在し，チャンネル結合の効果で両者が混合して 2 つの共鳴極を導くという描像が成立する．上述のように，カイラル対称性で V_{WT} の性質（引力であること，およびその引力の強さ）が模型に依存せず決まっているため，2 つの共鳴極の起源はカイラル対称性に要請されたワインバーグ・友沢項の **2 つのチャンネルの引力**であるといえる．

2 つの共鳴極の存在は，ハドロン分光学において重要な意味をもつ．3.2.4 項でみたように，ハドロンは SU(3) の多重項で分類されるため，あるハドロンの存在は同じ J^P をもつ多重項のメンバーが近いエネルギーに存在することを示唆する．つまり，$J^P = 1/2^-$ をもつ Λ の励起状態が 2 つ存在するなら，（フレーバー 1 重項でなければ）$1/2^-$ をもった対応する N，Σ，Ξ が同じ数存在することが示唆される．また，2 つの極は観測される $\pi\Sigma$ スペクトルにも影響を与える．共鳴状態は一般に結合の強さがチャンネルごとに異なっており，式 (4.45) に示すように極の留数から結合の強さ g_i を見積もることができる．文献 [158] では，高いエネルギーの極は $\bar{K}N$ に強く結合し，低いエネルギーの極が $\pi\Sigma$ に強く結合することが示された．これはアイソスピン基底での極の起源（$\bar{K}N$ 束縛状態と $\pi\Sigma$ 共鳴）と整合的である．結合の強さの違いに起因して，散乱振幅 $T(\bar{K}N \to \pi\Sigma)$ と $T(\pi\Sigma \to \pi\Sigma)$ に対する 2 つの極の影響が異なっており，スペクトルの形は始状態に応じて変化することが示された．始状態の $\bar{K}N$ と $\pi\Sigma$ の重みは具体的な反応ごとに異なるため，**反応によって $\Lambda(1405)$ のスペクトルの形が異なる**ことを示唆する．実際に 5.2.2 項で示した実験では生成反応によってスペクトルが変わることも議論されているが，次節で議論するように生成反応でのスペクトルを議論する際には，アイソスピン干渉の効果やバックグラウンドとなる非共鳴散乱の寄与の見積もりなどを慎重に行う必要がある．

5.3.3 固有エネルギーの決定

ここでは現在 PDG に採用されている $\Lambda(1405)$ の極の位置を定量的に決定した研究 [110–113] を紹介する．これらの研究では NLO のカイラル SU(3) 動力学の枠組みが採用され，SIDDHARTA のデータを考慮した実験データを基に誤差解析が行われた．5.2 節で紹介したように，解析に利用できる実験データとしては以下のものがある：

(i) 弾性および非弾性チャンネルへの K^-p 散乱断面積 [117–124],
(ii) 閾値分岐比 [125, 126],
(iii) K 中間子水素のエネルギー準位のシフトと幅 [108, 109],
(iv) さまざまな生成反応での $\pi\Sigma$ 不変質量分布 [134–141].

全エネルギー W でのチャンネル j から i への散乱断面積 σ_{ij} は式 (5.16) の s 波散乱振幅 f_{ij} を用いて [8)]

$$\sigma_{ij}(W) = \frac{q_i}{q_j} 4\pi |f_{ij}(W)|^2, \tag{5.23}$$

と計算される．ここで $q_i = \sqrt{[W^2 - (M_i + m_i)^2][W^2 - (M_i - m_i)^2]}/(2W)$ は重心系でのチャンネル i の3元運動量の大きさであり，全エネルギー W とハドロン質量で決まる．閾値分岐比は，K^-p 閾値での断面積 $\sigma_{ij}(W = m_{K^-} + M_p)$ の組み合わせで与えられる．K 中間子水素のエネルギーシフト ΔE と幅 Γ と式 (5.5) によって関係する K^-p 散乱長 a_{K^-p} は，閾値での弾性散乱振幅を用いて

$$a_{K^-p} = f_{K^-p, K^-p}(W = m_{K^-} + M_p), \tag{5.24}$$

と定義される [9)]．このように，データ (i)–(iii) はすべて2体散乱振幅 T_{ij} (f_{ij}) と直接関係しており，振幅に対する**直接的な実験的制限**として用いることができる．一方で，$\pi\Sigma$ スペクトルは T_{ij} のみから計算することはできない．5.2.2項で議論したように，$\pi\Sigma \to \pi\Sigma$ 弾性散乱は実験的に実現できないため，$\pi\Sigma$ スペクトルは $\gamma p \to K^+(\pi\Sigma)$ や $pp \to K^+ p(\pi\Sigma)$ などの生成反応を用いて測定されてきた．この場合，不変質量分布は形式的に [10)]

$$\frac{d\sigma_i(M_I)}{dM_I} \propto \left| \sum_j T_{ij}(M_I) G_j(M_I) C_j \right|^2, \tag{5.25}$$

と計算される．ここで M_I は終状態である $\pi\Sigma$（チャンネル i）の不変質量であ

---

8) この表式では低エネルギーで無視できる p 波以上の寄与は含まれていない．

9) 散乱長については4.2.1項参照．本節での散乱長 a_0 の定義は，式 (4.28) に従い散乱振幅 $f_0(p)$ と $a_0 = f_0(p = 0)$ と関係する慣習を用いる．

10) この表式は終状態に存在する他のハドロン対の相互作用（たとえば $K^+\pi$ や $K^+\Sigma$ の相互作用）が考慮されておらず，近似的な表式であることに注意する．

る．係数 C_j は始状態チャンネル j の相対的な重みを決定する係数で，さまざまな運動学（全エネルギー，散乱角，M_I など）や個々の反応の性質に依存する．つまり，(iv) の $\pi\Sigma$ スペクトルは 2 体散乱振幅 T_{ij} に対する直接的な制限とならず，反応模型を用意して C_i を計算するか，C_i をパラメトライズして実験データの再現に使用するなど，T_{ij} 以外の要素を含めなければ理論的に計算することができない．

文献 [110, 111] では，NLO 項まで取り入れたカイラル SU(3) 動力学の枠組みを用いて，直接的な実験の制限 (i)–(iii) を用いて体系的な χ^2 解析が行われ，サブトラクション定数と LEC が決定された．既存のデータが $\chi^2/\mathrm{d.o.f} = 0.96$（自由度あたりの χ^2）で記述され，SIDDHARTA による K 中間子水素の測定が，散乱データ (i) と (ii) と矛盾なく説明できることが示された．これにより，以前の DEAR 実験 [161] が提起した散乱解析との定量的なずれ [162–166] が解消された（7.2.3 項参照）．さらに，データ (i) と (ii) のみを用いたほぼ同じ解析 [167] と比較すると，文献 [110, 111] の結果では閾値以下の散乱振幅の不定性が強く減少しており，SIDDHARTA の結果が $\Lambda(1405)$ の性質に非常に強い制限を与えることが明らかになった．また，ワインバーグ・友沢項 V_{WT} のみを相互作用カーネルに用いた模型も $\chi^2/\mathrm{d.o.f} = 1.12$ と良い記述を与えており，散乱振幅の本質的な部分はカイラル低エネルギー定理の要請によって決まっていることも明らかになった．文献 [112] の計算では，(i)–(iii) に加えて，$K^- p \to \eta\Lambda$ の散乱断面積 [168] と Ξ^- の質量に対応するエネルギーでの $\pi\Lambda$ 位相差 [169, 170]，さらに $\Sigma^+(1660) \to \pi^+\pi^-\Sigma^+$ 反応 [146] および $K^- p \to \pi^0\pi^0\Sigma^0$ 反応 [136] での $\pi\Sigma$ 不変質量分布の結果も含めた解析が行われた．また，メソン崩壊定数の扱いと結果の依存性について詳細に議論された．文献 [113] では，(i)–(iii) に加えて CLAS の光生成による $\pi\Sigma$ 質量分布が解析に利用された．(i)–(iii) の条件で得られた 8 つの解のうち，$\pi\Sigma$ 質量分布との比較から 6 つの解が棄却され，最終的に 2 つの解が得られることが示された．解析 [110–113] で得られた共鳴極の結果を表 5.2 と図 5.6 にまとめる．すべての解析が，このエネルギー領域に 2 つの極が存在することを示している．**$\boldsymbol{\Lambda(1405)}$ の極（$\boldsymbol{\bar{K}N}$ 閾値の近くの極）の位置の不定性は小さく**，実部が 1420 MeV 付近に収束していることがわかる．これは SIDDHARTA のデータが $\bar{K}N$ 閾値近傍の振幅を強く制限していることに

表 5.2　Λ(1405) と Λ(1380) の共鳴極 [16].

	Λ(1405) [MeV]	Λ(1380) [MeV]
文献 [110, 111] NLO	$1424^{+7}_{-23} - i26^{+3}_{-14}$	$1381^{+18}_{-6} - i81^{+19}_{-8}$
文献 [112] Fit II	$1421^{+3}_{-2} - i19^{+8}_{-5}$	$1388^{+9}_{-9} - i114^{+24}_{-25}$
文献 [113] solution #2	$1434^{+2}_{-2} - i\,10^{+2}_{-1}$	$1330^{+4}_{-5} - i\,56^{+17}_{-11}$
文献 [113] solution #4	$1429^{+8}_{-7} - i\,12^{+2}_{-3}$	$1325^{+15}_{-15} - i\,90^{+12}_{-18}$

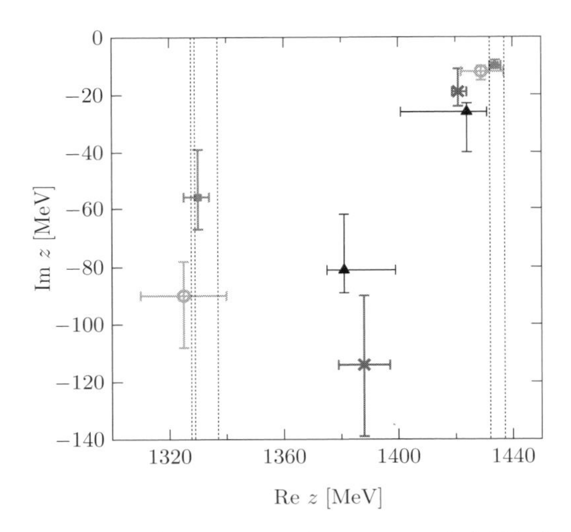

図 5.6　複素エネルギー z 平面での Λ(1405) と Λ(1380) の共鳴極 [16]. 三角，四角，十字，丸，はそれぞれ文献 [110, 111] (NLO model)，文献 [112] (Fit II)，文献 [113] (Solution #2)，文献 [113] (Solution #4) の結果を表す．点線はメソン・バリオンの閾値エネルギーで，左から順に $\pi^0\Sigma^0$, $\pi^-\Sigma^+$, $\pi^+\Sigma^-$, K^-p, $\bar{K}^0n$ の閾値に対応する．文献 [86] から引用．Reprinted from Prog. Part. Nucl. Phys. **120**, T. Hyodo and M. Niiyama, 103868 (2021), with permission from Elsevier.

よる．一方で **Λ(1380) の極**（$\pi\Sigma$ 閾値付近の極）は解析によって位置が異なっており，**定量的に極の位置を決定することが今後必要**とされている．

5.3.4　内部構造と複合性

ハドロンの最も基本的な性質である固有エネルギーの決定の次に問題となるのは**内部構造**の解明である．2.2.4 項で議論したように，標準的な構成子クォーク模型では Λ(1405) を uds の 3 クォーク状態の軌道角運動量励起として記述するが，クォーク・反クォーク対の生成を起こすことで，$uds q\bar{q}$ のような 5 クォーク状態や，$\bar{K}N$ などのハドロン分子状態にも励起できる．これらはすべて同じ量子数をもつため，現実の $\Lambda(1405)$ はナイーブには

$$|\Lambda(1405)\rangle \sim C_{3q}\,|uds\rangle + C_{5q}\,|udsq\bar{q}\rangle + C_{\bar{K}N}\,|\bar{K}N\rangle + \cdots, \tag{5.26}$$

と可能な構造の線形結合になることが期待される．しかし，この展開式はいくつか微妙な問題を含んでいる．まず，意味のある展開を行うためには，各成分が直交している必要があるが，$\bar{K}N$ はクォーク 5 つの状態とも考えられるので，$|udsq\bar{q}\rangle$ と $|\bar{K}N\rangle$ の直交性はあまり自明ではない．また，$\Lambda(1405)$ が不安定な共鳴状態であるために，展開すべき左辺の状態は 4.1.1 項で述べた一般化された固有状態となり，波動関数が遠方で発散するため通常の規格化ができない．一方で重み C_i の 2 乗の和が 1 となり，それぞれが確率として解釈できるためには，左辺の規格化が不可欠である．つまりハドロンの内部構造に対して意味のある議論をするためには，展開の基底と状態の規格化を丁寧に議論する必要がある．

上述の問題を回避できる方法として，ハドロンの**複合性 (compositeness)** の概念を用いた内部構造の議論が近年注目を集めている．複合性は，ワインバーグが重陽子の構造を議論した文献 [171] に端を発し，2000 年代からハドロン物理に応用され，さまざまなハドロンの構造が議論されている [115, 116, 172–178]（巻末の邦文参考書 (h) も参照）．まず，基底の直交性の問題は，**ハドロン自由度の状態のみで展開**することで解決する [11]．ハドロンは低エネルギー QCD の漸近状態なので，強い相互作用のハミルトニアンを $H = H_0 + V$ と自由ハミルトニアン H_0 とハドロン間相互作用 V に分離した場合，ハドロン自由度で表現した状態は自由ハミルトニアン H_0 の固有状態になる [12]．よって異なるハドロン自由度の状態は直交し，すべての状態を集めると完全系を形成できる：

$$1 = |\bar{K}N\rangle\langle\bar{K}N| + |\pi\Sigma\rangle\langle\pi\Sigma| + |\Lambda^*\rangle\langle\Lambda^*| + \cdots. \tag{5.27}$$

[11] クォーク自由度は QCD の漸近状態でないので，infinite momentum frame と呼ばれる特殊な慣性系以外ではフォック空間による展開 [179] ができず，一般には $|uds\rangle$ と $|udsq\bar{q}\rangle$ の直交性も示すことはできない．

[12] QCD から考える場合は，強い相互作用のうち，閉じ込めによってハドロンを形成する部分を除いたハドロン間の相互作用に寄与するもののみを V で表すと形式的に理解される [176].

ここで $|\Lambda^*\rangle$ は bare state に対応する1粒子状態で，省略記号には3粒子以上の多ハドロン状態も含まれる．厳密には $|\bar{K}N\rangle$ などの2粒子状態は相対運動量 $\boldsymbol{p}$ でラベルされる状態の積分で与えられる．ハミルトニアン H を分離する際の相互作用 V はハドロン間の相互作用であり，H_0 と V の分離は一意的ではなく，$|\Lambda^*\rangle$ のような1粒子状態の数や性質を決める不定性が存在する．分離の不定性が，後述する複合性の模型依存性の起源となっている．ここで $|\bar{K}N\rangle$ 以外の状態の寄与の和を形式的に $|\mathrm{others}\rangle$ と表記すると

$$1 = |\bar{K}N\rangle\langle\bar{K}N| + |\mathrm{others}\rangle\langle\mathrm{others}|, \tag{5.28}$$

と書ける．さらに，**ガモフベクトル (Gamow vector)** と呼ばれる状態を導入することで，遠方で発散する不安定状態の波動関数に対しても有限の内積を定義することができる [95]．この方法を用いると，不安定な $\Lambda(1405)$ に対しても

$$\langle\widetilde{\Lambda(1405)}|\Lambda(1405)\rangle = 1, \tag{5.29}$$

と規格化を行うことができる．以上より，

$$|\Lambda(1405)\rangle = C_{\bar{K}N}|\bar{K}N\rangle + C_{\mathrm{others}}|\mathrm{others}\rangle, \tag{5.30}$$

$$C_{\bar{K}N} = \langle\bar{K}N|\Lambda(1405)\rangle, \quad C_{\mathrm{others}} = \langle\mathrm{others}|\Lambda(1405)\rangle, \tag{5.31}$$

のように，不安定なハドロンに対し意味のある展開が可能になる．ここで複合性 X と「素粒子性」Z をそれぞれの成分の重みとして

$$X = C_{\bar{K}N}^2, \quad Z = C_{\mathrm{others}}^2, \quad X + Z = 1, \tag{5.32}$$

と定義すると，X は $\Lambda(1405)$ の波動関数中に **$\bar{K}N$ 複合的成分を見出す確率**，Z はそれ以外の成分を見出す確率と解釈できる．

複合性の議論にはいくつか注意が必要な点がある．第一に，ワインバーグのオリジナルの議論では $|\mathrm{others}\rangle$ が単一の1粒子状態で記述されており，Z は波動関数くりこみに対応していたため，歴史的経緯から素粒子性と呼ばれている．

現在では $|\mathrm{others}\rangle$ は注目しているチャンネル（今の場合 $\bar{K}N$）以外のすべての寄与を含むと解釈されており，特に，$\pi\Sigma$ の 2 粒子状態成分など，直感的に複合的と思われる成分も含まれることに注意する．つまり注目しているチャンネルの複合性以外のすべてが Z に含まれている．第二に，ガモフベクトルの導入により規格化が可能になったが，同時に式 (5.32) で重みが行列要素の絶対値 2 乗ではなく複素数の 2 乗になっているため，一般に**複合性 $\boldsymbol{X}$ は複素数**になる．安定な束縛状態であれば X と Z は重みの絶対値 2 乗で与えられるため非負実数であり，和則 $X+Z=1$ から $0\leq X\leq 1$ および $0\leq Z\leq 1$ が従うため確率として解釈できる．不安定状態の場合も複素数の X と Z に対して和則 $X+Z=1$ が成立するが，複素数を確率として解釈するためには何らかの処方箋が必要になる．文献 [115, 116] では

$$\tilde{X}=\frac{1-|Z|+|X|}{2},\quad \tilde{Z}=\frac{1-|X|+|Z|}{2}, \tag{5.33}$$

という量を定義する方法が提案された．定義より $0\leq\tilde{X}\leq 1$，$0\leq\tilde{Z}\leq 1$，$\tilde{X}+\tilde{Z}=1$ が従うため $\tilde{X}$ および $\tilde{Z}$ は確率として解釈することができ，X と Z が実数になる束縛状態の場合には $\tilde{X}=X$，$\tilde{Z}=Z$ と元の表式に帰着するため，束縛状態の一般化と考えることができる．さらに解釈の不定性 $U=|Z|+|X|-1$ を定義することで，不安定状態が束縛状態にどれくらい近いかを定量化することができる．最後に，複合性 X 自体は観測量ではなく，模型依存性を含んでいることに注意する．H の H_0+V への分離の方法（模型空間の選び方）により，X の値は変化しうる．つまり複合性 X は一般には模型依存の量である．

ハドロンの複合性 X の評価方法には，散乱振幅の留数から評価する方法と，弱束縛関係式を用いる方法の 2 種類がある．留数による評価は，散乱の T 行列の共鳴極の留数 g_i^2 とループ関数 G_i のエネルギー微分を用いて

$$X=-g_i^2\left.\frac{dG_i(W)}{dW}\right|_{W=z_R},\quad i=\bar{K}N, \tag{5.34}$$

と与えられる [173, 174]．極の留数から決まる結合定数 g_i は on-shell 散乱振幅から定義されるのでくりこみ不変であり，原理的には一意に決まる量である．一方，ループ関数 $G_i(W)$ のエネルギー微分は，ループ関数の正則化の方法や

カットオフの値などに応じて変化する．これは上述の X の模型依存性に対応する．つまり X の値はくりこみ手法（模型空間の設定）を指定したうえで初めて決まるといえる．一方で，s 波の閾値の近傍に存在する状態については，X の模型依存性が小さくなることが知られている．相互作用の到達距離を R_{typ} とし，閾値から測った固有エネルギー $E_R = z_R - m_i - M_i$ で決まる長さスケール $R = 1/\sqrt{-2\mu E_R}$ の絶対値が R_{typ} より十分大きい場合，散乱長 a_0 と R に対する弱束縛関係式 [115,116]

$$a_0 = R\left[\frac{2X}{1+X} + \mathcal{O}\left(\left|\frac{R_{\text{typ}}}{R}\right|\right) + \mathcal{O}\left(\left|\frac{l}{R}\right|^3\right)\right], \tag{5.35}$$

が得られる [13)]．ここで $l = 1/\sqrt{2\mu\nu}$ は崩壊チャンネルの閾値とのエネルギー差 ν から決まる長さスケールである．$|E_R|$ が十分小さければ $|R|$ が大きくなって誤差項が無視でき，複合性 X は観測量である散乱長 a_0 と固有エネルギー E_R から決定できる．一般に s 波閾値の近傍に存在する束縛状態の性質は，低エネルギー普遍性により強く制限される [180,181]．弱束縛関係式は低エネルギー普遍性の帰結を利用して，複合性 X を模型非依存に決定する方法だと理解できる [178]．

留数による複合性の評価は，共鳴極と閾値との位置関係によらず，どんな共鳴状態にでも適用できるが，模型に依存した結果しか得られない．逆に，弱束縛関係式の方法は，閾値近傍の状態に適用範囲が限定されるものの，模型に依存しない結果を得ることができる．表 5.3 に，PDG 記載の散乱振幅に基づいた $\Lambda(1405)$ の複合性の評価の結果を示す．まず，留数による評価と弱束縛関係式の結果を比較すると，文献 [110,111] の散乱振幅を用いた場合は，2 つの手法による複素数の複合性のずれは，実部も虚部も 0.1 以下であり，両者は近い値になっていることがわかる．また，文献 [112] の振幅を用いた場合，弱束縛関係式は $|X|= 0.92$ を与えるが，これは極の留数による評価の誤差の範囲に含まれている．この結果は，$\Lambda(1405)$ が $\bar{K}N$ 閾値に対して十分に弱束縛な系となっており，模型依存性を表す式 (5.35) の誤差項の絶対値が小さく，留数による評価

13) ここでの散乱長は $f_0(p) = [-1/a_0 - ip + \mathcal{O}(p^2)]^{-1}$ と定義されたものであり，メソン・バリオン散乱長の定義とは符号が異なることに注意する．

表 5.3 $\Lambda(1405)$ の $\bar{K}N$ 複合性 $X_{\bar{K}N}$.

散乱振幅	極の留数	弱束縛関係式
文献 [110,111] NLO	$X = 1.14 + 0.01i$ [182]	$X = 1.2 + 0.1i$ [115,116] $\tilde{X} = 1.0^{+0.0}_{-0.4}$ [115,116]
文献 [112] Fit II	$\lvert X \rvert = 0.82^{+0.36}_{-0.17}$ [177]	$X = 0.9 - 0.2i$ [115,116] $\tilde{X} = 0.9^{+0.1}_{-0.4}$ [115,116]

も弱束縛関係式に近い値を与えることを表している．つまり，低エネルギー普遍性により $\Lambda(1405)$ の $\bar{K}N$ 複合性 X の模型依存性が小さいと解釈できる．次に，弱束縛関係式の複素数の複合性を式 (5.33) を用いて実数化した結果 $\tilde{X}$ の中心値は，文献 [110,111] の散乱振幅では $\tilde{X} = 1.0$，文献 [112] の振幅では 0.9 となっている．散乱振幅による結果の違いは，実験の解析手法による不定性に対応するが，両者のずれは 0.1 程度であることから，この不定性も小さいとわかる．以上の結果，確率として解釈できる $\Lambda(1405)$ の $\bar{K}N$ 複合性 $\tilde{X}$ は模型依存性や解析の不定性を考慮しても 1 に近く，**$\boldsymbol{\Lambda(1405)}$ は $\boldsymbol{\bar{K}N}$ 分子的成分が支配的**であると結論できる．式 (5.35) の誤差項を見積もった不定性（表 5.3 の $\tilde{X}$ の不定性）を考慮しても複合性 $\tilde{X}$ は 0.5 より小さくなることはなく，$\Lambda(1405)$ の $\bar{K}N$ 分子描像が確立されたといえる．

5.3.5 格子 QCD と有限体積スペクトル

強い相互作用の低エネルギー現象を研究する強力な手法が**格子 QCD (lattice QCD)** 計算である．格子 QCD は，離散化された時空上での，QCD のゲージ不変性を尊重した非摂動的な定式化である [183]．ユークリッド化された時空を有限領域に限ると，経路積分がモンテカルロ法を用いて数値的に評価できるため [184]，物理量の期待値が非摂動的に計算でき，QCD の第一原理計算としてさまざまな応用がなされている [185–188]．

ハドロン分光学も格子 QCD の重要な応用の 1 つである．計算アルゴリズムとスーパーコンピュータの発展により，現在では基底状態のハドロンの質量が高精度で再現されている [189–192]．基底状態のハドロンの質量の計算は 2 点相関関数

$$\Gamma(\tau) = \langle O(\tau) O^\dagger(0) \rangle, \tag{5.36}$$

から求められる．ここで τ はユークリッド化された時空での虚時間で，O は興味のあるハドロンの量子数をもつ QCD の演算子であり，$\Gamma(\tau)$ はハドロンが時刻 0 で生成され，τ で消滅する過程を表している．しかし QCD による期待値は O と同じ量子数をもつすべての中間状態（1 粒子状態だけでなく複数ハドロンの複合系も含む）を生成するため，中間状態の完全系を挟むと，相関関数は

$$\Gamma(\tau) = \sum_n C_n e^{-E_n \tau}, \tag{5.37}$$

と分解される．n は中間状態を指定するラベルで，C_n と E_n は状態 n の重みとエネルギーを与えている．虚時間 τ が大きくなるにつれエネルギー E_n の大きい状態の寄与は抑制され，τ が大きい極限で基底状態の寄与 $C_0 e^{-E_0 \tau}$ のみが残る．有効質量と呼ばれる $M_{\text{eff}}(\tau) = \ln[\Gamma(\tau-1)/\Gamma(\tau)]$ を τ の関数としてプロットしたとき，十分に基底状態が支配的になれば $M_{\text{eff}}(\tau)$ は τ によらずに一定となり，基底状態の質量 E_0 を与える．

有効質量の方法は基底状態に対しては適用できるが，不安定状態である励起状態は崩壊チャンネルの閾値より高いエネルギーをもつため直接適用できず，格子上での散乱の情報をもつ 4 点相関関数から計算する必要がある．ただし，4.1.1 項で述べたように，無限体積では無限遠での境界条件がないため散乱状態は連続スペクトルになるが，格子 QCD 計算のように有限サイズの時空を考える場合は時空の端で何らかの境界条件が課されるため，散乱状態も離散スペクトルになる．つまり（有限の）格子上では厳密な意味での散乱・共鳴現象は実現されず，**無限体積での散乱の情報を有限体積の計算から引き出す方法**が必要になる．これまでに有限体積のエネルギー準位から無限体積の散乱位相差を求めるルッシャー (M. Lüscher) の方法 [193–196] や，波動関数からポテンシャルを求める HAL QCD の方法 [13] が開発され，さまざまなハドロン共鳴の性質が格子 QCD で調べられている [14, 15, 197].

$\Lambda(1405)$ をメソン・バリオン散乱で記述する格子 QCD 計算は残念ながらまだ実現されておらず，これまでの研究では有効質量を用いた解析が行われてき

た [198–203]．π の質量が重い従来の計算では $\Lambda(1405)$ に対応する低いエネルギーの状態が得られなかったが，π の質量が 156 MeV となる物理点に近い計算 [204] では，最も低いエネルギーの固有状態が 1.5 GeV 程度に得られており，$\Lambda(1405)$ に対応すると解釈されている．$J^P = 1/2^{\pm}$ および $3/2^{\pm}$ の Λ バリオンを体系的に調べた BGR collaboration の研究 [205] でも同様の結果が得られている．状態のフレーバー SU(3) 分解を行った解析 [206] では，$\Lambda(1405)$ に対応する状態の波動関数はフレーバー 1 重項成分が支配的であることが示された．文献 [207] では，文献 [204] と同じ設定で $\Lambda(1405)$ の磁気形状因子が運動量移行 $Q^2 \simeq 0.16$ GeV^2 の点で計算され，s クォークの磁気形状因子への寄与が物理点の近くではほとんど 0 になることが示された．非相対論的な量子力学では，複合粒子の磁気モーメント（磁気形状因子の $Q^2 = 0$ での値）は構成粒子のスピンと軌道角運動量の寄与で与えられる．軌道角運動量励起をもつ uds 状態は s クォークが磁気モーメントに有限の寄与を与えるのに対し，$\bar{K}N$ 分子状態であれば s クォークはスピンをもたない $\bar{K}$ に含まれており，$\bar{K}N$ の間に軌道角運動量がないため，s クォークからの磁気モーメントへの寄与は 0 となる．よって文献 [207] の格子 QCD の結果は $\Lambda(1405)$ の $\bar{K}N$ 分子描像と整合的である．

将来的には格子上で $\Lambda(1405)$ に結合するメソン・バリオン散乱を 4 点関数から評価する計算が実現されると期待される．理論的には，無限体積の散乱模型に有限体積の境界条件を導入することで，離散的なエネルギー準位を予言することができる．$\Lambda(1405)$ に関する**有限体積でのエネルギー準位**は，非相対論的な有効場の理論 [208]，ユーリッヒメソン交換模型 [209]，ハミルトニアン有効場の理論 [157]，カイラル SU(3) 動力学 [210–212] などで計算されてきた．一般に，有限体積でのエネルギー準位は相互作用の効果で自由な準位からシフトされるが，共鳴状態が存在する場合はシフトされる準位に加えて新たなエネルギー準位があらわれることが知られている．しかし文献 [212] では，有限体積での付加的なエネルギー準位は無限体積での散乱振幅の極とは対応しておらず，実エネルギーでの散乱振幅の振る舞いによって決まることが示された．具体的には，無限体積で位相差が $\pi/2$ を切る（4.2.2 項参照）場合に有限体積では新しくエネルギー準位があらわれる．$\Lambda(1405)$ の場合には $\pi\Sigma$ スペクトルのピークは 1 つだけで，対応する位相差が $\pi/2$ を切るのは 1 回のみなので，共鳴極が 2 つあってもエネルギー準位は1つしか増えない [212]. 以上の理論研究は将来的に格子 QCD で散乱計算が行われた際の結果の解釈に有用であると期待される.

5.4 $\bar{K}N$ 相互作用

原子核の性質を根源的に決めているのは構成要素である核子間にはたらく核力(1.3節参照)である. 同様に, 後の章で扱う K 中間子原子および K 中間子原子核の議論の基礎となるのは, K 中間子と核子の間の相互作用, **$\bar{K}N$ 相互作用**である. ここまででみたように, $\Lambda(1405)$ は $\bar{K}N$ 閾値の近傍に位置しており, その性質は $\bar{K}N$ 相互作用の強度と密接に関係している. 以下では SIDDHARTA の結果を考慮した現代的な $\bar{K}N$ 相互作用を中心に紹介する.

9.1節で述べるように, $\bar{K}N$ 相互作用は核力と定性的に類似した性質をもっているが, 微視的な相互作用機構は大きく異なっている. まず, 核力の長距離成分を記述する π 中間子交換が $\bar{K}N$ 相互作用では禁止される. これは, K 中間子が擬スカラー $(J^P = 0^-)$ であり, π 中間子交換に必要な $K\bar{K}\pi$ 結合が許されないためである. π 中間子交換が起きないために $\bar{K}N$ 相互作用は**核力より到達距離の短い相互作用**となる. また, よりエネルギーの低い $\pi Y = \pi\Sigma, \pi\Lambda$ チャンネルとの結合を適切に取り扱う必要がある. $\bar{K}N$ 相互作用の研究は, フレーバー SU(3) 対称性を課したベクトルメソン交換模型 [213] や, より拡張されたボソン交換に基づくユーリッヒポテンシャル [154, 214] などが提案されてきた.

現代的な相互作用は, 5.3.3項で述べた, さまざまな実験データを再現するように構築される. $\bar{K}N$ 散乱や $\pi\Sigma$ 不変質量分布などの実験データに加えて, SIDDHARTA による K 中間子水素の精密測定を含めて実験データを $\chi^2/\mathrm{d.o.f} \sim 1$ の精度で再現するポテンシャルが, 京都 $\bar{K}N$ ポテンシャル [215] および京都 $\bar{K}N$-$\pi\Sigma$-$\pi\Lambda$ ポテンシャル [216] である. これらはカイラル有効理論に基づく座標表示のポテンシャルで, 実験データを現実的核力と同等の精度で再現する.

京都 $\bar{K}N$ ポテンシャルは, 5.3節で紹介した NLO カイラル SU(3) 動力学 [110, 111] の散乱振幅に基づいている. 核力の場合と異なり, メソン・バリオン散乱のカイラル摂動論では, 相互作用を直接ポテンシャルに変換することができない．そのため文献 [160] で，メソン・バリオンカイラル動力学と等価な散乱振幅を与える座標表示ポテンシャルを構築する手法が開発された．ポテンシャル強度を相互作用カーネル V と関連づけ，エネルギー依存性を導入することで，カイラル SU(3) 動力学の散乱振幅を再現する座標表示の局所ポテンシャルが構築できる．この手法を用いて，NLO カイラル SU(3) 動力学と等価な 1 チャンネル**京都 $\bar{K}N$ ポテンシャル**が構築された [215]．ここでは結合チャンネルである πY チャンネルへの遷移の効果はフェッシュバッハ射影を用いてポテンシャルの虚部として取り入れられている．カイラル摂動論の微分結合の性質と，結合チャンネルを消去したことに起因して，ポテンシャル強度はエネルギー依存性をもつ．また，1 チャンネルポテンシャルとは独立に，チャンネル結合を陽に取り入れた**京都 $\bar{K}N$-$\pi\Sigma$-$\pi\Lambda$ ポテンシャル**が構築された [216]．結合する πY チャンネルを陽に取り扱うことで，エネルギー依存性は 1 チャンネルポテンシャルより緩やかなものとなり，ポテンシャル強度はチャンネルの足を添字としてもつ実行列として与えられる．1 チャンネルの京都 $\bar{K}N$ ポテンシャルとチャンネル結合の京都 $\bar{K}N$-$\pi\Sigma$-$\pi\Lambda$ ポテンシャルは，どちらも同じ散乱振幅を再現するので，波動関数の $\bar{K}N$ 成分に関しては等価な結果を与える．よって $\bar{K}N$ チャンネルの性質に注目する場合（K 中間子原子核や K 中間子原子の計算など）は 1 チャンネルポテンシャルを用いる方が計算が単純化できるが，陽なチャンネル結合効果が重要になる場合（K^-p 相関関数の計算など）はチャンネル結合ポテンシャルを使う必要がある．

座標表示ポテンシャルは変分原理に基づいた少数系の計算手法と相性が良いため，さまざまな応用が可能である．また，系の**波動関数の空間構造**が容易に得られることも利点である．図 5.7 に，$\Lambda(1405)$ の極のエネルギーでの $I=0$ の 1 チャンネルポテンシャルの実部と虚部を，そのポテンシャルで計算された波動関数 $\psi_{0,0}(r)$ を用いた密度分布 $\rho(r) = r^2|\psi_{0,0}(r)|^2$ とともに $\bar{K}N$ 間の相対距離 r の関数として示す．図より，ハドロンの典型的なサイズである ~ 1 fm の距離でポテンシャル強度はほぼ 0 となっているが，密度分布はより遠い距離まで広がって，有限の存在確率をもつことがわかる．つまり，**$\bar{K}$ と核子が互いの性質を保ちながらゆるく束縛して $\Lambda(1405)$ が形成される**という描像を支持する結果といえる．

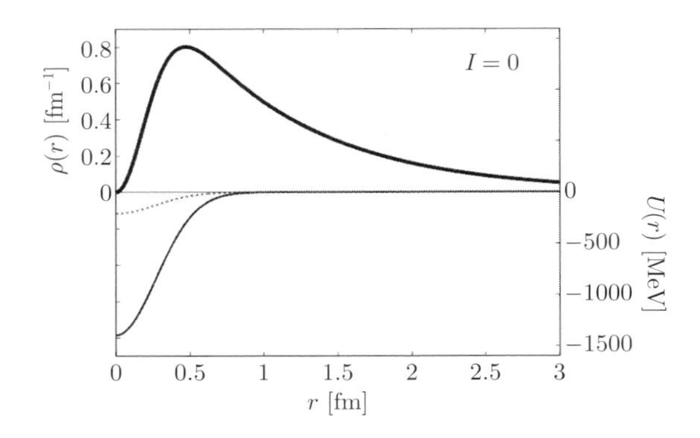

図 5.7　$\Lambda(1405)$ の極のエネルギー $1423.97-26.28i$ MeV での $\bar{K}N$ 密度分布 $\rho(r)$（太実線），京都 $\bar{K}N$ ポテンシャル $(I=0)$ の実部（細実線），京都 $\bar{K}N$ ポテンシャル $(I=0)$ の虚部（点線）．文献 [215] から引用．Reprinted figure with permission from [K. Miyahara and T. Hyodo, Phys. Rev. C **93**, 015201 (2016).] Copyright (2016) by the American Physical Society.

SIDDHARTA データを考慮した運動量表示による分離型相互作用の $\bar{K}N$ ポテンシャルも提案されている [217,218]．分離型相互作用はファデーエフ (L. D. Faddeev) 方程式に基づく少数計算との相性が良い．文献 [217] では，散乱振幅が $\Lambda(1405)$ に対して 1 つの極をもつように構成した $V^{1,\mathrm{SIDD}}_{\bar{K}N\text{-}\pi\Sigma}$ と 2 つの極をもつようにした $V^{2,\mathrm{SIDD}}_{\bar{K}N\text{-}\pi\Sigma}$ ポテンシャルが提案された．これらの計算では $\bar{K}N$-$\pi\Sigma$ のチャンネル結合は陽に取り込まれているが，$\pi\Lambda$ チャンネルは陽に含まれず結合定数の虚部で表現されている．文献 [218] では，カイラル低エネルギー定理を考慮した $V^{\mathrm{chiral}}_{\bar{K}N\text{-}\pi\Sigma\text{-}\pi\Lambda}$ が提案された．このポテンシャルは文献 [219] で構築されたワインバーグ・友沢相互作用の構造を基にしたエネルギー依存の分離型相

表 5.4　SIDDHARTA の K 中間子水素の結果を考慮した $\bar{K}N$ 相互作用による $\Lambda(1405)$ 共鳴極の比較．

相互作用	$\Lambda(1405)$ の極 [MeV]	$\Lambda(1380)$ の極 [MeV]
京都 $\bar{K}N$ [215]	$1424-26i$	$1381-81i$
京都 $\bar{K}N$-$\pi\Sigma$-$\pi\Lambda$ [216]	$1424-27i$	$1380-81i$
$V^{1,\mathrm{SIDD}}_{\bar{K}N\text{-}\pi\Sigma}$ [217]	$1426-48i$	–
$V^{2,\mathrm{SIDD}}_{\bar{K}N\text{-}\pi\Sigma}$ [217]	$1414-58i$	$1386-104i$
$V^{\mathrm{chiral}}_{\bar{K}N\text{-}\pi\Sigma\text{-}\pi\Lambda}$ [218]	$1417-33i$	$1406-89i$

互作用を利用し，$\bar{K}N$-$\pi\Sigma$-$\pi\Lambda$ のすべてのチャンネルが陽に取り込まれている．表 5.4 で，京都 $\bar{K}N$ ポテンシャルと分離型相互作用ポテンシャルから得られる $\Lambda(1405)$ の極の位置を比較する．この表より，分離型相互作用でも $\Lambda(1405)$ の極の実部は 1405 MeV より高い位置にあらわれることがわかる．この結果は極が 1 つしかない $V^{1,\mathrm{SIDD}}_{\bar{K}N\text{-}\pi\Sigma}$ でも同様であり，SIDDHARTA データを考慮することで $\Lambda(1405)$ の性質に強い制限がかかることがわかる．また，$\Lambda(1380)$ の極は，$\Lambda(1405)$ に比べ模型による位置の違いが顕著であり，この不定性を減らすことが今後の課題といえる．

第6章 エキゾチックなハドロン多体系

6.1 ハドロンの多体系

通常の原子核は陽子と中性子を構成要素としており，たった 2 種類の粒子の組み合わせから，数千を超える多様な構造が生み出される．原子核はすべて核子間の相互作用である核力によって**自己束縛系**が形成されている．一方で，現在までに観測されている 300 種を超えるハドロン [16] と核子との間にも相互作用がはたらく．ハドロン間相互作用の性質は QCD の非摂動的動力学を反映して非常に複雑であるが，もし核子との間に十分な引力がはたらくハドロンがあれば，陽子，中性子以外のハドロンを含む新たな強い相互作用による自己束縛系を形成する可能性がある．核子以外のハドロンを含む原子核は**エキゾチック原子核 (exotic nuclei)** と呼ばれ，さまざまな理論的予言やその実験的検証が行われている．エキゾチック原子核の研究には大きく 2 つの意義がある．1 つは，新たに加えたハドロンを原子核に対する不純物プローブとみなして，通常原子核の構造を理解する，という側面である．もう 1 つは，原子核を核媒質とみなし，プローブであるハドロンの核媒質中での性質変化を調べる，という側面である．

ハイペロン（ストレンジネスを持つバリオン，2.1.2 項参照）を原子核内に含む**ハイパー核 (hypernuclei)** [220,221] は，エキゾチック原子核の 1 つであり，ハイペロンと核子からなるバリオン多体系である．最も軽いハイペロンである Λ の発見から数年後の 1953 年に，Λ が原子核に束縛した Λ ハイパー核の弱崩壊が原子核乾板写真で見つかっている [222]．写真乾板のもつ数 μm から数 10 μm という他に類を見ない高位置分解能によってハイパー核事象が識別された．

その後，原子核の構成要素をバリオン8重項に拡張し，バリオン多体系をストレンジネス系に一般化する**ストレンジネス核物理**という研究の方向性が探究され，Λハイパー核を中心とするハイパー核の世界が，Σハイパー核，二重ラムダハイパー核などへと広がりを見せた．

核子多体系にストレンジネスを導入するもう1つの方法として，K中間子を原子核に束縛させる方向性も探索された．K中間子を用いたストレンジネス核物理は，バリオンとメソンとの多体系である**中間子原子核**という新たな研究対象をもたらすこととなった．現在ではK中間子以外にも擬スカラー中間子のηやη'が強い相互作用により原子核に束縛される可能性が指摘され，η原子核やη'原子核の探索が行われている．本章ではK中間子原子核以外のエキゾチック原子核研究の現状を概観し，ハドロン間相互作用に関する最近の進展を紹介する．K中間子を含む原子核については第7章以降でさらに詳しく議論する．

6.2　バリオン多体系としてのハイパー核

ハイペロンには，ストレンジネス$S=-1$，アイソスピン$I=0$のΛ，$S=-1$，$I=1$のΣ，$S=-2$，$I=1/2$のΞがあり，核子とともに基底状態のバリオン8重項を形成する（2.2.3項参照）．ハイペロンをYと表記すると，ハイパー核の基本相互作用としては，通常の核力（NN相互作用）に加えてYN相互作用が必要となる．さらにΛを2つ含む二重ラムダハイパー核 [223] に対しては，YY相互作用も必要となる．YN，YY相互作用は，核力をsクォークを含む3フレーバーに一般化したものであり，**一般化されたバリオン間力**を調べることによって，斥力芯の起源など核力の未解決問題への手がかりが得られると期待されている．また，中性子星のコア部などの高密度状態で，核物質の化学ポテンシャルが増加してYとNの質量差よりも大きくなると，ハイペロンが核物質の構成要素として出現する可能性が指摘されている．つまり，ハイペロン相互作用の研究は高密度など極限状態の原子核物質の研究とも関連している．核力は直接のNN散乱実験によって豊富な実験データが蓄積されているのに対して，YN，YY相互作用に関する2体の散乱データは限られているため，ハイパー核の研究を通じた YN, YY 相互作用に関する情報が重要となる．本節ではバリオン多体系としてのハイパー核物理の現状を簡単に紹介する（最近のレビュー論文としては文献 [220, 221] を参照）．

6.2.1 バリオン間相互作用とハイパー核分光

原子核物理の基礎が核力（NN 相互作用）であるように，ハイパー核研究の基礎となるのは **$\boldsymbol{YN}$ 相互作用**である．YN 相互作用は核力をストレンジネスセクターまで拡張したバリオン間相互作用の一般化と考えることができる．陽子と中性子の 2 つの粒子の組み合わせである核力に比べて，ハイペロンを含めるとバリオンは 8 種類になるため，バリオン間相互作用の粒子の組み合わせの数は多くなる．具体的に SU(3) 対称な極限では，バリオン 8 重項間にはたらくバリオン間力は式 (2.15) のように 6 種類の SU(3) 表現に分類され，それぞれの表現で独立な結合をもちうるため，相互作用の決定にはより多くの実験的情報を集める必要がある．

しかし，YN 相互作用の実験的研究は，NN 相互作用と同様にはいかない．式 (2.2) のようにハイペロンは弱い相互作用で崩壊するため，光速で運動する場合でも数 cm の距離で崩壊してしまう．したがって，NN 散乱実験とは異なり，YN 散乱実験では限られた数のハイペロンしかビーム（標的）として使用することができない．実際に，核力の散乱実験データの統計精度は数千点に及ぶのに対し，YN 散乱は百以下のレベルであり，測定範囲も限られていた．よって，従来は「現実的 YN 相互作用模型」を散乱データから構築するのは非常に困難であった．

そこで，**ハイパー核の分光実験**を行いハイペロンと原子核の束縛エネルギーを精密に決定し，理論計算と比較することで YN 相互作用の情報を引き出す研究が行われてきた．散乱実験で精密に決まった核力を基礎として多体系である原子核の性質を調べる通常原子核の研究と比較すると，YN 相互作用の研究はちょうど逆の方針で進められたことになる．現在までに Λ ハイパー核はバリオン数 $A=3$ から 208 までの領域に約 40 種類見つかっている．反バリオン $(\bar{p}, \bar{n}, \bar{\Lambda})$ のみからなる反ハイパー核（反 3 重陽子ハイパー核）なども発見されている [224]．観測された Λ ハイパー核の Λ 束縛エネルギー B_Λ（ハイパー核を Λ と残りの原

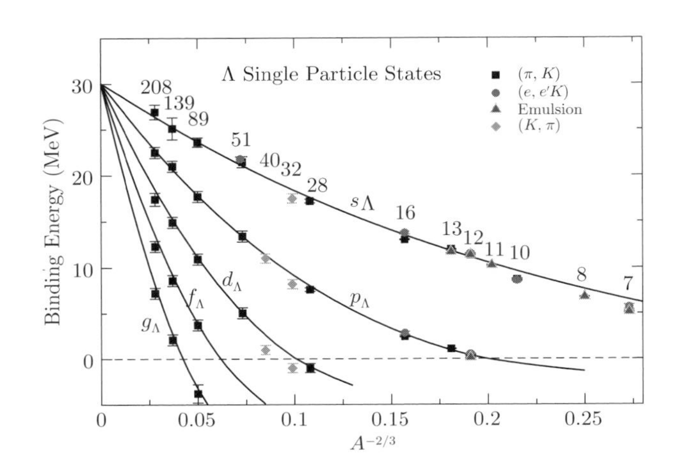

図 6.1 Λ 結合エネルギー．曲線はウッズ・サクソンポテンシャルで $V_0 = -30.05$ MeV, 半径 $R_B = 1.165A^{1/3}$ fm, ぼやけ度 $a = 0.6$ fm とした計算．文献 [221] より引用．Reprinted figure with permission from [A. Gal, E. V. Hungerford, and D. J. Millener, Rev. Mod. Phys. **88**, 035004 (2016).] Copyright (2016) by the American Physical Society.

子核に分離するのに必要なエネルギー）を質量数 $A^{-2/3}$ の関数としてプロットしたものが図 6.1 である．データがほぼ直線，つまり $B_\Lambda A^{2/3}$ が一定に近いことを示しているが，これは井戸型ポテンシャルなど，深さが一定の引力ポテンシャルの特徴と類似している．実際に，原子核の平均ポテンシャルとしてよく採用される**ウッズ** (R. D. Woods)**・サクソン** (D. S. Saxon) **ポテンシャル**を用いた計算（図 6.1 の実線）がデータを非常によく再現する．このことは，核子が作る**平均一体ポテンシャルに Λ が束縛**されてハイパー核が形成されるという描像がよく成り立つことを示している．

基底状態の Λ 束縛エネルギーは YN 相互作用の中心力部分の強さに対して制限を与える．これに対し，ΛN 相互作用に核子のスピン演算子 σ_N と Λ のスピン演算子 σ_Λ の内積 $\sigma_N \cdot \sigma_\Lambda$ に比例するスピン・スピン依存成分があると，Λ ハイパー核のエネルギー準位に微細構造が観測される．同様に，YN スピン・軌道相互作用があると，ハイパー核のエネルギー準位にスピン軌道分離 $V_{\rm LS}$ が観測される（図 6.2）．これらの寄与を分離測定することで，YN 相互作用のスピン依存性の情報を引き出すことができる．

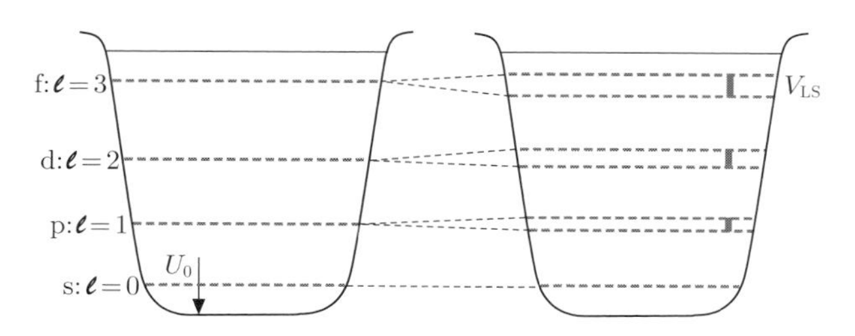

図 **6.2** Λ ハイパー核の励起準位の模式図．中心力のみの場合 (a) と中心力にスピン・軌道相互作用を加えた場合 (b).

6.2.2 ハイパー核研究の現状

現在までのハイパー核研究で確立した情報を以下にまとめる．

- **Λ ハイパー核**の核物質中での平均 1 体ポテンシャルの深さは約 30 MeV である．通常原子核でのポテンシャルの深さは約 50 MeV と知られており，Λ の場合のポテンシャルの深さは通常原子核の約 2/3 程度であることがわかる．これは，Λ を構成する uds クォーク（2.2 節のクォーク模型参照）のうち，s クォークが引力に寄与せず，核子と共通の ud からの寄与によって強度が 2/3 になると解釈できる．
- Λ ハイパー核のスピン軌道分離は非常に弱く核子の場合の 1%程度しかない．例として，${}^{13}_{\Lambda}$C の $p^{\Lambda}_{1/2}$ と $p^{\Lambda}_{3/2}$ 準位のエネルギー差は約 150 keV である．核力の場合は $\sim -30A^{-1/3}$ MeV 程度の強いスピン・軌道相互作用によって原子核の魔法数が説明されることと対照的である．
- 核力の場合と同様に，さまざまな YN 相互作用模型が提案されている．よく使われるものとして，ボソン交換に基づくナイメーヘン (Nijmegen) ポテンシャル [225, 226] やユーリッヒ (Jülich) ポテンシャル [227]，クォーククラスター模型に基づくポテンシャル [228] などが挙げられる．最近の進展については 6.4 節を参照.
- Σ バリオンが原子核に束縛した Σ ハイパー核は ${}^{4}_{\Sigma}$He 状態のみしか見つかっていない [229, 230]．これは，アイソスピン依存性の効果だと考えられている．Σ 原子核相互作用は中重核領域では斥力的と考えられている．

- 原子核に 2 個の Λ が束縛された二重ラムダハイパー核も原子核乾板中に発見されている．文献 [223] の結果は長良事象と呼ばれ，${}^{6}_{\Lambda\Lambda}\mathrm{He}$ が識別された．$\Delta B_{\Lambda\Lambda}$ と呼ばれる Λ-Λ 間の結合エネルギーが約 0.7 MeV であることが明らかになった [231]．
- Ξ が原子核に束縛した Ξ ハイパー核では束縛エネルギーが 4.38 ± 0.25 MeV の ${}^{15}_{\Xi^-}\mathrm{C}$ 原子核が見つかっており [232]，$\Xi^- N$ 相互作用は引力的であると考えられている．最近になって，束縛エネルギーが 6 MeV 程度とさらに深い ${}^{15}_{\Xi^-}\mathrm{C}$ 原子核が見つかり [233]，その解釈が議論になっている．

6.3　バリオンとメソンの多体系

バリオンを原子核に束縛させたハイパー核に対し，メソンを原子核中に束縛させると**中間子原子核**が形成される（巻末の邦文参考書 (q) 参照）．深く束縛された π 中間子原子の予言と発見 [234–236] に端を発し，η や η' など，さまざまなメソンを含む原子核が議論されている．中間子原子核の研究にはさまざまな側面があるが，原子核を核媒質とみなすことで，媒質中でのハドロンの性質変化とその起源を議論することができる．たとえば，**π 中間子原子**の精密測定 [237] により，核媒質中でカイラル凝縮の値が減少する**カイラル対称性の部分的回復**が示された．η 中間子原子核の研究では，ηN 系が負パリティ共鳴状態である $N(1535)$ と強く結合することが示唆されており，核媒質中での $N(1535)$ の性質を調べることができる．η' 中間子は QCD の $\mathrm{U}(1)_A$ 対称性の破れに関係するので，η' 原子核の研究から量子異常とカイラル対称性の回復の関係が調べられる．

η が原子核に束縛される可能性は文献 [238] で指摘され，(π^+, p) 反応の欠損質量を用いて実験的探索が行われたが，発見には至らなかった [239]．近年では η 原子核の生成に適した運動学的条件を考慮した反応機構の提案なども行われており [240]，これまでに ηd，$\eta^3\mathrm{He}$，$\eta^4\mathrm{He}$ などが実験的に探索されている [241–243]．

η 原子核研究の基礎となる ηN 相互作用の性質には，$J^P = 1/2^-$ の核子の励起状態である $N(1535)$ 共鳴が重要な役割を果たすと考えられている [244,245]．

まず，$N(1535)$ の共鳴極の実部は 1500–1520 MeV と得られており [16]，ηN 閾値 ($\sim$ 1487 MeV) に近い．また，$N(1535)$ の ηN への崩壊分岐比は 30–55%であり，πN への分岐比 32–52%と同程度となっている [16]．πN の方が閾値が遠く崩壊の位相体積が大きいことを考慮すると，$N(1535)$ は ηN と強く結合することが示唆される．さらに $N(1535)$ は基底状態の核子とカイラル変換で結びつくカイラルパートナーである可能性が指摘されている [246,247]．カイラルパートナー間の質量差はカイラル対称性の自発的破れの指標であるクォーク凝縮に比例するため，$N(1535)$ の核媒質中での性質変化からカイラル対称性の部分的回復の効果を調べることができる．

η' に対する核媒質効果の研究では，通常原子核密度 ρ_0 で 100 MeV 程度 η' の質量が減少するという計算 [248,249] もあり，η' 原子核が形成される可能性が議論された [250]．一方で，ボンの CBELSA/TAPS グループは，核内での η' の生成実験により，η' の光学ポテンシャル $U(r)$ を

$$U(r) = (V_0 + iW_0)\frac{\rho(r)}{\rho_0}, \tag{6.1}$$

$$V_0 = -39 \pm 7 \pm 15 \text{ MeV}, \quad W_0 = -[13 \pm 3 \pm 3] \text{ MeV}, \tag{6.2}$$

と決定した [251–253]．光学ポテンシャルの実部 V_0 は核媒質中での η' の質量減少に対応しており，この結果は引力ではあるものの小さい効果を示唆している．

η' 原子核の探索実験は，現在までに陽子ビームおよび光子ビームを用いて行われている．ドイツ GSI (Gesellschaft für SchwerIonenforschung) 研究所では，FRS (fragment separator) と呼ばれる高分解能ビームラインスペクトロメーターを使い，$^{12}\mathrm{C}(p,d)$ 反応による欠損質量法で η' 束縛状態の探索が行われた [254,255]．残念ながらバックグラウンドが多く，η' 原子核生成の信号は見つからず，生成断面積の上限が与えられた．新しい FAIR (Facility for Antiproton and Ion Research) 加速器施設において，陽子の同時計測を行うことにより，信号とバックグラウンドの比率を向上する実験が計画されている．SPring-8 の LEPS2 グループは，1.3–2.4 GeV の入射エネルギーをもつ光子ビームを用いて，$^{12}\mathrm{C}(\gamma,p)$ 反応の欠損質量スペクトルを BGOegg 検出器を用いて測定した [256]．バックグラウンドを抑制するため，前方に放出された欠損質量を定義する陽子

p に加えて，η' 原子核が崩壊する際に起こる $\eta' p \to \eta p_s$ 反応で横方向に放出される陽子 p_s を同時計測した．η' と η との質量差を利用し，非 π 中間子崩壊を選別することで，η' 中間子原子核の信号を増大させることが期待されたが，束縛領域にシグナル事象は観測されなかった．

6.4　ハドロン間相互作用研究の最近の進展

上述のように，散乱実験で精度の良いデータが得られる核力や πN 系とは対照的に，ストレンジネスを含むハドロン間相互作用を直接散乱実験で決定するには限界があった．しかし最近，実験的，理論的に新たな手法が開発され，ストレンジネス系でのハドロン間相互作用の情報が更新されつつある．本節では，特に YN 相互作用に関して進展のある 2 体散乱実験の精密化と QCD に基づいたハドロン間ポテンシャルの構築を解説し，多くの実験データが得られつつある高エネルギー衝突実験での 2 粒子相関関数の測定について，$K^- p$ 系への応用も含めて紹介する．

6.4.1　高精度散乱データの取得

YN 散乱実験のデータは液体水素泡箱を測定器として 1970 年代までに集められたものがほとんどで，その後は 6.2.1 項で議論したようにハイパー核分光の実験が中心となって行われてきた．しかし最近 J-PARC E40 実験によって，$\Sigma^- p$ 弾性散乱 [257] や $\Sigma^- p \to \Lambda n$ 反応 [258] の微分断面積，$\Sigma^+ p$ 弾性散乱微分断面積 [259] が測定された．Σ ハイパー核には束縛状態がほとんどないことが明らかになったため，少数 Σ ハイパー核の精密測定から ΣN 相互作用を決定することが難しく，散乱実験が不可欠となっている．従来の水素泡箱実験より精度の良い測定を行うために，以下に述べる実験技術の進歩が大きく貢献した．E40 実験では，液体水素標的を囲って CFT (cylindrical fiber tracker) が設置されている（図 6.3）．シンチレーションファイバーと MPPC (multi-pixel photon counter) と呼ばれる光センサーの導入により，従来の 5–10 倍となる 10^7/s の大強度ビームを利用した実験が可能となり，これまでの散乱データと質的に異な

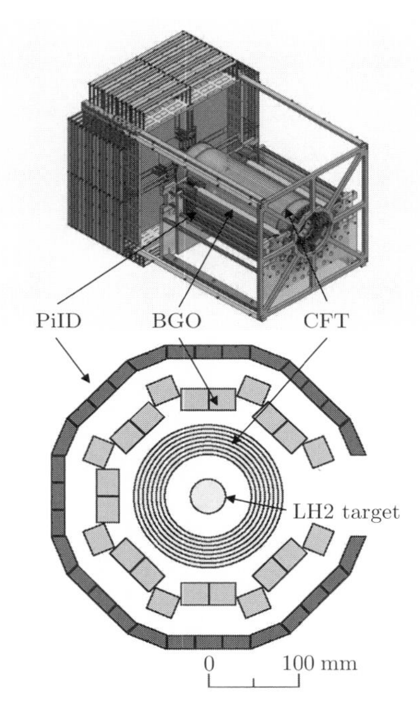

図 6.3　K1.8 ビームラインで使われた J-PARC E40 実験の検出器系．PiID，BGO，CFT，LH2 は，それぞれ π 識別ホドスコープ検出器，BGO カロリメータ検出器，円筒型ファイバー飛跡検出器，液体水素標的を表す．文献 [259] より引用．

る断面積データが得られている．また，米国 JLab (Thomas Jefferson National Accelerator Facility) の CLAS 実験でも，Λp 弾性散乱 [260] の測定が行われた．これらの測定は従来の水素泡箱データより統計精度も高く，広い範囲での角度依存性の情報も得られていることから，YN 相互作用に関する理論への新たな情報として今後重要になると期待される．

6.4.2　格子 QCD によるポテンシャル計算

理論研究では，1.3.5 項で紹介した核力の研究と同様に，YN 相互作用も QCD に立脚したカイラル有効理論 [261,262] や格子 QCD [263,264] による研究が進んでいる．特に，格子 QCD は質量の大きいクォークに対しては精度の良い計算が可能であるため，ストレンジネスを含むバリオン間相互作用の研究に威力を発揮する．たとえば，$\Lambda\Lambda$-$N\Xi$-$\Sigma\Sigma$ が結合するフレーバー 1 重項のバリオン間相互作用は，クォーク模型によって強い引力があると期待され，H ダイバリオンと呼ばれる束縛状態の存在が示唆されていた [265]．格子 QCD 計算では，クォーク質量が通常より重いセットアップではこのチャンネルの相互作用が束縛状態を生成するが [263]，物理的な質量（物理点と呼ばれる）での計算では束縛状態はあらわれないものの，$N\Xi$ 相互作用の強い引力の起源となることが示されている [264]．その他，${}^5\mathrm{S}_2$ チャンネルの $N\Omega$ 系 [266] や，${}^1\mathrm{S}_0$ チャンネルの $\Omega\Omega$ 系 [267] などに束縛状態が予言されており，実験での検証が期待されている．

6.4.3　高エネルギー衝突実験での 2 粒子相関関数

近年，高エネルギー衝突実験における **2 粒子運動量相関関数**の測定を通じて，ハドロン間相互作用の情報を引き出す**フェムトスコピー (femtoscopy)** と呼ばれる手法が注目を集めている．重心エネルギーが TeV 領域の重イオン衝突やハドロンが多重発生する陽子・陽子衝突では，衝突時に作られた高エネルギーのクォーク・グルーオンの放出源（ソース）からハドロンが統計的に生成，放出されるという描像が成り立つ [268–270]．生成されたハドロンは検出器に到達する前に終状態相互作用を起こすため，ハドロン対の運動量相関に 2 体相互作用の効果が反映される．運動量 $\boldsymbol{p}_1$ をもつハドロン 1 と $\boldsymbol{p}_2$ をもつハドロン 2 の運動量相関関数は，

$$C(\boldsymbol{q}) = \frac{N_{12}(\boldsymbol{p}_1, \boldsymbol{p}_2)}{N_1(\boldsymbol{p}_1)N_2(\boldsymbol{p}_2)}, \tag{6.3}$$

と与えられる．ここで $\boldsymbol{q}$ はハドロン対の相対運動量であり，重心系では $\boldsymbol{q} = \boldsymbol{p}_1 - \boldsymbol{p}_2$ となる．式 (6.3) の分子は粒子対が同時に測定される生成量 (N_{12})，分母は同じハドロン対をそれぞれ個別に観測する生成量の積 ($N_1 \cdot N_2$) であり，生成量の運動量積分が 1 になるように規格化されている．もしハドロン間の終状態相互作用がなければ，異なる種類のハドロン対の相関関数の値はすべての $\boldsymbol{q}$ で $C(\boldsymbol{q}) = 1$ となり，同種粒子のハドロン対の相関関数は量子統計性に起因する相関のみが生じる．よって，基準となる相関からのずれを詳細に測定することで，ハドロン間相互作用の効果を引き出すことが可能となる．

チャンネル結合がない場合の相関関数の理論計算にはクーニン (S. E. Koonin)・プラット (S. Pratt) 公式 [271,272]

$$C(\boldsymbol{q}) = \int d\boldsymbol{r} S(\boldsymbol{r}) |\Psi^{(-)}(\boldsymbol{q}, \boldsymbol{r})|^2, \tag{6.4}$$

が用いられる．ここで $S(\boldsymbol{r})$ はソース関数と呼ばれ，ハドロン対が放出されるソースの形状とサイズを表している．$\Psi^{(-)}(\boldsymbol{q}, \boldsymbol{r})$ は固有運動量 $\boldsymbol{q}$ をもつ相対座標 $\boldsymbol{r}$ のハドロン対の散乱波動関数であり，ハドロン間相互作用の情報を含んでいる [1)]．式 (6.4) により，ハドロン対の運動量相関 $C(\boldsymbol{q})$ の測定が 2 通りの目的に利用できることがわかる．2 体相互作用がよく調べられていて，信頼しうる波動関数 $\Psi^{(-)}(\boldsymbol{q}, \boldsymbol{r})$ が計算できる場合，$C(\boldsymbol{q})$ の測定からハドロン放出ソースの情報 $S(\boldsymbol{r})$ を引き出すことができる [273]．逆に，ハドロン放出ソースが別の方法で推定できる場合には，運動量相関の測定から 2 体相互作用の情報を含む $|\Psi^{(-)}(\boldsymbol{q}, \boldsymbol{r})|^2$ を調べることができる．

相関関数の測定では衝突で生成されるハドロンを利用するため，通常の散乱実験のように標的を用意する必要がない．また，それぞれの粒子の運動量 $\boldsymbol{p}_1, \boldsymbol{p}_2$ が大きくても，相対運動量 $\boldsymbol{q}$ の小さいハドロン対は低エネルギー散乱に対応するため，**直接散乱実験の難しいハドロン系の相互作用の情報**を引き出すのに適している．高エネルギー陽子・陽子衝突や重イオン衝突実験では，1 事象あたりに非常に多くのハドロンが生成されるのも大きな利点である．実際にバリオン間相互作用に関する測定が RHIC の STAR 実験や LHC の ALICE 実験で行われ，$p\Lambda$ 相関 [274] や $\Lambda\Lambda$ 相関 [274–276]，$p\Xi^-$ 相関 [277,278] などが測定されている（最近のレビュー論文として文献 [279] がある）．

一方で，フェムトスコピーの解析に関する系統誤差についても議論されている．通常の解析では球対称なソース関数 $S(|\boldsymbol{r}|)$ が用いられることが多いが，重イオン衝突などソースの形の非等方性が問題となるような反応では要検討とされる．また，式 (6.4) はハドロン対生成の時間依存性をハドロン対の静止系で積分することで得られるが [270]，有限の寿命をもったハドロン共鳴が反応の途

---

1) 通常の散乱問題を解く際には式 (4.19) のように入射波を 1 に規格化して S 行列を求めるが，相関関数の計算では終状態のハドロン対に対応する放出波の係数が 1 になるように規格化した波動関数 $\Psi^{(-)}$ を用いる．

中に生成されると，その寄与を考慮する必要が指摘されている．実際に，pp 衝突での 2 バリオン系について共鳴の崩壊の寄与が検証され，ガウス型のコアに共鳴の崩壊の寄与を表すテールを追加した共通のソース関数で記述できることが明らかになっている [280].

6.4.4　K^-p 相関関数

フェムトスコピーの手法は $\bar{K}N$ 相互作用の研究にも応用されている．文献 [281] で，$\sqrt{s}=5,7,13$ TeV での陽子・陽子衝突における K^-p 相関関数の測定が行われた．実際の測定では K^-p 対と反粒子である $K^+\bar{p}$ 対の結果を合わせたデータを用いる．図 6.4 に示すデータで注目すべきは，相対運動量が ~ 58 MeV にある相関関数の非単調な振る舞いで，これはちょうど $\bar{K}^0n\,(K^0\bar{n})$ の閾値のエネルギーに対応することから，**閾値カスプ**の効果と解釈される．K^-p と $\bar{K}^0n$ の閾値エネルギー差はアイソスピン対称性の破れに起因し，重心系のエネルギーでわずか 5 MeV 程度である．このエネルギー領域では技術的な困難から従来の散乱断面積のデータが少なく，精度も悪いためこれまで実験データで $\bar{K}^0n$ カスプは確認されたことがなかった．相関関数のデータは $\bar{K}^0n$ 閾値カスプが確認

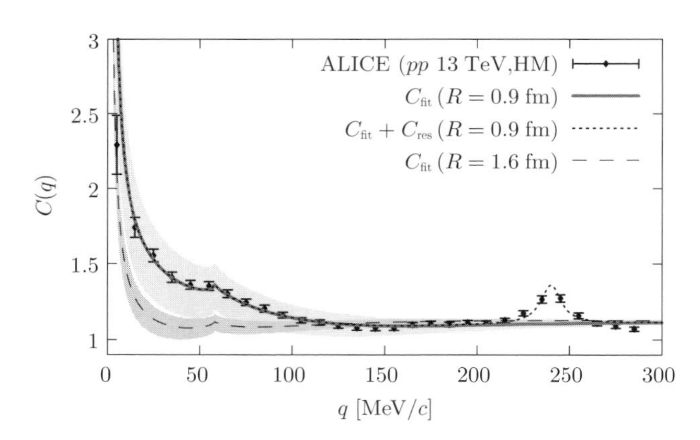

図 6.4　$\sqrt{s}=13$ TeV での陽子陽子衝突における K^-p 相関関数の理論計算（実線）．実験データは文献 [281] のもの．破線はソースサイズが大きい場合の相関関数の予言．文献 [284] から引用．Reprinted figure with permission from [Y. Kamiya *et al.*, Phys. Rev. Lett. **124**, 132501 (2020).] Copyright (2020) by the American Physical Society.

できるほどの精度があり，かつ $\bar{K}^0 n$ 閾値よりも低いエネルギー領域にもデータが存在することから，**低エネルギー $\bar{K}N$ 相互作用**に関する新たな制限を与えることが期待される．

K^-p 相関関数のようにチャンネル結合を含む場合の相関関数の理論計算には，拡張されたクーニン・プラット公式

$$C(\boldsymbol{q}) = \int d\boldsymbol{r} \sum_j \omega_j S_j(\boldsymbol{r}) |\Psi_j^{(-)}(\boldsymbol{q}, \boldsymbol{r})|^2, \tag{6.5}$$

が用いられる [282–284]．ここで $\Psi_j^{(-)}(\boldsymbol{q}, \boldsymbol{r})$ は波動関数のチャンネル j 成分で，$S_j(\boldsymbol{r})$ はチャンネル j の放出ソース関数である．ω_j はチャンネル j の相対重みを表す変数である．具体的に K^-p 相関関数を計算する場合は，$\omega_{K^-p} = 1$ として，K^-p 生成に対するチャンネル j の相対的な生成率が ω_j で表される．式 (6.5) の各 j は，始状態としてチャンネル j が生成され，強い相互作用で最終的に K^-p に遷移して検出されるチャンネル結合過程を表している．K^-p 相関のソース関数は，$K^+p\,(K^-\bar{p})$ の相関関数を用いて決定できる．K^+p 系は比較的相互作用が既知であるため，相関関数の測定からソース関数を推定することができる．さらに，統計的な生成であれば K^+p と K^-p の生成機構は類似していると期待できるため，K^+p のソース関数の情報を用いて K^-p のソース関数を見積もることができる．文献 [284] では，5.4 節で紹介したカイラル SU(3) 動力学に基づく京都 $\bar{K}N$-$\pi\Sigma$-$\pi\Lambda$ ポテンシャル [216] を用いて K^-p 相関関数が計算され，実験データと良い一致を見せることが示された（図 6.4 実線）．文献 [281] のデータは陽子・陽子衝突でソースサイズが $R = 0.9$ fm と小さい場合の結果であるが，理論的には重イオン衝突などを想定してソースサイズが大きい系での相関関数を予言することができる．図 6.4 の破線が示すように，ソースサイズを $R = 1.6$ fm と大きくすると低運動量で相関関数の増大が抑制され，かつチャンネル結合の影響が小さくなることが示された．この傾向は 2021 年に報告された，鉛・鉛衝突の実験結果 [285] と整合的である．ソースサイズ依存性の系統的な測定 [286] も行われており，これらのデータを用いた $\bar{K}N$ 相互作用の検証が今後期待されている．

第7章 K 中間子原子

K 中間子と原子核の束縛系は，束縛機構に基づいて K 中間子原子と K 中間子原子核の 2 種類に大別される（巻末の邦文参考書 (q) 参照）[1]．**K 中間子原子 (kaonic atoms)** は，負電荷をもつ K^- が主としてクーロン力によって原子核に束縛された系であり，典型的な束縛エネルギーは keV のオーダーで，数 10 fm を超える空間的サイズをもつ．**K 中間子原子核 (kaonic nuclei)** は強い相互作用に起因する $\bar{K}$ と原子核の束縛状態で，束縛エネルギーは数 10 MeV 程度，空間的サイズは数 fm 程度である [2]．本章では K 中間子原子についての実験と理論の現状を紹介し，K 中間子原子核の実験の現状は第 8 章で，理論研究は第 9 章でそれぞれ解説する．

7.1 水素原子と K 中間子原子

7.1.1 水素原子

まず水素原子の基本的な性質を復習する．水素原子は，正電荷をもつ陽子と負電荷をもつ電子がクーロン力で束縛した系である．電子と陽子の相対座標についてのシュレディンガー方程式で用いられる換算質量（4.1.1 項参照）は，電子の質量を m_e，陽子の質量を M_p として

[1] 2.1.2 項でも触れたように，K 中間子にはストレンジネス $S = +1$ の $K = \{K^+, K^0\}$ と $S = -1$ の $\bar{K} = \{K^-, \bar{K}^0\}$（反 K 中間子）がある．K 中間子原子核の議論では厳密には反 K 中間子 ($\bar{K}$) と原子核の系を考えるが，慣習として「K 中間子原子核」と呼ばれることが多い．

[2] ただし原子状態と原子核状態は量子数で区別できないため，典型的スケールを用いた便宜的な分類であることに注意する．両者の中間的な状態が存在してもよい．

$$\mu = \frac{m_e M_p}{m_e + M_p} \sim 511 \text{ keV}, \tag{7.1}$$

と有効数字 3 桁では電子の質量と変わらない．これは $m_e \ll M_p$ であるため陽子の運動が電子に比べて無視できることを表している．微細構造定数（1.1 節参照）を α として，相互作用がクーロンポテンシャル

$$V(r) = -\frac{\alpha}{r}, \tag{7.2}$$

の場合のシュレディンガー方程式 (4.5) はラゲールの陪多項式を用いて解析的に解くことができ，エネルギー固有値は

$$E_n = -\frac{\mu\alpha^2}{2}\frac{1}{n^2}, \tag{7.3}$$

と主量子数 $n = 1, 2, 3, \ldots$ を用いて表される．主量子数 n に対し，軌道角運動量 $\ell < n$ をもつ状態が縮退しているため，主量子数ごとの縮退度は n^2 となる．準位の表記法は，角運動量 $\ell = 0, 1, 2, 3, \ldots$ に対し，分光学的記法 $s, p, d, f, \ldots$ を対応させ，主量子数と合わせて $1s, 2s, 2p, \ldots$ という表記が使われる（図 7.1 左）．

$n = 1$ の基底状態（$1s$ 状態）のエネルギーを具体的に評価すると

$$E_1 = -\frac{\mu\alpha^2}{2} \sim -13.6 \text{ eV}, \tag{7.4}$$

となる．基底状態の波動関数の空間的広がりは**ボーア半径** a_B で与えられ，

$$a_B = \frac{1}{\mu\alpha} \sim 5.29 \times 10^{-11} \text{ m}, \tag{7.5}$$

となる．式 (7.4) と (7.5) が電磁相互作用による水素原子の特徴的なエネルギーと長さのスケールを与える．

陽子数 Z の原子核と電子からなる水素様原子の場合は，電子・原子核系の換算質量を用いたシュレディンガー方程式を使い，式 (7.2) で $\alpha \to Z\alpha$ と置き換えればよい．陽子より重い原子核の場合でも換算質量は電子質量で近似できるため，水素様原子のエネルギーは基本的に式 (7.4) の Z^2 倍，半径は式 (7.5) の $1/Z$ 倍になる．クーロン引力が強くなるため，束縛が深くなり，波動関数がコンパクトになると解釈できる．

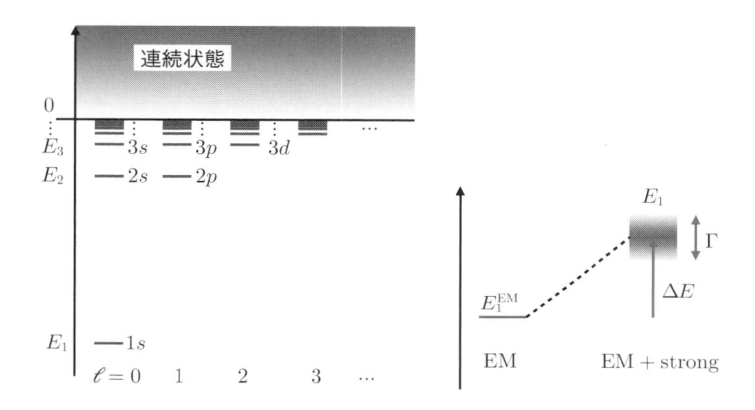

図 **7.1** 左：水素原子のエネルギー準位の模式図．右：K 中間子水素のエネルギーシフト ΔE と線幅 Γ の模式図．

7.1.2 K 中間子原子

K 中間子原子は負電荷をもつ K^- が，主にクーロン相互作用によって通常原子核に束縛された系である．7.1.1 項の水素原子の計算を応用して K^-p 系である K 中間子水素の性質を調べてみよう．まず K^-p 系の換算質量は

$$\mu_K = \frac{m_{K^-} M_p}{m_{K^-} + M_p} \sim 323 \text{ MeV}, \tag{7.6}$$

であり，K^- の質量 $m_{K^-} \sim 494$ MeV から有意にずれている．この理由は，電子の約 1000 倍の質量をもつ K 中間子に対しては，陽子の運動が無視できないためである．ただし，より重い原子核による K 中間子原子では，換算質量は K 中間子質量に漸近する．式 (7.6) の換算質量を用いると，電磁相互作用のみによる K 中間子水素の基底状態のエネルギーとボーア半径は

$$E_1^{\mathrm{EM}} = -\frac{\mu_K \alpha^2}{2} \sim -8.61 \text{ keV}, \tag{7.7}$$

$$a_B = \frac{1}{\mu_K \alpha} \sim 83.6 \text{ fm} = 8.36 \times 10^{-14} \text{ m}, \tag{7.8}$$

と得られる．K^- の質量が大きいために，式 (7.4) の通常の水素原子に比べ束縛エネルギーが大きく，半径が小さくなっていることがわかる．しかし基本的には**電磁相互作用で決まるスケール**であるため，強い相互作用の到達距離である

~ 1 fm よりは十分大きな長さスケールである.

K 中間子水素の波動関数の広がり (7.8) に比べて強い相互作用の到達距離は小さいため，陽子との強い相互作用がはたらく距離に K^- が存在する確率は無視でき，K 中間子水素のほとんどのエネルギー準位は電磁相互作用のみで決まる．しかし，K 中間子水素の基底状態の $1s$ 状態の波動関数は，短距離領域に有限の存在確率をもっているため，観測される基底状態のエネルギー E_1 は，電磁相互作用のみの結果 E_1^{EM} に対して

$$E_1 = E_1^{\mathrm{EM}} + \Delta E - \frac{i}{2}\Gamma, \tag{7.9}$$

のように**強い相互作用による補正**が生じる（図 7.1 右）. ΔE は固有エネルギーのずれである**エネルギーシフト**で，$\Gamma > 0$ は $K^- p$ から $\pi\Sigma$ や $\pi\Lambda$ への吸収遷移によって生じる**線幅**である．第 4 章で説明したように，吸収によって不安定状態となる K 中間子水素の固有エネルギーは複素数になる．$E_1^{\mathrm{EM}} < 0$ に注意すると，$\Delta E > 0$ は束縛エネルギーを小さくするので斥力的なシフト，$\Delta E < 0$ は引力的なシフトと呼ばれる．

ΔE と Γ は強い相互作用の性質を反映しているため，強い相互作用の物理量と関係づけることが求められる．π^- を原子核に束縛させた π 中間子原子の研究で，エネルギーシフト ΔE と線幅 Γ を 2 体散乱長 a_{K^-p} と関係づけるデザー・トルーマン公式

$$\Delta E - \frac{i\Gamma}{2} = -2\mu_K^2 \alpha^3 a_{K^-p} + \cdots, \tag{7.10}$$

が提案されている [127, 128]．K 中間子原子の場合には $K^- p$ と $\bar{K}^0 n$ の質量差などのアイソスピンの破れの効果が重要になるため，有効ラグランジアンの手法でアイソスピンの破れを取り入れる改良が文献 [129, 130] で議論された．改良した公式では ΔE と Γ が

$$\Delta E - \frac{i\Gamma}{2} = -2\mu_K^2 \alpha^3 a_{K^-p}\left[1 - 2\mu_K \alpha(\ln\alpha - 1) a_{K^-p}\right] + \cdots, \tag{7.11}$$

と与えられる [129, 130]．ここで省略部分は高次補正の影響を表している．文

献 [287] では $\ln\alpha$ を含む項の再総和によって，さらに改良した公式

$$\Delta E - \frac{i\Gamma}{2} = -\frac{2\mu_K^2\alpha^3 a_{K^-p}}{1+2\mu_K\alpha(\ln\alpha-1)a_{K^-p}} + \cdots, \tag{7.12}$$

が提案されている．a_{K^-p} は式 (5.24) のように K^-p 弾性散乱振幅の閾値での値 [3)] によって与えられるため，これらの公式を用いることで **K 中間子水素の実験的測定と理論的な 2 体散乱振幅を直接対応**させることができる．一方で，7.3 節で議論するように，少数系の場合は $\bar{K}N$ ポテンシャルを用いた少数計算で，直接 ΔE と Γ を求めることもできる．水素以外の質量数 A の原子核の作る K 中間子原子の場合には，換算質量を $\mu_K = m_{K^-}M_A/(m_{K^-}+M_A)$ として a_{K^-p} を K^- と原子核の 2 体散乱長 a_{K^-A} に置き換えることで同様の計算が可能である．

7.2 K 中間子水素の実験研究

K 中間子水素のエネルギー準位を決定する X 線分光実験は 1980 年ごろに開始され，K^-p 散乱データとの整合性が議論されつつ，2011 年の SIDDHARTA 実験の精密測定によって一段落を迎える．本節では初期の実験から現在に至るまでの測定結果の変遷を，実験技術の発展も含めて概観する．邦文参考書 (r) も参照．

7.2.1 K 中間子水素パズル

実験的に K 中間子水素のシフトと幅を測定するには，$2p$ から $1s$ への遷移 X 線 K_α を利用する．実験で測定された遷移 X 線のピークの中心エネルギーを $E^{\mathrm{exp}}_{2p\to1s}$ として，**遷移 X 線エネルギーのシフト**を

$$\epsilon_{1s} = E^{\mathrm{exp}}_{2p\to1s} - E^{\mathrm{EM}}_{2p\to1s}, \tag{7.13}$$

3) 厳密には式 (7.7) の束縛エネルギー E_1^{EM} 程度閾値より低いエネルギーでの散乱振幅の値であるが，強い相互作用のスケールに比べて K 中間子水素の束縛エネルギーは無視できるため，閾値の値で決まる散乱長を用いてよい．

と定義する．$2p$ 状態の波動関数の広がりは $1s$ に比べて 2 倍大きく，p 波の波動関数が原点で抑制されることから，$2p$ 状態のエネルギーは電磁相互作用のみで決まると期待できる．$E_{2p\to 1s} = E_2 - E_1$ であることに注意すると，ϵ_{1s} が式 (7.9) の固有エネルギーのシフト ΔE と

$$\epsilon_{1s} = -\Delta E, \tag{7.14}$$

と関係することがわかる．ΔE と符号が反対なので $\epsilon_{1s} > 0$ が引力的，$\epsilon_{1s} < 0$ が斥力的なシフトと解釈される．また遷移 X 線の線幅 $\Gamma^{\text{exp}}_{2p\to 1s}$ は $1s$ 状態の崩壊によってのみ生じるため，$1s$ 固有エネルギーの線幅 Γ と同定される：

$$\Gamma^{\text{exp}}_{2p\to 1s} = \Gamma. \tag{7.15}$$

K 中間子水素原子の遷移 X 線の測定は 1980 年代に文献 [288–290] で行われ，$\epsilon_{1s} > 0$ の引力的なシフトが得られていた．公式 (7.10) を用いると，$\epsilon_{1s} > 0$，つまり $\Delta E < 0$ の場合，散乱長の実部は

$$\text{Re}\ a_{K^-p} > 0, \tag{7.16}$$

となる．一方で当時の K^-p 散乱の解析 [84] では

$$a_{K^-p} \sim -0.67 + 0.64i \text{ fm}, \tag{7.17}$$

と散乱長の実部の符号が負であった．この結果に公式 (7.10) を用いると $\epsilon_{1s} < 0$ の斥力的シフトが得られ，K 中間子水素の測定と定性的に矛盾する結果となっている．K 中間子水素の測定と散乱データの解析の間の矛盾は ***K* 中間子水素パズル**と呼ばれていた．

7.2.2 KEK-PS E228 実験

K 中間子水素パズルは，1995 年，高エネルギー加速器研究機構の陽子シンクロトロン (KEK-PS) における E228 実験 [291,292] で解決された．E228 実験で

は圧力 4 気圧，温度 100 K の水素ガス（密度 0.94×10^{-3} g/cm^3）に K^- ビームを静止吸収させた．水素の密度が高いほど K^- を静止させる効率は上がるが，一方でシュタルク (J. Stark)[4] 効果のために K^- を損失する割合が増加するため[5]，水素密度の最適化が重要になる．また，ビームの主成分である π^- からのバックグラウンドを除去するため，有感面積 200 mm^2 をもつ 60 個の半導体検出器 Si(Li) を水素ガス中に導入した．Si(Li) は 290 ± 10 ns の時間分解能をもつため，π ビームの寄与を除去し効率よく K 中間子水素の X 線を測定することができる．Ti の蛍光 X 線を較正に使うことで，X 線のエネルギー分解能 407 ± 7 eV が達成された．吸収反応 $K^- p \to \Sigma^\pm \pi^\mp$ およびそれに続く $\Sigma^\pm \to n\pi^\pm$ で放出される 2 個の荷電 π 中間子を測定することで，バックグラウンドが除去された．

以上の工夫により，図 7.2 左に示す X 線スペクトルが観測された．K_α X 線のピークが明瞭に見えており，得られた X 線のエネルギーシフトと幅は

$$\epsilon_{1s} = -323 \pm 63(\text{stat.}) \pm 11(\text{syst.})\ \text{eV}, \tag{7.18}$$

$$\Gamma = 407 \pm 208(\text{stat.}) \pm 100(\text{syst.})\ \text{eV}, \tag{7.19}$$

である．これは散乱データの解析から求めた式 (7.17) と整合的であり，**散乱実験と $\boldsymbol{K}$ 中間子水素の測定が初めて定性的に一致**したことになる（図 7.2 右）．K 中間子水素の斥力シフトの物理的解釈は，$\Lambda(1405)$ 共鳴の存在と関係している．第 5 章で述べたように，$\bar{K}N$ 間の強い相互作用で $\Lambda(1405)$ が閾値下に形成されるが，電磁相互作用による K 中間子水素の状態は同じ量子数をもつ $\Lambda(1405)$ との準位反発により束縛エネルギーが小さくなり，見かけ上斥力的なシフト ($\Delta E > 0$, $\epsilon_{1s} < 0$) が観測されている．つまり K 中間子水素の「斥力シフト」というのは $K^- p$ 間の強い相互作用が斥力的であることを意味しているのではなく，強い引

---

[4] 1919 年ノーベル物理学賞を受賞．

[5] シュタルク効果は，量子力学で縮退がある場合の摂動論の応用として扱われるように，外部電場のかかった原子において，角運動量 ℓ は異なるが同じ主量子数 n をもつエネルギー準位が混合する効果である．K^- を静止吸収させる実験では，K^- は最初に励起状態に捕獲され，脱励起を経て最終的に K_α（$2p \to 1s$ の遷移）X 線を放出する．水素の密度が上がると，シュタルク効果によって脱励起の過程で K^- が失われ，K_α X 線の収量が減ることが文献 [293] などで示されている．

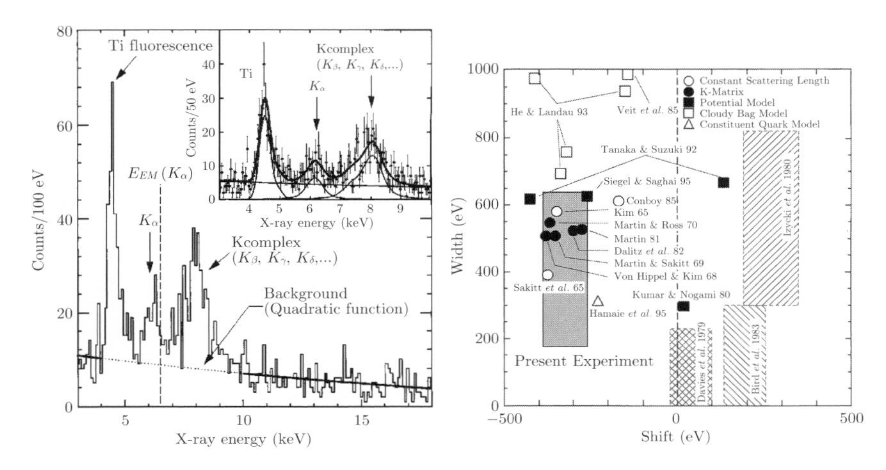

図 **7.2** 左：KEK-PS E228 実験で得られた X 線スペクトル．$E_{EM}(K_\alpha)$ で示される破線は電磁相互作用のみでの K_α X 線のエネルギー位置，K_α と矢印で示されているのが，E228 で得られた X 線のエネルギー位置．右：KEK-PS E228 実験で得られた K_α 遷移 X 線のエネルギーシフトと幅．過去の測定値および低エネルギー散乱の解析結果と比較されている．どちらも文献 [291] から引用．Reprinted figure with permission from [M. Iwasaki *et al.*, Phys. Rev. Lett. **78**, 3067 (1997).] Copyright (1997) by the American Physical Society.

力がはたらき原子の基底状態よりも下に強い相互作用による準束縛状態が存在していることを示している．

7.2.3 DEAR 実験

K 中間子水素パズルは E228 実験で定性的に解決したものの，定量的にはシフトと幅の不定性はまだ大きく，より精密な測定が望まれていた．2.3.6 項で紹介したイタリアの DAΦNE では，電子・陽電子衝突の重心エネルギーを ϕ 生成に設定することで，$\phi \to K^+K^-$ 崩壊によるエネルギーの揃った低エネルギー K^- ビームが利用できる．これを利用し DEAR (DAΦNE Exotic Atom Research) 実験では圧力 2 気圧，温度 25 K の水素ガス中に効率よく K^- を静止させ，K 中間子水素の X 線測定が行われた [161]．16 個の CCD 素子を用いた X 線の測定によって，全有効面積 116 cm^2 がカバーされた．各 CCD 素子はサイズ $22.5 \times 22.5\ \mu\mathrm{m}^2$ のピクセルを 1242×1152 個使用しており，6 keV の X 線に対

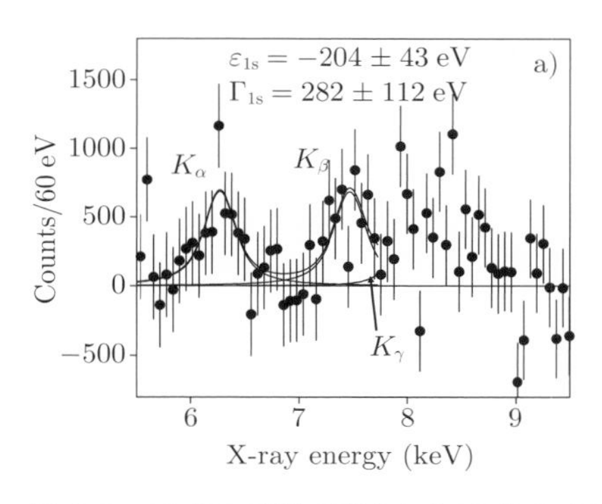

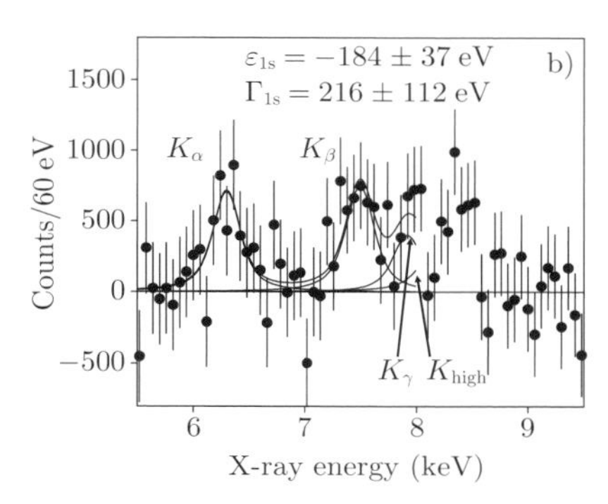

図 7.3 DEAR 実験で得られた X 線スペクトル．a) と b) は異なる解析手法での結果．文献 [161] から引用．X 線エネルギー 6.3 keV 付近に K_α X 線ピークが観測された．Reprinted figure with permission from [G. Beer *et al.* (DEAR Collaboration,), Phys. Rev. Lett. **94**, 212302 (2005).] Copyright (2005) by the American Physical Society.

して 150 eV の高エネルギー分解能を達成した．

DEAR 実験で得られた X 線スペクトルを図 7.3 に示す．バックグラウンドの見積もりの異なる 2 つの独立な解析が行われ，両方の結果を考慮して，最終的なエネルギーシフトと幅は

$$\epsilon_{1s} = -193 \pm 37(\text{stat.}) \pm 6(\text{syst.})\ \text{eV}, \tag{7.20}$$

$$\Gamma = 249 \pm 111(\text{stat.}) \pm 30(\text{syst.})\ \text{eV}, \tag{7.21}$$

と得られた．分解能が向上したことで，KEK-PS E228 実験と比べて誤差の小さな結果となっており，斥力的シフトであるという定性的な結果も一致している．しかし当時の散乱データの解析と比較すると，DEAR の結果は**定量的なずれ**があり，さらなる検証が必要とされていた [162–166]．

7.2.4 SIDDHARTA 実験

定量的な散乱データとの不一致は 2011 年に SIDDHARTA (SIlicon Drift Detector for Hadronic Atom Research by Timing Application) 実験 [108, 109] によって最終的に解消された．SIDDHARTA 実験も DAΦNE で行われ，圧力 0.1 MPa，温度 23 K の水素ガス（密度 1.3×10^{-3} g/cm^3）が標的として用いら

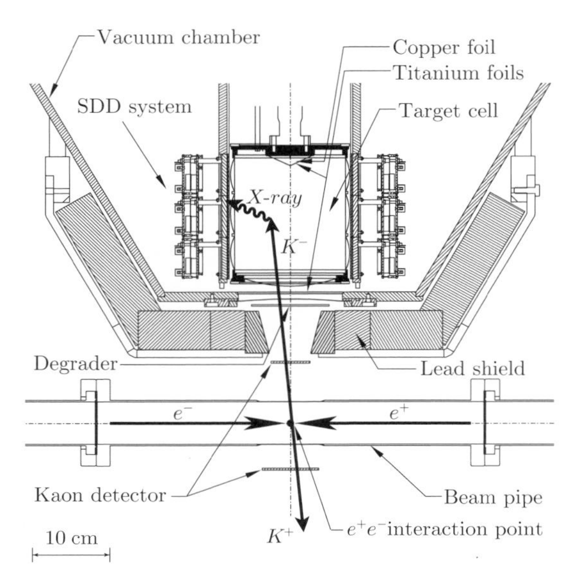

図 7.4　SIDDHARTA 実験の実験セットアップ．文献 [108] から引用．

表 7.1　K 中間子水素 X 線測定の比較．

実験	KEK-PS E228	DEAR	SIDDHARTA
X 線測定器	Si(Li) 60 個	CCD 16 個	SDD 144 個
時間分解能	290 ± 10 ns	なし	1 μs
エネルギー分解能	407 ± 7 eV	150 eV (@ 6 keV)	183 eV (@ 8 keV)

れた．図 7.4 に SIDDHARTA の実験セットアップを示す．X 線の検出には 1 cm^2 で厚さ 450 μm の SDD (silicon drift detector) を 144 枚使用し，8 keV の X 線に対し 183 eV の高分解能が達成された．表 7.1 に KEK-PS E228，DEAR，SIDDHARTA の X 線測定の比較を示す．SIDDHARTA と DEAR の最も大きな違いは，SDD が**時間分解能**をもつことである．DEAR では K 中間子入射のタイミングと関係なく X 線を測定していたため，シグナルのスペクトル（図 7.3）を得るには大量のバックグラウンドをスペクトルから差し引く必要があった．SIDDHARTA では e^+e^- の衝突点の 6 cm 上下に 1.5 mm 厚のプラスチックシンチレーター（図 7.4 の Kaon detector）を配置し，K 中間子が標的に入ったタイミングでの X 線のみを記録することで，偶然バックグラウンドを除去し

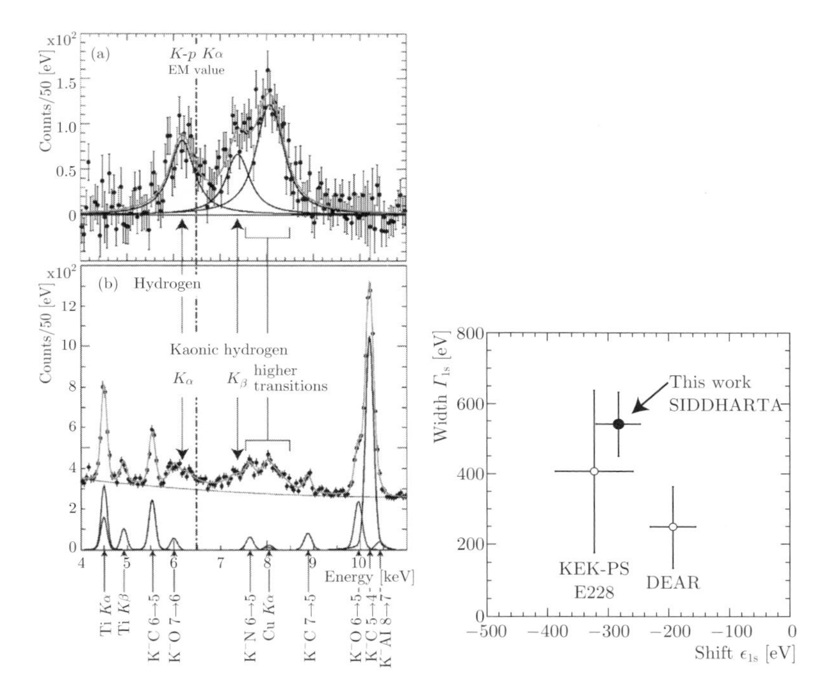

図 7.5 左：SIDDHARTA 実験で得られた X 線スペクトル．文献 [109] から引用．K_α EM value で示される破線は電磁相互作用のみでの K_α X 線のエネルギー位置，K_α と矢印で示されているのが，観測された K_α X 線のエネルギー．(a)：バックグラウンドを差し引いた結果のスペクトル．(b)：測定されたエネルギースペクトル．右：KEK-PS E228，DEAR，SIDDHARTA の K 中間子原子の結果の比較．文献 [108] から引用．

S/N 比を大きく改善することができた．

結果として得られたスペクトルを図 7.5 左に示す．ここから得られるシフトと幅は

$$\epsilon_{1s} = -283 \pm 36(\text{stat.}) \pm 6(\text{syst.})\ \text{eV}, \tag{7.22}$$

$$\Gamma = 541 \pm 89(\text{stat.}) \pm 22(\text{syst.})\ \text{eV}, \tag{7.23}$$

となり，現在最も精度の良い測定となっている．また，図 7.5 右に KEK-PS E228，DEAR，SIDDHARTA のシフトと幅の比較をまとめる．SIDDHARTA では DEAR と異なる値が得られており，上述の散乱データとの不一致の解決

が期待される．実際に 5.3.3 項で紹介したように，文献 [110, 111] の解析などで **SIDDHARTA の結果は散乱データと矛盾なく**説明できることが示され，DEAR で提起された定量的な散乱長の整合性の問題が解決された．さらに，小さい測定誤差により K^-p 散乱長に強い制限を与えることから，現代的な $\bar{K}N$ 相互作用を構築する際には SIDDHARTA の結果を用いることが必須と考えられている．

7.3 K 中間子原子の理論計算

K 中間子原子の理論計算はさまざまな手法で行われている．現在では粒子数が数個の少数系のシュレディンガー方程式は，数値的に精密に解く手法が開発されている．しかし，K 中間子原子の計算では電磁相互作用と強い相互作用というスケールの異なる 2 つの相互作用を同時に扱う必要があるため，現時点では 3 体系である K 中間子重水素より大きい系には厳密計算は適用できていない．本節では K 中間子水素，K 中間子重水素の少数厳密計算の結果と，光学ポテンシャルを用いた重い K 中間子原子の体系的な研究の結果を紹介する．

7.3.1 K 中間子水素

K 中間子水素のエネルギーシフトと崩壊幅は，7.1.2 項で紹介したデザー・トルーマン公式およびその改良を用いて，K^-p 散乱長 a_{K^-p} に変換することができる．a_{K^-p} はアイソスピン基底での $\bar{K}N$ 散乱長 a_I と

$$a_{K^-p} = \frac{1}{2}(a_{I=0} + a_{I=1}) + \cdots, \tag{7.24}$$

という関係にある．省略記号はアイソスピン対称性の破れに起因する補正であり，閾値の近傍では無視できない寄与があることに注意する．異なるアイソスピン成分の相互作用は独立なので，a_{K^-p} の決定は 2 つのアイソスピンチャンネルの相互作用に均等に制限を与える．

デザー・トルーマン公式はあくまで近似公式であり，高次項の寄与が無視されている．一方で，K 中間子水素は 2 体系の束縛状態なので，強い相互作用と電磁

表 7.2 京都 $\bar{K}N$ ポテンシャルを用いた K 中間子水素のエネルギーシフト ΔE と幅 Γ の比較．クーロン相互作用を含めてシュレディンガー方程式を解いた厳密解と，強い相互作用のみで計算した散乱長 a_{K^-p} をデザー・トルーマン公式に代入した結果．δ は式 (7.25) による厳密解との固有エネルギーのずれを表す．

	ΔE (eV)	Γ (eV)	δ (eV)
公式 (7.10)	272	734	64
公式 (7.11)	293	596	11
公式 (7.12)	284	605	1
厳密解	283	607	–

相互作用両方を含むポテンシャルであっても比較的容易に解くことができる [6)]．数値的なシュレディンガー方程式の解を利用すれば，公式 (7.11) と (7.12) の近似の精度を具体的に検証することができる．5.4 節で導入した現実的な $\bar{K}N$ 相互作用である京都 $\bar{K}N$ ポテンシャル [215] を用いた検証の結果を表 7.2 に示す．まず，強い相互作用とクーロン相互作用を含んだシュレディンガー方程式を数値的に解くことで厳密解が得られる [294]．また，強い相互作用のみで計算した散乱振幅から得られる散乱長 $a_{K^-p} = -0.66 + i0.89$ fm を公式 (7.10)，(7.11) および (7.12) に代入するとそれぞれの公式による結果を得ることができる．近似の精度を定量化するため，厳密解との固有エネルギーのずれの絶対値を

$$\delta = \left| \left(\Delta E - \frac{i\Gamma}{2} \right)_{\text{厳密解}} - \left(\Delta E - \frac{i\Gamma}{2} \right)_{\text{公式}} \right|, \qquad (7.25)$$

と定義する．結果の表 7.2 をみると，散乱長の 1 次で書かれる公式 (7.10) では厳密解から数 10 eV 程度ずれた結果になるが，改良を加えるごとに厳密解に近づき，**再総和を考慮した式 (7.12) は良い精度（ずれが 1 eV 程度）で厳密解を再現**することがわかる．このように，K 中間子水素については改良されたデザー・トルーマン公式は定量的に有用であることがわかる．

なお，厳密解の結果が 7.2.4 項での SIDDHARTA の実験値の誤差の範囲に含まれていることも確認できる．京都 $\bar{K}N$ ポテンシャルを構築する際には，まず公式 (7.11) を用いてカイラル SU(3) 動力学の散乱振幅 [110, 111] が構成され，その散乱振幅を再現するようにアイソスピン基底のポテンシャルが構築さ

6) ただし崩壊をする準束縛状態なので，境界条件の扱いなどには注意が必要になる．

れた [215]．これらのステップで生じる誤差は MeV の精度で議論される K 中間子原子核の計算に対しては問題ないが，eV の精度が必要とされる K 中間子原子に応用した場合，ポテンシャルの厳密解が正しく実験値を再現するかは必ずしも自明ではない．表 7.2 の結果は，現在の実験精度と比較して，京都 $\bar{K}N$ ポテンシャルが K 中間子原子の少数計算に十分適していることを定量的に示している．

7.3.2　K 中間子重水素

次に K^- を重陽子に束縛させた K 中間子重水素を考える．重陽子は陽子と中性子が $I=0$ に組まれているため，アイソスピン分解を行うと，K 中間子重水素では $I=0$ と $I=1$ の $\bar{K}N$ 対の比が 1:3 になっている（9.2.1 項の議論参照）．よって K 中間子重水素の測定は，$I=1$ の $\bar{K}N$ 相互作用に強い制限を与えると期待される．実験的な K 中間子重水素の測定は，DAΦNE での SIDDHARTA-2 実験 [295] および J-PARC E57 実験 [296] が計画されている．

理論的な K 中間子重水素の解析は，K^-pn という 3 体系であるものの，異なるスケールの相互作用を含む困難があり，歴史的にはさまざまな近似計算が開発されてきた．最近になって，少数系の厳密計算として分離型相互作用を用いたファデーエフ計算 [297] および京都 $\bar{K}N$ ポテンシャルを用いた変分計算 [294] が実行された．文献 [294] の計算では，K 中間子重水素のエネルギーシフトと幅が

$$\Delta E - \frac{i\Gamma}{2} = (670 - i508)\ \mathrm{eV}, \tag{7.26}$$

と得られた．さらに，K 中間子水素の SIDDHARTA データに抵触しない範囲で $I=1$ の $\bar{K}N$ ポテンシャルの強度を変化させ $I=1$ 相互作用に対する感受性を調べ，K 中間子重水素のエネルギーシフトが 25% の精度で測定されると，$I=1$ の相互作用により強い制限がかけられることが示された．

K 中間子重陽子の場合のデザー・トルーマン公式の精度を検証しよう．まず，公式に必要な K^-d 散乱長 a_{K^-d} は，重陽子の波動関数が変化しないと仮定して K^- の多重散乱を計算する重心固定近似によって

表 7.3　京都 $\bar{K}N$ ポテンシャルを用いた K 中間子重水素のエネルギーシフト ΔE と幅 Γ の比較．クーロン相互作用を含めてシュレディンガー方程式を解いた厳密解と，式 (7.27) の散乱長 a_{K-d} をデザー・トルーマン公式に代入した結果．δ は式 (7.25) による厳密解との固有エネルギーのずれを表す．

	ΔE (eV)	Γ (eV)	δ (eV)
公式 (7.10)	854	1925	490
公式 (7.11)	910	989	241
公式 (7.12)	818	1188	171
厳密解	670	1016	–

$$a_{K-d} = (-1.42 + i1.60)\ \mathrm{fm}, \tag{7.27}$$

と評価される [294]．デザー・トルーマン公式を用いた ΔE と Γ の結果および厳密解からのずれ (7.25) を表 7.3 に示す．改良によって厳密解に近づく傾向は見られるものの，K 中間子水素の場合と異なり，公式 (7.11) の場合で約 35 %，公式 (7.12) でも約 20 %以上厳密解からのずれが生じていることがわかる．よって K 中間子重水素に対しては改良デザー・トルーマン公式は必ずしも良い見積もりにならない．文献 [297] の計算でも同様の結果が得られている．

7.3.3　重い K 中間子原子

より重い K 中間子原子は核子数 $A = 4$ から 63 までの $2p$，$3d$，$4f$ 準位のエネルギーシフトと幅が実験的に測定されている．これらの K 中間子原子に対しては現在のところ厳密計算は行われておらず，歴史的には体系的にデータを解析することによって現象論的な光学ポテンシャルが確立されてきた [298]．最近の研究では，光学ポテンシャルの微視的な $\bar{K}N$ 相互作用からの導出や，原子核での K^- 吸収の役割などが議論されている [299]．

光学ポテンシャル $U(\boldsymbol{r})$ は原子核によって K^- が感じる 1 体ポテンシャルであり，実部が相互作用の効果，虚部が吸収の効果を与える複素ポテンシャルである（光学ポテンシャルについては 9.3.1 項の議論も参照）．光学ポテンシャルを用いると，K 中間子原子の固有エネルギー E は，K^- の相対論的な運動方程式であるクライン・ゴルドン方程式

$$[\boldsymbol{\nabla}^2 + (E - V_c(\boldsymbol{r}))^2 - m_K^2 - 2\mu_K U(\boldsymbol{r})]\phi(\boldsymbol{r}) = 0, \tag{7.28}$$

を解くことで得られる．ここで μ_K は K^- と質量数 A の原子核の換算質量で，V_c はクーロンポテンシャルである．相対論的なクライン・ゴルドン方程式では，4 元ベクトルの第 0 成分に対応するクーロンポテンシャル $V_c(\boldsymbol{r})$ はエネルギー E の共変微分で与えられるため，ローレンツスカラーである光学ポテンシャル $U(\boldsymbol{r})$ と異なる扱いになることに注意する．原子核の陽子密度を $\rho_p(\boldsymbol{r})$，中性子密度を $\rho_n(\boldsymbol{r})$ とすると，低密度極限で s 波の光学ポテンシャルは

$$U^{(1)}(\boldsymbol{r}) = -\frac{2\pi}{\mu_K}\left[\mathcal{F}_{K^-p}\,\rho_p(\boldsymbol{r}) + \mathcal{F}_{K^-n}\,\rho_n(\boldsymbol{r})\right], \tag{7.29}$$

と与えられる．ここで K^- と原子核の重心系での散乱振幅 $\mathcal{F}_{K^-N}$ は真空中の 2 体 K^-N 散乱振幅 F_{K^-N} を用いて $\mathcal{F}_{K^-N} = \left(1 + \frac{A-1}{A}\frac{\mu_K}{M_N}\right) F_{K^-N}$ と表される．主要項である 1 核子光学ポテンシャル (7.29) は，現在では 5.3 節で紹介したカイラル SU(3) 動力学の 2 体 $\bar{K}N$ 散乱振幅 F_{K^-N} から決定できる．しかし式 (7.29) は低密度で K^- が原子核中の核子とそれぞれ独立に 2 体散乱を起こす**線形密度近似**の描像に基づいているため，2 つ以上の核子に K^- が吸収される効果などを別途取り込む必要がある．

文献 [299] では式 (7.29) の $U^{(1)}$ に補正項 $U^{(2)}$ を追加した $U = U^{(1)} + U^{(2)}$ という光学ポテンシャルで体系的な K 中間子原子の解析が行われた．ここで $U^{(1)}$ は現実的なカイラル SU(3) 動力学の結果を元に，閾値下のエネルギーでの運動学の補正とパウリ排他原理の効果 [300] を考慮して構成された．現象論的な補正項 $U^{(2)}$ は，複素強度 B と指数 $\alpha \geq 1$ をパラメータとして

$$U^{(2)}(\boldsymbol{r}) = -\frac{2\pi}{\mu_K} B\,\rho(\boldsymbol{r})\left(\frac{\rho(\boldsymbol{r})}{\rho_0}\right)^{\alpha}, \tag{7.30}$$

の形で与えられた．ここで核子密度 $\rho = \rho_p + \rho_n$ に対して非線形なベキを与える因子は標準核密度 $\rho_0 = 0.17\ \mathrm{fm}^{-3}$ で規格化する形で与えられている．5.3 節で導入された SIDDHARTA の制限を考慮したカイラル SU(3) 動力学の散乱振幅を用いて $U^{(1)}$ を構築し，$U^{(2)}$ の B と α を調整すると，観測されている K 中間子原子の ΔE と Γ を良い精度で再現することが示された [299]．エネルギー準位に加えて，1 核子吸収と多核子吸収の比も重要な観測量である（8.2 節参照）．ここで 1 核子吸収は $K^-N \to \pi\Lambda, \pi\Sigma$ 過程で K^- が吸収される現象で，光学ポ

テンシャルでは F_{K^-N} の虚部で表される効果である．文献 [299] では質量数にほぼよらず，1 核子吸収の割合が 0.75 ± 0.05 で，残りの約 25 %が多核子吸収の寄与と見積もられた．この崩壊比に関する制限をさらに課すと，いくつかのカイラル SU(3) 動力学の散乱振幅のうち，文献 [110, 111] と文献 [219] の散乱振幅のみが条件を満たすことが示された．上記の制限を課したうえで文献 [110, 111] の散乱振幅を用いて $U^{(1)}$ を構成することで，$\alpha = 1$ に固定した場合の吸収強度パラメータは $B = (-0.9 + i\,1.4)$ fm と決定された．文献 [299] では，炭素，ニッケル，鉛の K 中間子原子について具体的に計算が行われ，K 中間子の吸収が主に原子核の表面付近で起こることが示された．原子核の表面では核子密度は中心付近の標準核密度 ρ_0 から減少しており，最も吸収が大きくなる核子密度は下の準位で 0.15–0.2 ρ_0，上の準位で 0.1–0.15 ρ_0 という，比較的低密度の領域となる [299].

第8章 K 中間子原子核の実験

強い相互作用による束縛状態である K 中間子原子核の探索は 2000 年代にさまざまな反応で試みられ，最終的に J-PARC E15 実験によって明白な $\bar{K}NN$ 状態の生成の証拠が得られた．本章では，まず準備として K 中間子原子核の基本的な性質を確認し，K 中間子原子核の探索において重要になる原子核中での K 中間子吸収反応の知見を概観する．さらに E15 実験に至るまでのさまざまな K 中間子原子核探索実験を紹介する．

8.1 K 中間子原子核と崩壊様式

原子核に $\bar{K}$ を強い相互作用で束縛させた系が **K 中間子原子核**である．核子の質量を M_N，$\bar{K}$ の質量を m_K，質量数 A の原子核と $\bar{K}$ の束縛状態である K 中間子原子核の質量を M_{KA} とすると，K 中間子原子核の**束縛エネルギー** B_K は

$$B_K = m_K + A \cdot M_N - M_{KA}, \tag{8.1}$$

と定義される．B_K は K 中間子原子核を $\bar{K}$ と A 個の核子に分解するために必要なエネルギーである．一般に $B_K > 0$ であれば束縛状態といえるが，A 核子系に質量 $M_A < A \cdot M_N$ の通常原子核が存在する場合，$M_{KA} > m_K + M_A$ の状態は $\bar{K}$ と通常原子核への崩壊に対して不安定になる．

さらに，K 中間子原子核は $\bar{K}$ の吸収反応によって多様な崩壊モードをもつ．図 8.1 に $A = 2$ の K 中間子原子核に関係するストレンジネス $S = -1$，バリオン数 $B = 2$ の状態の閾値を示す [1)]．$\bar{K}NN$ 閾値よりエネルギーの低い状態は $B_K > 0$

1) NN のスピンが 1 の場合，$\bar{K}d$ の閾値がさらに加わる．

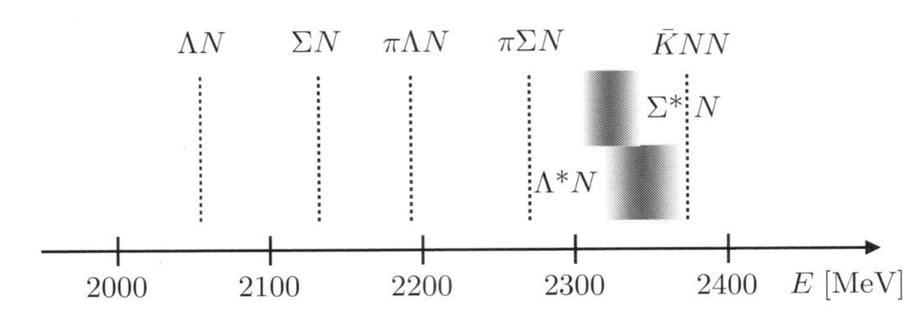

図 8.1　ストレンジネス $S=-1$，バリオン数 $B=2$ の多体系の閾値．Λ^* は $\Lambda(1405)$，Σ^* は $\Sigma(1385)$ をそれぞれ表す．

となり束縛状態を形成するが，$B_K \lesssim 100$ MeV の状態は $\bar{K}N \to \pi Y$ $(Y=\Lambda,\Sigma)$ 反応により πYN へと崩壊する．終状態に π 中間子が放出されるこれらの崩壊は**中間子崩壊 (mesonic decay)** と呼ばれる．真空中の $\bar{K}N$ 対は中間子崩壊しか起こせないが，原子核中では π が原子核に吸収され終状態にあらわれない**非中間子崩壊 (non-mesonic decay)** が可能になる．非中間子崩壊は $\bar{K}NN \to YN$ などの崩壊過程であり，$B_K \gtrsim 100$ MeV の深い束縛状態でも起こる崩壊である．核子数の大きい原子核での非中間子崩壊は，反応に関与する核子の数に応じて 2 核子吸収 ($\bar{K}NN \to YN$)，3 核子吸収 ($\bar{K}NNN \to YNN$)，のように，さらに分類される．このように，K 中間子原子核は $B_K>0$ であっても多様な崩壊モードをもつ不安定状態であり，崩壊の性質を考慮した精密な解析が必要とされる．

8.2　$\bar{K}$ 吸収の反応機構について

擬スカラーメソンと原子核との相互作用について，これまでに実験と理論の両面から，よく研究されてきているのは π 中間子原子核反応である．π 中間子の静止吸収反応領域からエネルギー 300 MeV 付近の $\Delta(1232)$ 共鳴領域にかけて，1970 年代に米国・ロスアラモス国立研究所 (Los Alamos National Laboratory, NANL)，カナダ・トライアンフ研究所 (TRIUMF)，スイス・パウルシェラー研究所 (Paul Scherrer Institut, PSI) などの π 中間子工場で実験が行われた．理論的には Δ-空孔模型により吸収反応が解析され，$\pi NN \to \Delta N \to NN$ 反応と

表 8.1 静止 K^- 反応からのハイペロン生成分岐比 [221]. R_m は，非中間子吸収反応への分岐比を示す.

分岐比	H	D	^{4}He	^{12}C	Ne
$R(\Lambda\pi^0)$	4.9	5.0	6.2	4.4	3.4
$R(\Lambda\pi^-)$	9.7	10.0	12.6	8.7	6.7
$R(\Sigma^+\pi^-)$	14.9	30.0	37.3	37.7	37.7
$R(\Sigma^-\pi^+)$	34.9	22.0	10.9	16.8	20.4
$R(\Sigma^0\pi^0)$	21.4	23.0	21.2	25.7	27.6
$R(\Sigma^0\pi^-)$	7.1	5.0	5.9	3.3	2.1
$R(\Sigma^-\pi^0)$	7.1	5.0	5.9	3.3	2.1
R_m		0.01	0.16	0.19	0.23

いう Δ 共鳴を中間状態に生じさせる 2 核子吸収反応が主たる反応機構であると理解されている．2 核子以上が反応に関与する 3 核子吸収や 4 核子吸収は稀であると認識されている.

静止 K^- 中間子の原子核による吸収反応については，液体ヘリウム泡箱やネオン泡箱，フロン・プロパン泡箱を使っていくつかの実験が行われた [301]．静止 K^- 吸収反応の特徴としては，表 8.1 に示されるように，終状態に Σ ハイペロンを放出する割合が Λ 粒子を放出するより支配的であること，また，^{12}C より重い原子核では中間子放出を伴わない非中間子吸収モード ($K^-NN \to YN$) が 20%程度（表 8.1）もあることであった．K^-p 反応については，水素泡箱を用いて比較的多くの実験が行われている.

しかし，K^- が有限の運動量をもつ In-flight の K^- 吸収反応については，本格的な研究は進んでいないのが現状である．運動学的には π 中間子に比べて運動量移行が大きく，多核子吸収反応が起きやすいことが期待されるものの，多くの反応チャンネルが関与するので，反応機構が複雑化することが予想される．In-flight の K^- の場合に，静止 K^- と同じく非中間子モードが 20%程度あるのか，さらに増加するのか実験的にはわかっていないのが現状である．1 核子吸収反応は，s 波吸収の $K^-p \to \pi^-\Sigma$ 反応が主要項として考えられる．2 核子吸収では，$K^-d \to \Lambda p$ 反応が許される.

8.3 (K^-, N) 反応

(K^-, n) 反応と (K^-, p) 反応とを使って K 中間子原子核を生成することが岸本によって提案された [302]．素過程としては $K^-n \to nK^-$ という準弾性散乱の後方散乱を利用するアイデアである．前方で中性子 (n) を測定する $d(K^-, p)$ 反応の場合には，アイソスピン $I = 1$ の (K^-n) 状態が励起される．一方，(K^-, p) 反応の場合には $I = 0$ と $I = 1$ の (K^-p) 状態が生成される．

この反応の断面積は K^- の入射運動量 1 GeV 付近に広いピークがあり，約 10 mb/sr の大きさがある．これは，$J^P = 1/2^-$ の s チャンネル共鳴 $\Lambda(1800)$ に対応しており，その崩壊モードは $\bar{K}N$ $(25-40)\%$，$\pi\Sigma$ (seen)，$\pi\Sigma(1385)$ (seen)，$\eta\Lambda$ (0.01 to 0.10) と与えられている [16]．

後方散乱の場合 K^- の運動量は 100–300 MeV 程度に下がるので，K^- 中間子が原子核に捕獲されやすい反応といえる．一方，前方に放出される n もしくは p は 1.2 GeV 程度の高い運動量となる．たとえば中性子の場合には，数 10 m にわたる距離 L を飛行させ，その飛行時間 Δt により速度 v を測定できる：

$$v = L/\Delta t. \tag{8.2}$$

ここで，測定上注意しなければならないのは，Δt の測定のためには時間の原点となる時刻 t_0，つまり反応が起きたタイミングが必要となることである．t_0 は，通常実験標的まわりに放出された荷電粒子のタイミングによって決定される．すなわち，(K^-, n) 反応を測るために同時に放出された p や π を計測したうえで中性子スペクトルを測定する．このような同時計測の条件によってスペクトルにかかる影響を**トリガーバイアス**と呼んでいる．この効果は，たとえば特定の陽子エネルギーと同時に前方に中性子が放出されやすくなるなどのバイアスを生じがちであり，前方での中性子エネルギーの分布をゆがめるので，理論計算との直接の比較が困難となる．

8.3.1 KEK PS E548 実験

岸本らが KEK-PS で行った E548 実験 [303] では，入射 K^- ビームの運動量

として，断面積が大きくなる 1 GeV を選定した．前方に放出された陽子と中性子の運動量は，TOF (time of flight) 法によって測定された．このエネルギー範囲での中性子の検出効率は，シンチレーターの厚さに対して，約 10%/10 cm に相当する．

反応が起きたというトリガー信号は，標的の上下を囲う NaI(Tl) シンチレーター・アレーからの信号によりタイミングが発生するようになっている．$^{12}\mathrm{C}(K^-, n)$ 反応と $^{12}\mathrm{C}(K^-, p)$ 反応の双方が測定された．しかし，上述のトリガーバイアスがスペクトルの形をゆがめているため，理論計算と直接比較できなかった．

8.3.2 J-PARC E15 前方中性子スペクトル

J-PARC における $\bar{K}NN$ 状態探索実験の 1 つに E15 実験がある [304]．岸本らの E548 実験と同様に 1 GeV において $^3\mathrm{He}(K^-, n)$ 反応により $\bar{K}NN$ 状態を生成し，同時にその崩壊によって得られる粒子を CDS (cylindrical detector system) と呼ばれる円筒形飛跡検出器により測定しようという実験である．$\bar{K}NN$ の生成機構は，

$$K^- n \to nK^-, \tag{8.3}$$

$$K^-(pp) \to \bar{K}NN \to \Lambda p, \tag{8.4}$$

が考えられる．1 ステップ目で K^- は 1 GeV から 0.2 GeV に減速される．その K^- が $^3\mathrm{He}$ 中の残りの 2 個の陽子と反応して $\bar{K}NN$ 束縛状態を形成する．中性子と陽子のエネルギーは，TOF 法を使うためスタートタイミングを与える検出器によるバイアスを受ける．E15 実験では，標的まわりの約 70%の立体角を囲っている CDS のために，そのバイアスは必ずしも大きくないことが期待されるものの無視するわけにはいかない．

図 8.2 上部の実験データと下部のバックグラウンドとを比較すると，束縛エネルギーが 0–0.1 GeV の領域に実験には信号からくる盛り上がりが見られる．束縛閾値より右にある大きなピークが $K^-N \to NK^-$ 準弾性散乱に相当する．その生成断面積は 1 mb/sr のオーダーであり，左にある K 中間子原子核束縛状

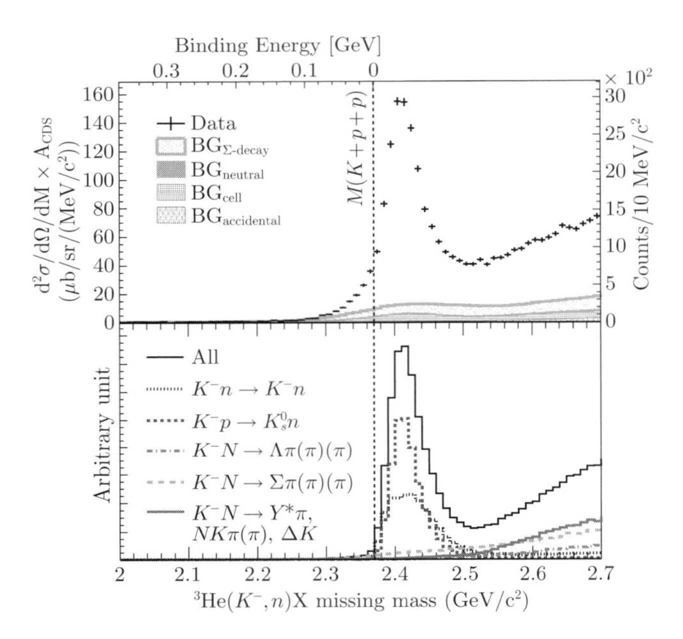

図 8.2 J-PARC E15 実験で得られた (K^-, n) 反応の準包括的スペクトル．文献 [304] から引用．

態の生成信号部分は ≥ 0.2 mb/sr である．幅が広いために包括的測定では束縛状態生成のピークは観測できていないが，束縛領域にその痕跡があるのは間違いがない．

8.3.3 J-PARC E05 実験：(K^-, p) 反応

(K^-, n) 反応のトリガーバイアスの批判に応えるため，J-PARC において行われた E05 実験 [305] において，トリガーバイアスのかかっていない真に包括的な $^{12}\mathrm{C}(K^-, p)$ スペクトルの測定がなされた．この実験は，(K^-, K^+) 反応により Ξ ハイパー核を探索する実験であり，その収量が最大となる入射運動量 1.8 GeV で測定された．このトリガーに (K^-, p) のトリガーを混ぜることにより同時測定がなされた．入射運動量が E548 や E15 実験より高くなることは，(K^-, p) 反応の断面積が小さくなるというデメリットがある．反跳の K^- 中間子の運動量は 250–350 MeV 程度であり，原子核にトラップされる確率は大き

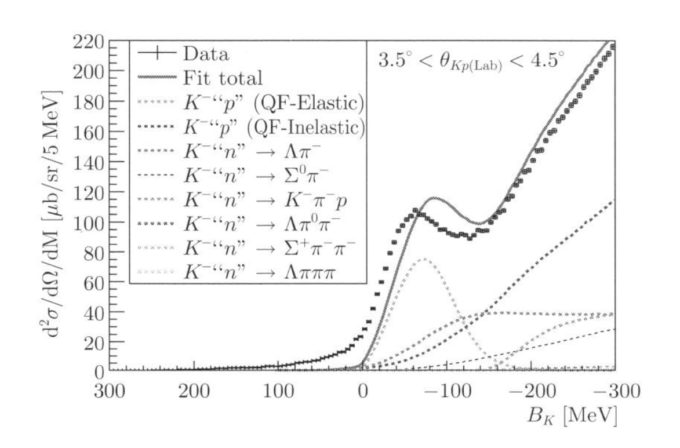

図 8.3 J-PARC E05 実験で得られた (K^-, p) 反応の包括的スペクトル．文献 [305] から引用．

くは変わらないと期待できる．

図 8.3 に，得られた (K^-, p) 反応の包括的スペクトルを示す．横軸は K^- 中間子の原子核との束縛エネルギー (B_K) の大きさを示す．図中の実線が，K^- と原子核との間に引力も斥力もない場合に相当する．破線が，そのうちで $K^-p \to N\bar{K}$ 散乱の準自由弾性散乱の成分である．

明らかに相互作用なしでは，実験のスペクトルを再現できていない．軸の左向きが引力に対応するので，40 MeV 程度の引力が必要と思える．

このスペクトルを，K^- 中間子と原子核との光学ポテンシャル（7.3.3 項参照）を使って再現してみた [305]．図 8.4 に示されるようにスペクトルの閾値近傍の形は $\mathrm{Re}\,U = -80$ MeV，$\mathrm{Im}\,U = -40$ MeV によって良く再現される．しかし，一方で $B_K > 40$ MeV の深い束縛領域では，実験データの方が常に断面積が大きいことがわかる．

このように深い束縛領域に核子を放出する事象としては，

- 2 核子吸収反応 $K^-d \to YN$,
- 2 ステップ反応 $K^-p \to N\bar{K}$，$\bar{K}N \to Y^*$,

などが考えられるが，前方の核子の運動量は実験値とは合致していない．

ハイパー核の分光学では，光学ポテンシャルの実部によってもたらされるピー

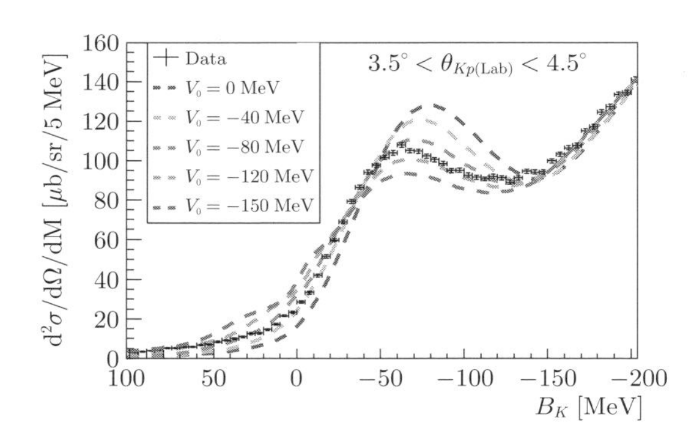

図 8.4　J-PARC E05 実験で得られた (K^-, p) 反応の包括的スペクトルの深い束縛領域のスペクトル．文献 [305] から引用．

ク位置の間隔に対して，虚部からくる幅の広さを考慮すると，一般的に分光学が成り立つには，ポテンシャルの実部と虚部について

$$|\mathrm{Re}\ U| > 2\ |\mathrm{Im}\ U|, \tag{8.5}$$

が成り立つ必要があるといわれている．しかし，E05 実験で得られた包括的励起スペクトルから得られたポテンシャルでは，この関係が成り立つ境界に到達しており，常識を打ち破るところにきているともいえる．

8.4　$(K^-_{\mathrm{stop}}, \Lambda p)$ 反応

$(K^-_{\mathrm{stop}}, \pi^-)$ 反応は，素過程反応として $K^- n \to \pi^- \Lambda$ により原子核内の中性子を Λ 粒子に転換し，原子核に束縛させることによって Λ ハイパー核の生成に使われる．1 個の静止 K^- 吸収あたり 10^{-3}–10^{-4} の確率で束縛された Λ ハイパー核が生成される．これは，かなりの生成率であり，K^- ビーム強度が 1 秒間に 1,000 個の K^- とすると，1 秒間に 1–10 個，1 時間に 3 k–30 k のハイパー核が生成される．

一方，静止する低エネルギーの K^- ビームを発生させた場合に問題となるのが K^- ビームの崩壊である．K^- ビームの寿命は $\tau = 1.24 \times 10^{-8}$ s であり，500

MeV の低運動量のビームラインでは，約 3.7 m ごとに粒子数が 1/e に減衰して，標的に到達する前にビームの多くが崩壊してしまう．そこで，800 MeV 程度にまで運動量を高くして，崩壊率を抑制し，これを分厚い物質（エネルギー減衰材）中を通してエネルギーを減衰させることにより，静止 K^- の割合を高くするという工夫がなされる．この手法では，K^- の数は向上できるが，エネルギー減衰材中でのエネルギー損失の大きなふらつきのため，エネルギーの不定性が大きくなってしまう．

8.4.1 FINUDA 実験

この欠点を克服し，静止 (K^-, π^-) 反応において高エネルギー分解能の Λ ハイパー核分光を可能としたのが FINUDA (FIsica NUcleare a DAΦNE) 実験 [306] であった．2.3.6 項で紹介した DAΦNE での低エネルギー K^- を薄い標的 ($\sim 200\ \mu$g/cm^2) 中に止めて原子核に吸収させる．K 中間子吸収反応で放出される核子や $\pi^\pm$ を全立体角の 70% を囲む FINUDA 検出器で測定する．FINUDA 飛跡検出器系はヘリウムガスが主成分となっており，多重散乱による飛跡測定の悪化を抑制するようになっている．

静止 K^- 吸収反応で何が起きるかは，大まかには液体ヘリウムからなる泡箱による測定でわかっている [301]．8.2 節で述べたように，特徴的なのは，Σ 粒子が Λ 粒子に比べてたくさんできることである．もう 1 つ，古くから不思議だとされてきたのが，中間子放出を伴わない非中間子吸収モード $(K^-NN \to YN)$ が 20%程度もあることであった（表 8.1）．

FINUDA 実験においても $\bar{K}NN \to \Lambda p$ 反応からとみられる多くの Λp ペアが終状態に観測された．そのこと自身は，従来からわかっていたことである．驚きは，back-to-back に放出されている Λp の不変質量が大幅に低くなっていたことである．なおかつ，Λp の角度相関は，^{6}Li, ^{7}Li, ^{12}C, ^{28}Si と質量数が大きくなってもきれいな back-to-back 相関を保っていたのである．つまり，$\bar{K}NN$ の束縛系が存在して，実験室系でほぼ静止していたとすると，Λ と p の運動量 $\boldsymbol{p}_\Lambda$ と $\boldsymbol{p}_p$ は

$$\boldsymbol{p}_\Lambda + \boldsymbol{p}_p = \boldsymbol{0}$$

を満たすはずである．したがって，Λ と陽子の運動量の間の角度は 180° にピークをもつ．また $|\boldsymbol{p}_\Lambda| = |\boldsymbol{p}_p|$ の運動量の値も束縛エネルギーの分だけ小さくなる．

このことは，原子核の表面において 2 核子吸収が起きていることを示唆している．そして，その放出源の質量が Λ と陽子の質量和より 100 MeV 程度軽くなっていると解釈できる．また，その幅は 100 MeV 程度と広かった．

幅については，$\Lambda(1405)$ の $\pi\Sigma$ への中間子崩壊のみでも 50 MeV である．非中間子崩壊も信号として見えているわけであるから，全体の幅は 60–90 MeV 程度あってもおかしくない．

この実験データに関しても 2 核子吸収後の 2 バリオンに対する終状態相互作用により，不変質量分布がゆがめられているという批判がなされたが，Λp のオープニング角度の相関とその不変質量分布を同時に再現するのは困難と考えられる．

FINUDA 実験では，Λp ペアだけでなく，Λd ペアや Λt ペアが back-to-back に放出される事象も観測された．これらは 3 核子吸収や 4 核子吸収の実験的な手がかりと考えられる．しかし，不変質量分布は必ずしも大きな束縛エネルギーを与えるものにはなっていなかった．

8.5　重陽子標的反応

重陽子 (d) 標的を用いて $\pi^+ n \to \Lambda(1405)K^+$ で $\Lambda(1405)$ を生成し 2 ステップ反応により $\Lambda(1405)p \to \bar{K}NN \to \Lambda p$ 過程で $\bar{K}NN$ 状態を探索する実験も行われた（図 8.5）．この反応では，終状態相互作用により信号のスペクトルをゆが

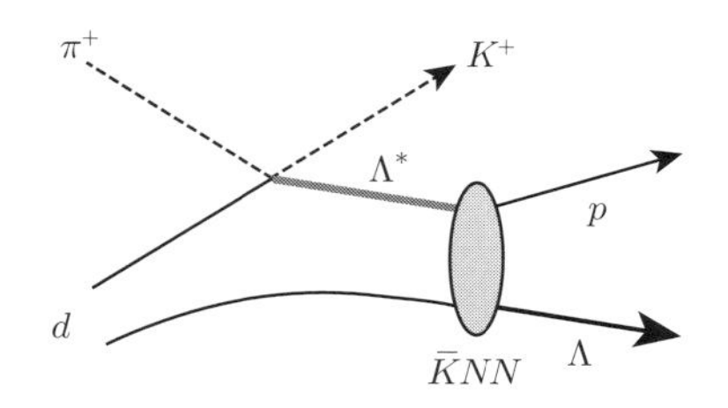

図 8.5　$d(\pi^+, K^+)$ 反応による $\bar{K}NN$ クラスターの生成機構．

める $K^+\Lambda$ 相関および K^+p 相関は運動学的に抑制されるため，終状態がゆがめられる心配は少ない．

8.5.1 J-PARC E27 実験

$n(\pi^+, K^+)\Lambda$ 反応は，原子核内の中性子を Λ ハイペロンに置き換える反応であり，Λ ハイパー核の生成によく使われる．生成される Λ ハイペロンが運動学的にもつ反跳運動量が ~ 350 MeV と比較的大きいことがこの反応の特徴である．π^+ 中間子の入射運動量に閾値があり，入射運動量 1.05 GeV に前方生成断面積のピークをもっている．π^+ 中間子の入射運動量をさらに高くしていくと，より質量の大きな $\Lambda(1405)$ がエネルギー的に生成可能となる．

J-PARC E27 実験 [307] では，1.69 GeV の π^+ ビームを用いて $\Lambda(1405)$ 生成実験が行われた．包括的スペクトルの測定では，質量の軽い順番に Λ, Σ の準非弾性散乱に対応した 2 つのピークと $\Sigma(1385)$ および $\Lambda(1405)$ の準非弾性散乱に対応した 1 つの幅の広いバンプ構造が観測された（図 8.6）．$\Sigma(1385)$ と $\Lambda(1405)$ は，それぞれ自然幅が 36 MeV，50.5 MeV であるので，重なって 1 つのバンプ構造となってしまう．素過程 $\pi^+ n \to K^+\Lambda(1405)$ や $\pi^+ p \to K^+\Sigma^+(1385)$ の断面積は測られているから，これらの共鳴が生成されていることは間違いない．$\Lambda(1405)$ を $\bar{K}N$ の分子的状態とみなすと，$\Lambda(1405)p \to \bar{K}NN \to \Lambda p$ という反

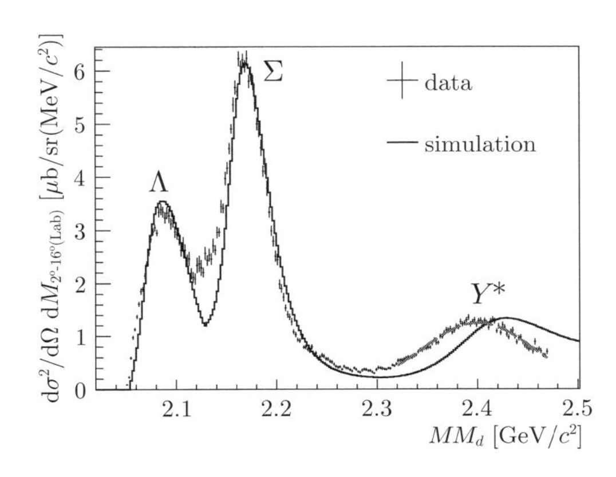

図 8.6 J-PARC E27 実験で得られた $d(\pi^+, K^+)$ 反応の包括的スペクトル．文献 [307] より引用．

応を通じて $\bar{K}NN$ 状態が生成される可能性がある．J-PARC E27 実験では，高統計で重水素標的を用いた Y^* 生成断面積が測定された．1 つの謎は，Y^* のバンプの位置が予想より 30 MeV 程度軽い側にずれていたことである．これは，Y^*-p 相互作用に強い引力がはたらいているためかもしれない．基底状態の Λ や Σ については，そのようなずれは観測されていない．すなわち，Λp や Σp の 2 体系には強い引力ははたらいていないようにみえる．

そこで，250 MeV 以上で標的から放出される陽子のうち，後方に放出されるものを同時測定することが試みられた．これは，準非弾性散乱 $\pi^+ n \to K^+\Lambda^* \to K^+\pi\Sigma$ により前方に放出されやすいハイペロンからの崩壊によって放出される陽子がバックグラウンド事象として排除され

$$\Lambda^* p \to \Lambda p$$

という転換反応を起こす信号がよく見えるはずだからである．図 8.7 に陽子 1 個の同時測定を要請した場合のスペクトルを包括反応条件のスペクトルで割ったスペクトルを示す．2.13 GeV に見えるピーク構造は $\Lambda N \to \Sigma N$ 反応の閾値に相当するエネルギーで，昔からよく観測されている閾値カスプ状態である．ΣN と Λ-N 系に強い結合があることを示唆するものである．2.27 GeV を中心とした大きなバンプ構造が $\bar{K}NN$ 束縛状態の寄与と考えられる．$\bar{K}NN$ 状態

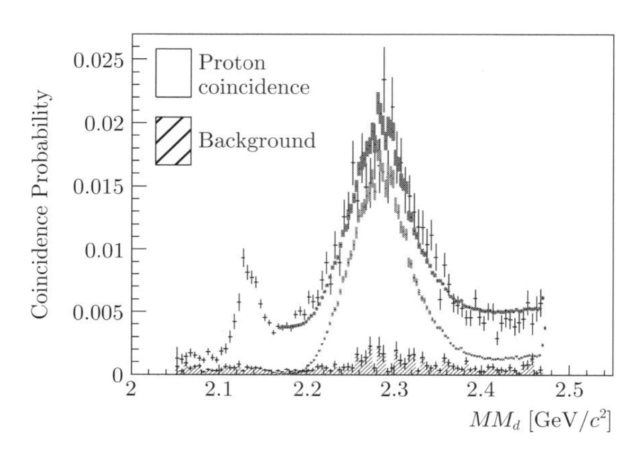

図 8.7　J-PARC E27 実験で得られた $d(\pi^+, K^+)p$ 反応の陽子同時測定スペクトル．文献 [307] より引用．

の束縛エネルギー 95^{+87}_{-17}(stat.)$^{+30}_{-21}$(syst.) MeV と崩壊幅 162^{+87}_{-45}(stat.)$^{+66}_{-78}$(syst.) MeV が得られた．

8.5.2 LEPS 実験

似たような反応として，わが国の SPring-8 加速器施設にある 2–3 GeV 領域の高エネルギーのガンマ線実験施設 LEPS において，光子ビームによる Y^* 生成を通じての $\bar{K}NN$ 生成の探索も行われた [308]．$\gamma d \to K^+\pi^-\bar{K}NN$ 反応により $d(\gamma, K^+\pi^-)X$ の欠損質量分布が測定された．

LEPS の実験データも E27 と似たような包括分布を示した．しかし，この反応では Y^* として $\Lambda(1405)$ より $\Sigma(1385)$ が 1 桁多く生成されることが知られているので，$\Lambda(1405)p \to \bar{K}NN$ 反応を通じて $\bar{K}NN$ が生成されることはあまり考えられない．LEPS 実験では，包括的な測定では信号は観測されず，生成断面積の上限が求められた．

8.6 $pp \to K^+\Lambda p$ 反応

陽子・陽子の反応により $\bar{K}NN$ を生成する一連の実験も行われた．DISTO グループの実験では，$pp \to K^+\Lambda p$ 反応により探索が行われた．入射陽子エネルギーは 2.85 GeV である．Λ ハイパー核の生成の場合と同様に，Λ ハイペロンへの運動量移行が大きく，束縛状態はできにくいというのが第一感である．しかし，$\bar{K}NN$ クラスターのように束縛エネルギーが大きい場合には，むしろメリットといえるかもしれない．実際に DISTO データの解析では，束縛エネルギー 105 MeV，幅 110 MeV という結果が得られた [309]．

DISTO 実験では，入射陽子のエネルギー依存性も調べられた．特に 2.5 GeV と 2.85 GeV の比較は興味深い．2.5 GeV では $\Lambda(1405)$ 生成のエネルギー閾値以下である．このエネルギーでは，$\bar{K}NN$ の信号も観測されなかった．つまり $\Lambda(1405)$ の生成が，$\Lambda(1405)p \to \Lambda p$ という転換反応を促し，$\bar{K}NN$ の信号を生み出している可能性が高い．

HADES 実験グループでは，3.5 GeV というより高いエネルギーで探索実験

が行われた [310]．エネルギーが上がると，$K^+\Lambda p$ という終状態の 3 粒子の位相空間が大きく広がり，$\Lambda(1405)$ 生成に対するそれ以外の位相空間に広がった成分が増大する．結果として $\Lambda(1405)$ を経由する信号成分の S/N が悪くなることが予想される．したがって，この場合に信号が見えなくなることは起きうると考えられる．

8.7　^{3}He$(K^-, \Lambda p)n$ 反応：J-PARC E15 実験

J-PARC E15 実験では，入射運動量を KEK E549 実験と同じく 1 GeV として ^{3}He$(K^-, \Lambda p)n$ 反応を測定した [311]（図 8.8）．ただし，前方の中性子をトリガー段階で要求せずにデータを取得した．これにより，より広い角度範囲に中性子が放出される事象を検出できる．これは，反応の終状態にあらわれる粒子のうち，中性子 1 個を除くすべての粒子を測定しているので，エネルギーと運動量の保存により中性子の運動量が同定できるためである．液体 ^{3}He 標的を囲っている円筒型ドリフトチェンバーでは Λ 粒子 $(\Lambda \to \pi^- p)$ と陽子の対が測定された．

^{3}He(K^-, n) 反応は，式 (8.3) と同様に $180°$ の弾性散乱により 1 GeV の K^- を 0.2 GeV にまで減速するはたらきをする．引き続き

$$\bar{K}NN \to \Lambda p, \tag{8.6}$$

という 2 核子吸収が起きて，$\bar{K}NN$ 束縛状態が形成されると考えられる [311]．

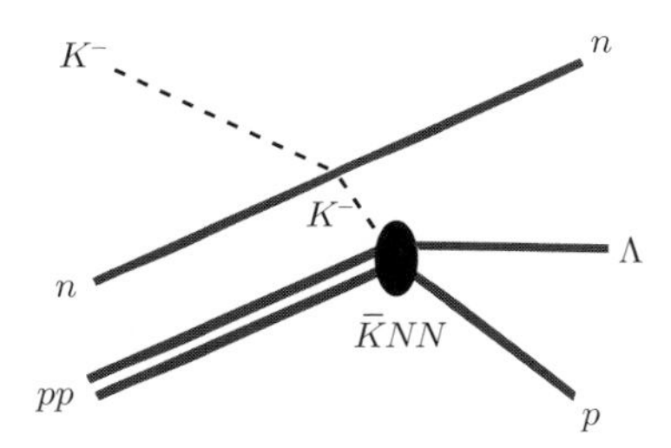

図 8.8　J-PARC E15 実験で観測された $\bar{K}NN$ クラスターの生成反応 ^{3}He$(K^-, \Lambda p)n$ のダイアグラム．

この反応でも，終状態には余分な核子は残されていないので終状態相互作用によるバックグラウンドは存在しない．観測されたのは図 8.9 に示される

- K^{-3}He $\to n$"$\bar{K}NN$"，"$\bar{K}NN$" $\to \Lambda p$（信号），
- K^{-3}He $\to nK^-pp$，$K^-pp \to \Lambda p$（2 核子吸収），
- K^{-3}He $\to \Lambda pn$（直接 3 核子吸収），

という 3 つの反応モードと解釈される．バックグラウンドとなる 2 核子吸収反応は，いったん，準弾性散乱の散乱角 180° 近い散乱

$$K^-n \to nK^-, \tag{8.7}$$

が起きて ∼ 400 MeV の K^- が生成され，その後，2 核子に吸収される．K^- の運動量 (q_x) の条件を変えた Λp の不変質量分布を図 8.9 に示す．$q_x = 0.3$–0.6

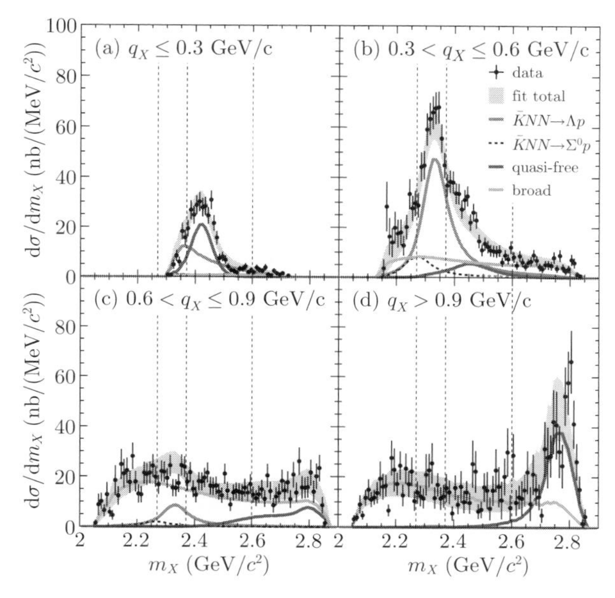

図 8.9 J-PARC E15 実験で観測された $\bar{K}NN$ クラスターの生成の信号スペクトル．Λp の不変質量分布に，明らかなピーク構造が観測された．文献 [311] から引用．Reprinted figure with permission from [T. Yamaga *et al.* (J-PARC E15 Collaboration), Phys. Rev. C **102**, 044002 (2020).] Copyright (2020) by the American Physical Society.

GeV の際に $m_x = 2332$ MeV の信号が大きくなっている．

もう 1 つのバックグラウンドは，K^- が直接 ^{3}He と反応して Λpn の 3 体位相空間に一様に放出される過程である．π 中間子の 3 核子吸収 $(\pi^- ppn \to pnn)$ の探索は π 中間子工場で活発に行われたが見つからなかった．K^- 吸収においてこれが見つかったとすると初めてのことである．

信号も K^- と ^{3}He との直接反応により，$\bar{K}NN$ クラスターが 1 ステップで生成される．$\bar{K}NN \to \Lambda p$ の信号についてブライト・ウィグナー型でフィットした結果は，束縛エネルギーが $42 \pm 3(\mathrm{stat.})^{+3}_{-4}(\mathrm{syst.})$ MeV，幅が $\Gamma_K = 100 \pm 7(\mathrm{stat.})^{+19}_{-9}(\mathrm{syst.})$ MeV であった．

また，$\sigma_K^{tot} \cdot BR_{\Lambda p} = 9.3 \pm 0.8(\mathrm{stat.})^{+1.4}_{-1.0}(\mathrm{syst.})$ μb であった．幅が広いのは，非中間子モードの吸収が中間子モードの吸収と同レベルで存在していることを示唆する．これは，K 中間子の吸収機構を明らかにするうえで重要な事実である．得られた $\bar{K}NN$ 信号の断面積は，分岐比 $BR_{\Lambda p}$ が 0.5 程度だとしても生成の断面積は 20 μb 程度にしかならない．準非弾性散乱を仮定した場合に予想される 100 μb と食い違いが見られる．

得られた幅は，やはり 100 MeV と広い．$\Lambda(1405)$ の中間子崩壊 $\Lambda(1405) \to \pi\Sigma$ からくる幅 50 MeV と比べても広い．

終状態相互作用等のバックグラウンドが少ないという意味で，この実験結果は明白な $\bar{K}NN$ 生成の証拠とみられている．今後，その生成機構の理解が進み，生成断面積の大きさが理解できることが期待される．また，その崩壊幅の大きさの理解も重要と考えらえる．特に，非中間子崩壊モードの崩壊機構の理解が大切である．

8.8 実験の現状のまとめ

最後に，紹介した実験結果に基づき，ここまでで何が明らかになったかをまとめる．まず，2007 年以降の K 中間子原子核の探索実験の結果を表 8.2 に示す．本節では，利用された生成反応の特徴と同時測定の重要性などに注目し，得られた結果を総合的に議論する．

表 8.2 2007 年以降の K 中間子原子核探索実験のまとめ.「同時測定」は $\bar{K}NN \to \Lambda N$ 崩壊の不変質量分布を測定した実験も含む.

反応	グループ	同時測定	信号の有無	$P_{\rm in}$ [GeV]
$d(\pi^+, K^+p)$ [307]	J-PARC E27	○	○	1.69
$d(\gamma, K^+\pi^-)$ [308]	LEPS	×	×	2-3
$^{12}{\rm C}(K^-, n)$ [303]	KEK E548	×	△	1
$^3{\rm He}(K^-, n)$ [304]	J-PARC E15	×	△	1
$^{12}{\rm C}(K^-, p)$ [305]	J-PARC E05	×	△	1.8
$^3{\rm He}(K^-, \Lambda p)$ [311]	J-PARC E15	○	◎	1
$pp \to K^+\Lambda p$ [309]	DISTO	○	○	2.85
$pp \to K^+\Lambda p$ [310]	HADES	○	×	3.5

K 中間子原子核探索に利用された生成反応は，大きく 3 種類に分類できる．重陽子を標的とした (π^+, K^+) 反応は，Λ ハイパー核分光で長年使われてきていた反応であり，350 MeV 程度と比較的高い反跳運動量をもつ特徴がある．岸本により提案された (K^-, N) 反応では，$K^- + N \to N + K^-$ という準弾性後方散乱を利用することで，K^- への反跳運動量を 200 MeV 程度に下げることができ，原子核の波動関数との重なりが増えるため，大きな生成収量が期待できる．陽子ビームを利用する $pp \to K^+\Lambda p$ 反応は，終状態に放出されるすべての粒子を検出できるものの，反応における運動量移行は 3 つの反応の中で最大であり，束縛状態の形成には適さない可能性がある．

表 8.2 に示す各実験の結果を見ると，同種の生成反応であっても $\bar{K}NN$ 状態の信号の有無がまちまちであり，信号が同定された結果でも束縛エネルギーと崩壊幅の値に定量的な整合的がない．しかし，J-PARC E15 の前方中性子測定や J-PARC E05 の準包括的測定など，信号が同定できていない結果も含めて **$\bar{K}NN$ 閾値以下のエネルギー領域に何らかの事象**が生成されていることは共通の結果といえる．ただし，図 8.1 に示すように，$\bar{K}NN$ 閾値以下には $\Lambda(1405)N, \Sigma(1385)N, \pi\Sigma N, \pi\Lambda N$ などの多くのエネルギー閾値が開いており，$\Lambda(1405), \Sigma(1385)$ は崩壊幅をもっていることに注意する．このエネルギー領域では多数の反応が複合的に起こるため，十分に理解されていない反応機構によって異なる実験間の結果の相違が生じていると考えられる．よって $\bar{K}NN$ 状態の信号を取り出すには丁寧な解析が必要となる．

定性的に異なる結果を理解するうえで，信号同定に対する**同時測定**の重要性が指摘できる．光子ビームを用いた重陽子標的の LEPS 実験の包括的スペクトルでは信号は見えていない．同じ重陽子標的で π 入射反応である J-PARC E27 実験では，包括的スペクトルでは LEPS と同様に $\bar{K}NN$ 状態の信号は見えていないものの，p の同時測定を要請したスペクトルで信号が検出された．つまり終状態の高運動量の p の同時測定が信号の S/N 比を向上させることがわかる．

J-PARC E15 実験では，$\bar{K}NN \to \Lambda N$ 崩壊により終状態に高運動量の ΛN 対が放出されることを利用し，Λp 不変質量分布を測定することで $\bar{K}NN$ 状態の明白な信号を得ることができた．これにより最も軽い K 中間子原子核である $\bar{K}NN$ 状態が核子数 $A = 2$ に存在し，100 MeV 程度の崩壊幅をもつことが確立しつつある．崩壊幅の内訳は，中間子崩壊モードから予想される 30–50 MeV に加えて，非中間子モードからの幅が寄与して全体で 100 MeV 程度になると解釈できる．

$\bar{K}NN$ 状態のスピン・パリティは $J^P = 0^-$ と予想されている（9.2.1 項参照）ものの，実験では確定しておらず，決定は今後の課題である．E15 実験での $\bar{K}NN$ 状態の非中間子崩壊モードによる観測は，高運動量で指向性をもった p と Λ を特徴的な信号として利用することの有用性を示している．p と Λ の特徴的な信号は，ストレンジネスを含まない他の中間子原子核と比較して，K 中間子原子核探索における利点であり，今後の探索の指針となることが期待される．一方で，反応機構が比較的よくわかっているという利点を活かし，(π^+, K^+) および (γ, K^+) 反応で K 中間子原子核の崩壊モードの詳細な解析を行うことも有力な今後の展望として挙げられる．

第9章 K 中間子原子核の理論

第8章で実験の現状を紹介した K 中間子原子核について，本章では理論的な側面から考察する．はじめに，K 中間子原子核を考える意義と物理的背景を説明し，少数系と多体系に分けて理論研究の現状を紹介する．

9.1 K 中間子と原子核

第6章で紹介したエキゾチックな原子核の研究は，陽子と中性子から構成される通常原子核の概念を拡張し，さまざまなハドロンを含む原子核を考えることで，原子核・ハドロン物理に関する新たな知見を得ることを可能にした．では **K 中間子**を含む原子核はどうだろうか．3.2.2 項で述べたカイラル対称性とその破れの観点から，K 中間子は低エネルギー QCD で特別な役割を果たしていることが浮かび上がる．まず，K 中間子は π 中間子の u, d クォークを s クォークに置き換えて得られるため，3 フレーバーのカイラル対称性の自発的破れに伴う南部・ゴールドストーン (NG) ボソンとみなすことができ，ハドロンの中で軽い粒子と考えられる．他方，カイラル対称性のあからさまな破れの指標である s クォークの質量は u, d クォークに比べて大きいため (図 3.1 参照)，K 中間子の質量は π 中間子に比べると比較的重い．以上の事実は，ストレンジネス $S = 0$ と $S = \pm 1$ のハドロンの質量をプロットした図 9.1 に示されている．NG ボソン以外のハドロンの質量 (~ 1 GeV) に対し，π 中間子 (~ 140 MeV) が非常に軽いことは，対称性が厳密な場合に無質量粒子となる NG ボソンの名残である．K 中間子 (~ 495 MeV) は，s クォーク質量の影響で π ほどには軽くないものの，NG ボソンの性質により他のハドロンに比べると比較的軽く，2 つの影

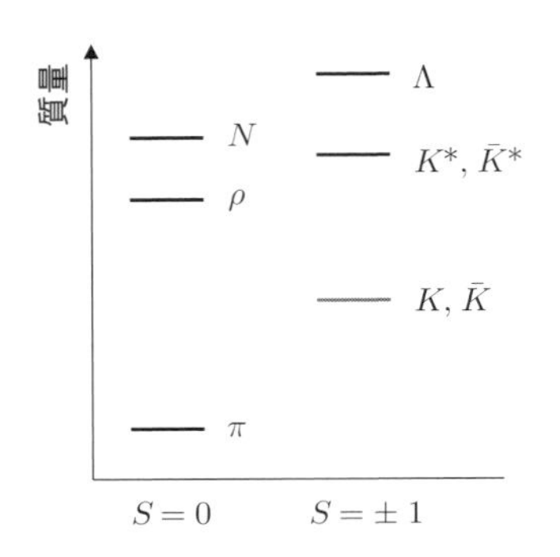

図 9.1　ストレンジネス $S=0$ と $S=\pm 1$ の最低エネルギーのメソンとバリオンの質量. 擬スカラーメソンの $\pi, K, \bar{K}$, ベクトルメソンの $\rho, K^*, \bar{K}^*$, バリオンの N, Λ を示している.

響が拮抗していることがわかる. このように, K 中間子には, 低エネルギーでの非摂動的 QCD の特徴的な性質である**カイラル対称性の自発的破れとあからさまな破れの競合**が反映されている.

K 中間子と原子核が束縛する可能性は, 基本相互作用である $\bar{K}N$ 相互作用と核力（NN 相互作用）の類似性から定性的に期待される. $\bar{K}$ はアイソスピン $I=1/2$ をもつので, $I=1/2$ の核子との相互作用には $I=0$ と $I=1$ の 2 つの独立な成分がある（1.3 節参照）. 核力も同様に 2 つの成分があるだけでなく, それぞれの成分の **s 波相互作用の性質が類似**している（表 9.1）. NN 相互作用の $I=0$ の $^3\mathrm{S}_1$ チャンネルは強い引力がはたらき, 束縛状態として重陽子を形成する（1.3.3 項参照）. $I=1$ の $^1\mathrm{S}_0$ チャンネルは束縛状態はないものの, 散乱長から相互作用が引力的であることが知られている. $\bar{K}N$ 相互作用では, $I=0$ チャンネルに $\Lambda(1405)$ が準束縛状態として存在するため強い引力がはたらくと期待され（第 5 章参照）, ワインバーグ・友沢関係式より, $I=1$ チャンネルの相互作用も引力的と考えられている（3.2.3 項参照）. このように, 異なるハドロン間相互作用の定性的な性質が類似している事実は興味深い. ただし, 重陽子は安定粒子であるのに対し, $\bar{K}N$ チャンネルはより低いエネルギーの $\pi\Sigma$ チャンネルと結合するために, $\Lambda(1405)$ は有限の崩壊幅をもつ**不安定状態**であることに注意する. $\bar{K}N$ 相互作用の引力に注目すると, 原子核中の 1 つの核子を $\bar{K}$

表 9.1 s 波の NN 相互作用と $\bar{K}N$ 相互作用の定性的な性質の比較.

	$I=0$	$I=1$
NN	強い引力（重陽子が束縛状態）	引力
$\bar{K}N$	強い引力（$\Lambda(1405)$ が準束縛状態）	引力

に置き換えることで，自己束縛系としての **K 中間子原子核**が形成されることが期待される．実際に，$\Lambda(1405)$ の観測 [107] のすぐ後から，K 中間子原子核の束縛可能性が議論されていた [312]．2000 年代に赤石・山崎によって K 中間子原子核が深く束縛し崩壊幅が小さくなる可能性が指摘され注目を集め [313]，多くの理論的，実験的研究が始まった．

9.2 少数系の K 中間子原子核

ここでは K 中間子原子核の少数計算を紹介する．量子少数系の研究では，与えらえた相互作用ポテンシャルに対して，シュレディンガー方程式の解を精密に計算する方法が開発されている [314–316]．K 中間子原子核の計算も，さまざまな $\bar{K}N$ 相互作用とともに，変分原理に基づいた方法 [317–321] およびファデーエフ方程式に基づいた方法 [218,322–326] を用いて進められてきた．5.4 節で導入された SIDDHARTA による K 中間子水素の制限を考慮した現代的な $\bar{K}N$ 相互作用を用いた厳密少数計算は文献 [321, 326] で行われた．

9.2.1 $\bar{K}N$ 相互作用と NN 相互作用の競合

最も基本的な K 中間子原子核は $\bar{K}NN$ 系である．実際の計算結果を示す前に，可能な状態の分類を行うことで，K 中間子原子核内で起こる 2 つの相互作用の競合を見てみよう．$\bar{K}$ も N もアイソスピン $I=1/2$ をもつので，$\bar{K}NN$ 系には 3 通りのアイソスピンの組み合わせが存在する [312]：

$$\text{(i)}: |\bar{K}[NN]_{I=0}\rangle_{I=1/2}, \quad \text{(ii)}: |\bar{K}[NN]_{I=1}\rangle_{I=1/2}, \quad \text{(iii)}: |\bar{K}[NN]_{I=1}\rangle_{I=3/2}. \tag{9.1}$$

基底状態ではすべての粒子間の軌道角運動量が 0 になっていると期待されるの

で，アイソスピン $I=0\,(I=1)$ に組んだ $[NN]_{I=0}$ 対 $([NN]_{I=1})$ はフェルミオンの反対称性からスピン $J=1\,(J=0)$ に組まれている（1.3.2 項参照）．擬スカラーである $\bar{K}$ はスピンをもたないため，NN 対のスピンが 3 体系のスピンとなり，状態 (i)，(ii)，(iii) はそれぞれ**すべて異なる量子数** $I(J^P)=1/2(1^-)$，$1/2(0^-)$，$3/2(0^-)$ をもつことになる[1)]．ここで，3 つの状態 (i)-(iii) のうち，基底状態を与えるものがどれか考えよう．$[NN]_{I=0}$ $([NN]_{I=1})$ 対は核力の ${}^3\mathrm{S}_1$ $({}^1\mathrm{S}_0)$ チャンネルに対応するため，$\bar{K}$ がない場合は状態 (i) のみが束縛状態として重陽子を形成する．しかし，アイソスピンの組み替えを行うと，それぞれの状態の中での $\bar{K}N$ 対のアイソスピン状態の割合が以下のように引き出される：

$$\text{(i)}:|\bar{K}[NN]_{I=0}\rangle_{I=1/2}=-\frac{1}{2}|[\bar{K}N]_{I=0}N\rangle_{I=1/2}+\frac{\sqrt{3}}{2}|[\bar{K}N]_{I=1}N\rangle_{I=1/2}, \tag{9.2}$$

$$\text{(ii)}:|\bar{K}[NN]_{I=1}\rangle_{I=1/2}=\frac{\sqrt{3}}{2}|[\bar{K}N]_{I=0}N\rangle_{I=1/2}+\frac{1}{2}|[\bar{K}N]_{I=1}N\rangle_{I=1/2}, \tag{9.3}$$

$$\text{(iii)}:|\bar{K}[NN]_{I=1}\rangle_{I=3/2}=|[\bar{K}N]_{I=1}N\rangle_{I=3/2}. \tag{9.4}$$

これより，$\bar{K}N$ 対の $I=0$ 成分の割合は (i)，(ii)，(iii) に対し，それぞれ 1/4，3/4，0 であるとわかる．表 9.1 を参照すると，$\bar{K}N$ 対では $\Lambda(1405)$ を準束縛状態としてもつ $I=0$ チャンネルが最も強い引力で，$I=1$ チャンネルは束縛を作るほど強い引力をもっていないことがわかる．よって，$\bar{K}N$ 相互作用の観点からは，$I=0$ の $\bar{K}N$ 対の割合が最大となる状態 (ii) が最も低いエネルギーを与えることが期待される．基底状態の候補として，NN 相互作用は状態 (i) を好み，$\bar{K}N$ 相互作用は状態 (ii) を好むというように，**2 つの相互作用の競合**が起こることが K 中間子原子核の興味深い性質である．数値計算の結果では，状態 (ii) が最もエネルギーの低い準束縛状態を形成し，状態 (i) は K^-d の閾値に対して非束縛であることが知られている．このように，核子数が 2 の系では，$\bar{K}N$

[1)] 慣習的に状態 (ii) は K^-pp と呼ばれることがあるが，これはあまり適切な用語ではない．$\Lambda(1405)$ が K^-p と $\bar{K}^0n$ の重ね合わせであるように，K^-pp 状態は常に $\bar{K}^0pn$ と混合し，物理的な状態は 2 つの成分の重ね合わせになるからである．さらに，状態 (ii) はアイソスピン 2 重項であり，K^-pp-$\bar{K}^0pn$ 状態はアイソスピンパートナーとして K^-pn-$\bar{K}^0nn$ 状態をもつ．

相互作用の寄与が核力より強く，$\bar{K}$ を加えることで基底状態のスピンが $J=1$（重陽子）から $J=0\,(\bar{K}NN)$ へと変化するといえる．このような基底状態の変化は，ハイパー核などの従来のエキゾチック原子核では見られない，強い $\bar{K}N$ 相互作用に起因した K 中間子原子核の特徴といえる．

9.2.2 少数系の理論計算

現代的な $\bar{K}N$ 相互作用である京都 $\bar{K}N$ ポテンシャルは，7.3.1 項で示したように，シュレディンガー方程式を厳密に解くことで SIDDHARTA による K 中間子水素の結果をよく再現し，文献 [110, 111] の散乱振幅を再現するため K^-p 散乱データとも整合的である．京都 $\bar{K}N$ ポテンシャルを用いた $\bar{K}NN$ 系の少数厳密計算は文献 [321] で与えられた．核力としては核子数 $A=2$–6 の少数原子核の基底状態を高精度で記述する AV4′ ポテンシャル [327] を用い，相関ガウス基底を用いた確率論的変分法 [314] により基底状態の波動関数と固有エネルギーを求めた．一般に変分計算では，試行関数を展開する基底の数を徐々に増やし，ハミルトニアンの固有値の収束によって基底状態のエネルギーを決定する．通常のエルミートなハミルトニアンに対しては，変分原理により試行関数によるエネルギーが厳密解より大きいことが保証されるが，京都 $\bar{K}N$ ポテンシャルのように複素強度をもつポテンシャルを含む非エルミートなハミルトニアンに対しては，この性質は必ずしも成り立たない．文献 [321] ではポテンシャルの実部のみで構成したハミルトニアンで試行関数の基底をまず用意し，用意した基底で複素ポテンシャルをもつハミルトニアンを対角化することで，K 中間子原子核の複素エネルギー固有値が収束することを示した．この手法の妥当性は，厳密解が散乱振幅から得られる 2 体系で確認されている．

3 体計算の結果，$\bar{K}NN$ 系の基底状態は $J^P=0^-$，つまり式 (9.1) の状態 (ii) であることが確認され，他の状態は非束縛であることも示された．得られた複素固有エネルギー E から束縛エネルギー B と中間子崩壊幅 $\Gamma_{\mathrm{mes.}}$ が $E=-B-i\Gamma_{\mathrm{mes.}}/2$ の関係で与えられる．$I(J^P)=1/2(0^-)$ の $\bar{K}NN$ 系の結果を表 9.2 に示す．$\bar{K}N$ ポテンシャルの虚部は πY チャンネルを有効的に取り込むことで得られていたため，ここでの崩壊幅は終状態に π を含む**中間子崩壊**のみの寄与で計算されている．実際には $\bar{K}NN\to YN$ などの終状態に π を含まない**非中間子崩壊**（多

表 9.2　$I(J^P) = 1/2(0^-)$ の $\bar{K}NN$ 系の束縛エネルギー B と中間子崩壊による崩壊幅 $\Gamma_{\rm mes.}$ の結果．$\bar{K}N$ $(I=0)$ 系の $\Lambda(1405)$，$\Lambda(1380)$ の固有エネルギーも合わせて示す．京都 $\bar{K}N$ ポテンシャルの結果は文献 [321]，分離型相互作用の結果は文献 [326] による．

相互作用	$\Lambda(1405)$ [MeV]	$\Lambda(1380)$ [MeV]	B [MeV]	$\Gamma_{\rm mes.}$ [MeV]
京都 $\bar{K}N$	$1424-26i$	$1381-81i$	25.3–27.9	30.9–59.4
$V^{1,{\rm SIDD}}_{\bar{K}N\text{-}\pi\Sigma}$	$1426-48i$	–	53.3	64.8
$V^{2,{\rm SIDD}}_{\bar{K}N\text{-}\pi\Sigma}$	$1414-58i$	$1386-104i$	47.4	49.8
$V^{\rm chiral}_{\bar{K}N\text{-}\pi\Sigma\text{-}\pi\Lambda}$	$1417-33i$	$1406-89i$	32.2	48.6

核子吸収）も起こるが，現状では粒子数の変化する多核子吸収の効果を厳密少数計算に取り入れることは困難である．文献 [319, 328–330] などで見積もりが議論されているように，非中間子崩壊によって K 中間子原子核の崩壊幅はさらに広くなると予想される．B および $\Gamma_{\rm mes.}$ の不定性の起源は主として $\bar{K}N$ 相互作用のエネルギー依存性であり，特に崩壊幅について不定性が大きくなっている．

表 5.4 に示した分離型相互作用を用いた $\bar{K}NN$ 系のファデーエフ計算も行われており [326]，結果を表 9.2 で比較する．カイラル対称性を考慮した $V^{\rm chiral}_{\bar{K}N\text{-}\pi\Sigma\text{-}\pi\Lambda}$ の結果は文献 [321] の変分計算とほぼ等価な結果を与えている．$V^{1,{\rm SIDD}}_{\bar{K}N\text{-}\pi\Sigma}$ および $V^{2,{\rm SIDD}}_{\bar{K}N\text{-}\pi\Sigma}$ を使った場合は，より束縛エネルギーの大きい結果を与える．ただし，最も大きい 3 体束縛状態の束縛エネルギーを与える $V^{1,{\rm SIDD}}_{\bar{K}N\text{-}\pi\Sigma}$ は，2 体束縛状態の $\Lambda(1405)$ に対しては最も小さい束縛エネルギーを与えていることがわかる．つまり，2 体と 3 体の束縛エネルギーの間に単純な相関関係はない．これらの少数計算でも 2 核子吸収の効果は取り入れられておらず，崩壊幅は 2 核子吸収のためにより大きくなると考えられる．

文献 [321] ではより核子数の多い 7 体系 ($\bar{K}NNNNNN$) までの少数 K 中間子原子核の包括的な理論計算が行われた．表 9.3 に数値計算の結果の B と $\Gamma_{\rm mes.}$ をまとめる．核子数 $A=4$ の $\bar{K}NNNN$ 系までは，最低閾値よりエネルギーの低い準束縛状態が得られるが，$A=5$ の系では，文献 [321] で計算された軌道角運動量 $L=0$ の場合には，$(\bar{K}NNNN)+N$ の閾値が最低エネルギーとなり，基底状態の準束縛状態は存在しない．$A=6$ では $J^P=0^-$ と 1^- の状態がほぼ縮退した準束縛状態を形成する．

表 9.3 少数 K 中間子原子核の基底状態のアイソスピン I，スピン・パリティ J^P，束縛エネルギー B，中間子崩壊幅 $\Gamma_{\rm mes.}$ [321]．不定性は主として $\bar{K}N$ 相互作用のエネルギー依存性に起因するが，アイソスピン多重項間のアイソスピンの破れも含んでいる．$\bar{K}NNNNNN$ 系の 0^- と 1^- はほぼ縮退している．

	$\bar{K}NN$	$\bar{K}NNN$	$\bar{K}NNNN$	$\bar{K}NNNNNN$
$I(J^P)$	$1/2(0^-)$	$0(1/2^-)$	$1/2(0^-)$	$1/2(0^-, 1^-)$
B [MeV]	25.3–27.9	45.3–49.7	67.9–75.5	69.8–80.7
$\Gamma_{\rm mes.}$ [MeV]	30.9–59.4	25.5–69.4	28.0–74.5	23.7–75.6

9.2.3 少数系の構造

少数系の変分計算で得られた波動関数を解析することで，準束縛状態の内部構造を議論することができる．たとえば，$\bar{K}NN$ 系の基底状態中の $\bar{K}N$ $(I=0)$ 対の波動関数と，2 体系の $\bar{K}N$ $(I=0)$ 対，つまり $\Lambda(1405)=\Lambda^*$ の波動関数が類似していることがわかっている [317–319]．この事実は，$\bar{K}NN$ の中で **Λ^* が性質を保ったまま存在**しており，$\bar{K}NN$ 系は本質的に Λ^*N 系として理解できることを示唆している．核子数の多い系に応用すれば，K 中間子原子核を **Λ^* 原子核** [331, 332] という描像で議論することができる．

9.2.1 項で議論したように，$\bar{K}NN$ 系では $\bar{K}N$ 相互作用が NN 相互作用に打ち勝ち，核子数 $A=2$ の基底状態のスピン・パリティが $\bar{K}$ を加えることで変化していた．これは，$\Lambda(1405)$ の束縛エネルギーが重陽子の束縛エネルギーより大きく，$\bar{K}N$ 間により強い引力がはたらくためと定性的に理解できる．しかし，いつでも $\bar{K}N$ 相互作用は NN 相互作用に打ち勝つのだろうか？ 2 つの相互作用の競合を $A=4$ の $\bar{K}NNNN$ 系で見てみよう．$J^P=0^-$ で $I=1/2$ の基底状態のうち，$I_3=+1/2$（電荷 $Q=+2$）の状態の波動関数は粒子基底で 2 つの成分をもち，C_i を各成分の重みとして

$$|\bar{K}NNNN\rangle = C_1|K^-pppn\rangle + C_2|\bar{K}^0ppnn\rangle, \tag{9.5}$$

と書かれる．重み C_i は少数計算の結果で決まるが，計算の前に相互作用の性質に基づいてどちらの成分が支配的か予想してみよう．まず，9.2.1 項で議論したように，$\bar{K}N$ 相互作用は $I=0$ 成分に強い引力があるため，$I=0$ の対，つまり K^-p または $\bar{K}^0n$ の割合を増やそうとする．この場合，式 (9.5) の第 1 項の成分が好まれると予想できる．一方で第 2 項の核子部分 $(ppnn)$ は原子核の中

でも特に大きな束縛エネルギーをもつ閉殻の α 粒子（^{4}He 原子核）を形成できるため，NN 相互作用で束縛エネルギーを稼ぐには第2項が有利である．このように，重み C_i は互いに異なる成分を好む $\bar{K}N$ と NN 相互作用のバランスで決定されることがわかる．少数計算の結果は $|C_1|^2 = 0.08$，$|C_2|^2 = 0.92$ となり，$\bar{K}NNNN$ 系では NN 相互作用，特に **α 相関が $\bar{K}N$ 相互作用に打ち勝ち**，状態の構造を決めていることが示された [321].

表 9.3 に示された比較的大きな束縛エネルギーは，K 中間子原子核の密度が通常原子核に比べて高くなることを期待させる．実際に文献 [313] では K 中間子原子核が高密度物質を形成する可能性が議論された．ここで少数厳密計算の観点から **K 中間子原子核の密度**について議論しよう．図 9.2 に，$\bar{K}NNNN$ 系の核子の重心からの距離の関数として核子の密度分布を示す（実線と波線，違いは $\bar{K}N$ 相互作用のエネルギー依存性の取り扱いに起因する）．$\bar{K}$ を含まない 4 核子系である ^{4}He 原子核の密度分布（一点鎖線）と比較すると，K 中間子原子核の中心密度が少し増大していることがわかる．これは $\bar{K}N$ 引力のために核子が引き寄せられた結果と理解できる．比較のため，より強い引力をもつ赤石・山崎ポテンシャル [317] を $\bar{K}N$ 相互作用として用いた結果を点線で示す．この

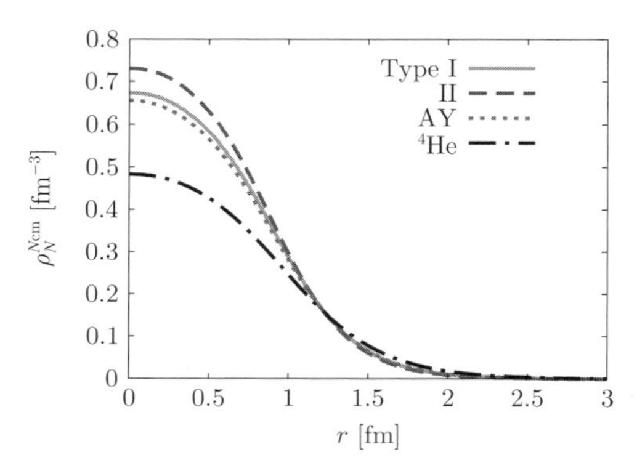

図 9.2　中間子原子核 $\bar{K}NNNN$ 系の核子の重心からの距離 r の関数としての核子密度分布 $\rho_N^{N_{\mathrm{cm}}}(r)$．$\bar{K}N$ 相互作用として京都 $\bar{K}N$ ポテンシャルを用いた結果を実線と波線で，赤石・山崎ポテンシャルを用いた結果を点線で示す．一点鎖線は ^{4}He 原子核の密度分布．文献 [321] から引用．Reprinted figure with permission from [S. Ohnishi *et al.*, Phys. Rev. C **95**, 065202 (2017).] Copyright (2017) by the American Physical Society.

場合 $\bar{K}NNNN$ 系の束縛エネルギーは $B \sim 85$ MeV となり，京都 $\bar{K}N$ ポテンシャルの $B = 68$–76 MeV より深い束縛エネルギーとなっている．一方で図 9.2 で示す密度分布では，赤石・山崎ポテンシャルの場合の中心密度（点線）が京都 $\bar{K}N$ ポテンシャルの場合（実線，波線）に比べて小さい．つまり，**深い束縛エネルギーは必ずしも大きな中心密度を意味しない**ことを示している．この原因は，束縛エネルギーは主に波動関数の遠方の減衰の仕方で決まるため，中心密度と必ずしも 1 対 1 対応しないことにある．また，図 9.2 に示す少数系での数個の核子の「密度」分布の概念は，核物質のような無限系での密度とは異なることにも注意が必要である．たとえば ^{4}He 原子核（一点鎖線）の中心「密度」は通常核密度 $\rho_0 \sim 0.17$ fm^{-3} の数倍に達しているが，α 粒子の中に高密度核物質が存在するとは通常考えない．

9.3 多体系の K 中間子原子核

核子多体系中の K 中間子の物理は，原子核と K ($\bar{K}$) 中間子の散乱から高密度物質中の K 中間子凝縮の可能性，中性子星におけるストレンジネス自由度の発現まで，幅広いトピックスを含んでいる．本節では，核媒質中での K 中間子の性質変化と，厳密少数計算が適用できない多体系の原子核における K 中間子原子核の議論を中心に紹介する．より詳細な議論はレビュー論文 [333, 334] などが参考になる．

9.3.1 核媒質中での K 中間子

中性子密度が ρ_n で陽子密度が ρ_p（バリオン密度は $\rho = \rho_p + \rho_n$）である一様な核媒質中の K 中間子の性質を考える．媒質中での K 中間子のエネルギー E と運動量 $\boldsymbol{q}$ の関係を与える分散関係式は

$$E^2 - \boldsymbol{q}^2 - m_K^2 - \Pi(E, \boldsymbol{q}; \rho_p, \rho_n) = 0, \tag{9.6}$$

となる．ここで m_K は K 中間子の質量で，**自己エネルギー $\boldsymbol{\Pi}$** が K 中間子と媒質中の核子の間のすべての相互作用の効果を表している．真空中では $\Pi = 0$ で

あり，自由な K 中間子のエネルギーと運動量の関係が再現される．自己エネルギーは**光学ポテンシャル** U と

$$U(E, \boldsymbol{q}; \rho_p, \rho_n) = \frac{1}{2E} \Pi(E, \boldsymbol{q}; \rho_p, \rho_n), \tag{9.7}$$

と関係している．光学ポテンシャルは K 中間子のエネルギーと運動量に依存しており，媒質中で**中間子が吸収される効果が虚部で表現**される．$K = (K^+, K^0)$ の場合は KN が最低エネルギーの閾値であることから，K は原子核中で吸収されず光学ポテンシャルは実数であるが，$\bar{K} = (K^-, \bar{K}^0)$ の場合は $\bar{K}N \to \pi Y$ や $\bar{K}NN \to YN$ という過程を通じて $\bar{K}$ が原子核中で吸収されるために U は複素ポテンシャルとなる．運動量をゼロ ($\boldsymbol{q} = \boldsymbol{0}$) とした際の式 (9.6) の自己無撞着な解のエネルギーの実部が，媒質中での K 中間子の有効質量 m_K^* を与える：

$$m_K^*(\rho) = \mathrm{Re}\, E(\boldsymbol{q} = \boldsymbol{0}; \rho). \tag{9.8}$$

ここで対称核物質 $\rho_p = \rho_n = \rho/2$ の場合を考えた．$\bar{K}$ の場合は吸収の効果で固有エネルギーが複素になるため右辺で実部がとられている．対応する媒質中での $\bar{K}$ の崩壊幅は

$$\Gamma(\rho) = -2\, \mathrm{Im}\, E(\boldsymbol{q} = \boldsymbol{0}; \rho) \simeq -2\, \mathrm{Im}\, U(m_K^*, \boldsymbol{q} = \boldsymbol{0}; \rho), \tag{9.9}$$

となる．最後の近似式は崩壊幅が有効質量に比べて十分小さい場合に成立する．

具体的に K^- と K^+ に対する自己エネルギーの主要な寄与を考えてみよう．低密度極限では，K 中間子が媒質中に分布する 1 つの核子と散乱する過程が支配的となることから，$K^\pm$ と核子 $N = (p, n)$ の重心系での前方散乱振幅 $F_{K^\pm N}$ を用いて

$$\Pi^\pm = -4\pi \frac{\sqrt{s}}{M_N} \left(F_{K^\pm p}\, \rho_p + F_{K^\pm n}\, \rho_n \right), \tag{9.10}$$

と書ける（T 行列に比例する散乱振幅と密度 ρ の積なので **$\boldsymbol{T\rho}$ 近似**と呼ばれる）．低エネルギーでの前方散乱振幅は 5.3.1 項で紹介したワインバーグ・友沢定理に支配され，f_K を K 中間子崩壊定数として

$$F_{K^-p}^{\mathrm{WT}} = -F_{K^+p}^{\mathrm{WT}} = \frac{E}{4\pi f_K^2}, \quad F_{K^-n}^{\mathrm{WT}} = -F_{K^+n}^{\mathrm{WT}} = \frac{E}{8\pi f_K^2}, \tag{9.11}$$

となる．この結果より，K^- に対しては陽子も中性子も s 波で散乱振幅の符号が正，つまり**引力がはたらき**，対応する自己エネルギーは負，つまり**媒質中で質量が下がる**ことが期待される．一方，K^+ に対しては符号が逆なので，斥力がはたらき質量を上げる効果になる．この K^+ と K^- の質量の分離は，核子あたりの重心エネルギーが 1–2 GeV の重イオン衝突で K^+ と K^- の生成量の詳細な解析によって，実際に観測可能であると考えられている [335].

K 中間子の s 波の光学ポテンシャルを π 中間子の場合と比較することで，カイラル対称性の観点から媒質中のメソンの性質を考えてみよう．u, d, s クォークの質量を 0 にするカイラル極限では，K および π が NG ボソンであることを反映し，$E = |\boldsymbol{q}| = 0$ で，すべての相互作用がゼロになる．π の場合は，光学ポテンシャルの主要項 $U = -2\pi b_0 \rho / m_\pi$ はアイソスピン偶の πN 散乱長 $b_0 = (a^{I=1/2} + 2a^{I=3/2})/3$ で与えられる．ワインバーグ・友沢定理では $b_0 = 0$ で（表 3.1 参照），実験値も非常に小さな値であることが知られているので，光学ポテンシャルの評価には定量的に補正を与えるカイラル摂動論の高次項が重要になってくる．K 中間子の場合にはワインバーグ・友沢定理の寄与は式 (9.11) のように有限であり，閾値 ($E = m_K$) で K 中間子の質量に比例している．図 9.1 でみたように K 中間子は NG ボソンではあるもののそれなりの質量をもっているため，**カイラル対称性のあからさまな破れ**の効果が K 中間子と核子の相互作用を強めていることがわかる．対称核物質での光学ポテンシャルをワインバーグ・友沢項 (9.11) を用いて見積もると，

$$U_{K^-}^{WT} = -\frac{3(1 + m_K/M_N)}{8 f_K^2} \rho \simeq -62 \frac{\rho}{\rho_0} \, \mathrm{MeV}, \tag{9.12}$$

となる．ここで K 中間子の崩壊定数 $f_K \simeq 110$ MeV と標準核密度 $\rho_0 = 0.17$ fm^{-3} を用いた．

引力の $\bar{K}N$ 相互作用に起因して核媒質中で $\bar{K}$ の有効質量が下がることに動機づけられ，高密度核物質中で K^- のボース・アインシュタイン凝縮，***K* 中間子凝縮**が起こる可能性が議論された [336]．従来，中性子星の構成要素はほとんどが中性子で，β 平衡条件を満たすために少数の陽子と電子が含まれると考え

られていた．もし核物質の密度が高くなり K^- の有効質量が十分に下がって電子の化学ポテンシャルを超えた場合，電子を K^- に置き換える方がエネルギー的に得になり，K 中間子凝縮が起こると期待される [337]．しかし，K 中間子凝縮が起こると核物質の状態方程式がソフト化し，中性子星の最大質量が典型的に太陽質量の 1.5 倍程度となってしまう．最近の観測で太陽質量の 2 倍かそれ以上の質量をもつ中性子星が複数発見されたことで，状態方程式の硬さについて強い制限がかけられるようになり，中性子星内部での K 中間子凝縮の可能性はほぼ排除された．この観測は同時に，ハイペロンがあらわれる可能性についても強い制限を与えている [338–340]．

式 (9.10) は低密度極限で主要項となる密度に線形な寄与であるが，より現実的な計算では核物質内での**パウリ排他律の効果**や**核力の短距離相関**などが考慮され，密度に非線形な効果も自己エネルギーにあらわれる．また，式 (9.11) のワインバーグ・友沢項にはカイラル摂動論の高次項による補正が加えられる．以上の効果を考慮し，核媒質中でのカイラル SU(3) 動力学に基づいた計算による K と $\bar{K}$ の性質変化が議論された [300, 341, 342]．対称核物質における典型的な K^- と K^+ の有効質量の密度依存性を図 9.3 に示す．現実的な計算を行った場合でも，低密度ではワインバーグ・友沢項で期待される $\boldsymbol{K^+}$ **と** $\boldsymbol{K^-}$ **の質量分**

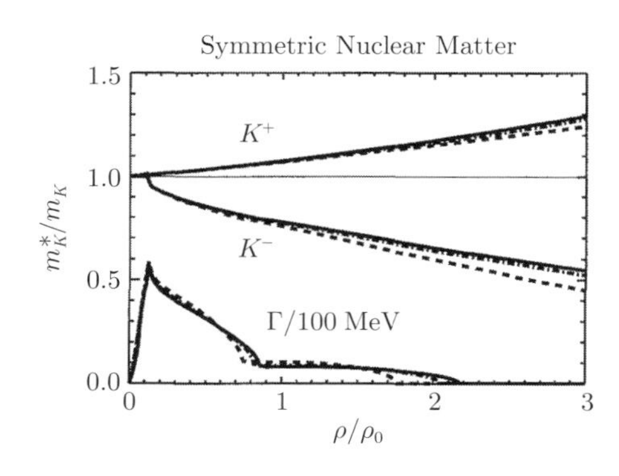

図 9.3　対称核物質中での $K^\pm$ の有効質量 $m_K^*(\rho)$ と K^- の崩壊幅．横軸は標準核密度 $\rho_0 = 0.17\ \mathrm{fm}^{-3}$ で規格化した密度 ρ．破線はカイラル SU(3) 動力学でパウリ排他律とフェルミ運動の効果を取り入れたもの．実線は 2 核子短距離相関をさらに加えた結果．文献 [300] より引用．Reprinted from Nucl. Phys. A **617**, T. Waas, M. Rho, and W. Weise, 449 (1997), with permission from Elsevier.

離が実現している．核多体効果のうち，パウリ排他律はあまり K 中間子の媒質効果に影響しないが，核力の短距離相関の効果は特に標準核密度の 2 倍以上の高密度で重要になることがわかっている．図 9.3 の K^- の崩壊幅は $\bar{K}N \to \pi Y$ 過程の寄与で計算されており，複数の核子によって吸収される $\bar{K}NN \to YN$, $\bar{K}NNN \to YNN$ などの寄与によってさらに大きくなると期待される．図 9.3 の K^- の結果のごく低密度の領域では，$\Lambda(1405)$ の形成と閾値下のエネルギーでの散乱に起因して，密度に対して強い非線形性があらわれている．この振る舞いについては $\Lambda(1405)$ の自己無撞着な取り扱いに基づき文献 [343] でさらに議論されている．

9.3.2 有限核での K 中間子原子核

少数厳密計算が適用できないような大きな原子核に K 中間子が束縛した状態に対して，核物質中での $\bar{K}$ の性質変化に基づいた研究が文献 [344–347] などで行われている．一般に，原子核の密度分布 $\rho(\boldsymbol{r})$ を用意し，式 (9.6) を $\rho(\boldsymbol{r})$ に対して解いて得られる固有エネルギー E が，K 中間子原子核の束縛エネルギー $B_K = -\mathrm{Re}\ E$ と崩壊幅 $\Gamma = -2\ \mathrm{Im}\ E$ を与える．文献 [344] では s 波と p 波の $\bar{K}N$ 相互作用を用い，$\bar{K}NN \to YN$ という 2 核子吸収の効果の効果も含めた自己エネルギーを用いた計算が行われた．図 9.2 の少数系の計算でみられたように，$\bar{K}$ を加えた際の引力の効果で，核子密度は中心部で通常原子核より大きくなることが期待される．文献 [344] では密度分布の $r = 0$ での値 ρ_0 を通常原子核のものから変化させた場合も含めて基底状態の束縛エネルギー B_K と崩壊幅 Γ が計算された．主要項である $T\rho$ 近似で得られる強い束縛エネルギーは，パウリ排他律および短距離相関の効果によって弱められることが示された．中心密度を増加させると束縛エネルギーは大きくなるが，対応する崩壊幅，特に 2 核子吸収による崩壊幅が増大し，K 中間子原子核は束縛エネルギーと同程度以上の**広い崩壊幅をもつ状態**として実現される．より定量的な議論を行うためには，$\bar{K}NN \to YN$, $\bar{K}NNN \to YNN, \ldots$ などの $\boldsymbol{\bar{K}}$ **の多核子吸収**の効果を理論的，実験的に精密化する必要がある．

このように，束縛エネルギーと崩壊幅の競合が K 中間子原子核の存在にとって重要となる．文献 [347] では，第 7 章での K 中間子原子の研究で用いられた光学

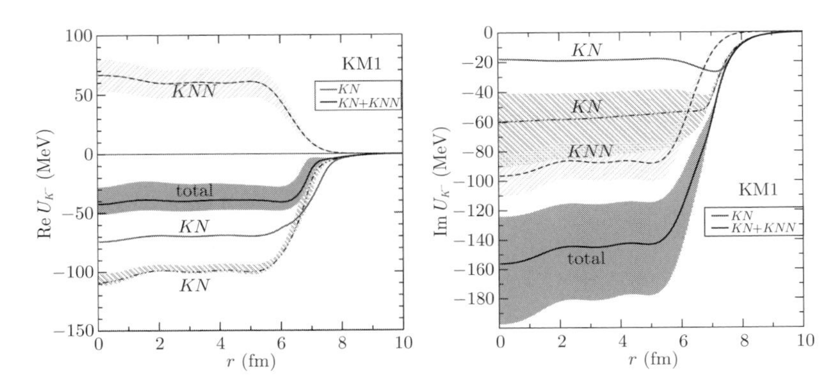

図 9.4　^{208}Pb$+K^-$ 系での K^--原子核ポテンシャル U_{K^-} の実部(左)と虚部(右)．K^-N の 1 核子ポテンシャルの寄与 (KN) と現象論的な多核子吸収の寄与 (KNN) と全体のポテンシャルが誤差つきで評価されている．誤差なしの実線は多核子吸収がない場合の K^-N 1 核子ポテンシャル．文献 [347] から引用．Reprinted figure with permission from [J. Hrtánková. and J. Mareš, Phys. Rev. C **96**, 015205 (2017).] Copyright (2017) by the American Physical Society.

ポテンシャルを応用することで多核子吸収の効果を取り込み，さまざまな原子核に K^- が束縛される可能性を議論した．まず，文献 [110,111] のカイラル SU(3) 動力学の散乱振幅を基に構成された 1 核子ポテンシャルと，多核子吸収を表す式 (7.30) の現象論的な項 ($\alpha = 1$) を組み合わせ，図 9.4 に示す $^{208}\text{Pb} + K^-$ 系の光学ポテンシャルを構築した．1 核子ポテンシャルが引力的（実部が負）にはたらくのに対し，多核子吸収の効果は実部で斥力的にはたらき，虚部をさらに増大させる効果を示す．合計したポテンシャルの実部は原子核中心で $\text{Re}\, U_K \simeq -40$ MeV 程度の深さであり，虚部は約 4 倍程度の $\text{Im}\, U_K \simeq -160 \pm 30$ MeV と非常に大きくなる．結果として得られる準束縛状態の束縛エネルギーは $B_K = 33$ MeV，崩壊幅は $\Gamma = 273$ MeV となり，実験で観測することは困難であると考えられる．

第10章 今後の展望

本書の後半では，$\Lambda(1405)$ と $\bar{K}N$ 相互作用（第5章），K 中間子原子（第7章），K 中間子原子核の実験（第8章），理論（第9章）の研究の現状を紹介した．近年 K 中間子原子核に関する研究はめざましく進展し，多くの知見が得られている．特に，Λ ハイパー核に代表される従来のエキゾチック原子核に比べて，$\bar{K}$ と核子の強い引力相互作用を反映し，K 中間子原子核は**通常原子核と大きく異なる構造**をもつことが明らかになってきた．一方で，今後の研究で解明されるべき課題も残されている．本章では，理論・実験の双方から見た今後の展望をまとめる．

10.1 $\bar{K}N$ 系

K 中間子原子核を束縛させる最も強い原動力は，アイソスピン $I = 0$ の $\bar{K}N$ 相互作用である．第5章で述べたように，$\bar{K}N$ 閾値近傍の散乱振幅の振る舞いは SIDDHARTA による K 中間子水素の測定により強く制限され，$\Lambda(1405)$ の性質も確定しつつある．一方で，**$\bar{K}N$ 閾値から離れたエネルギー領域での相互作用**の不定性を減らすことは，今後の課題として残されている．特に，$\pi\Sigma$ 閾値に近いエネルギーに位置する $\Lambda(1380)$ の性質を定量的に確定させることは，新たな負パリティの Λ 励起状態の存在というハドロン分光学としての興味だけでなく，閾値から離れた領域での $\bar{K}N$ 相互作用の振る舞いを通じて，K 中間子原子核の解明にも大きく影響する．$\bar{K}N$ 相互作用に対する実験的なアプローチは，低エネルギー $\bar{K}N$ 散乱や K 中間子水素の測定などの従来の手法のさらなる精密化はもちろんのこと，$\bar{K}N$ との結合チャンネルである $\pi\Sigma$ 散乱長の大きさを閾値カスプの測定により決定する方法 [85] や，高エネルギー衝突実験における運動量相関関数の測定 [281, 284, 285] など，新しい手法も併用して研究が進むと期待される．

K 中間子原子核中の $\bar{K}N$ 対には，強い引力をもつ $I=0$ の対だけでなく，$I=1$ の組み合わせも含まれる．このため，複数の核子を含む多体系の議論には **$I=1$ の $\bar{K}N$ 相互作用**も必要となるが，現状では $I=1$ 成分の不定性が $I=0$ に比べて大きいことが知られている [348]．$\bar{K}N$ 相互作用のアイソスピン依存性を解き明かすためには，K 中間子重水素の測定が重要となる．重水素では核子対がアイソスピン $I=0$，スピン $S=1$ に組まれているため，式 (9.3) を用いると，K 中間子重水素中では $I=1$ に組んだ $\bar{K}N$ 対と $I=0$ の対の比が

$$\frac{|\langle K^-d|[\bar{K}N]_{I=0}N\rangle|^2}{|\langle K^-d|[\bar{K}N]_{I=1}N\rangle|^2}=\frac{1}{3}, \tag{10.1}$$

と 3 倍多いことがわかる．よって K 中間子重水素は $I=1$ の相互作用に対して，より敏感といえる．理論的には，精密 3 体計算によりエネルギーシフトが $\Delta E=670$ eV，崩壊幅が $\Gamma=1016$ eV と予言されている [294]．大きな崩壊幅のため，実験的な X 線の測定は困難を伴うが，現在計画中の J-PARC E57 実験および SIDDHARTA-2 実験からの結果が期待されている．

10.2　$\bar{K}NN$ 系

実験，理論ともに現在最も研究が進んでいる K 中間子原子核は $\bar{K}NN$ 系である．J-PARC E15 実験により束縛状態のシグナルが観測され（第 8 章），現実的な相互作用を用いた精密少数計算が行われた（第 9 章）．しかし実験と理論計算とを定量的に比較するためには，いくつかの課題を解決する必要がある．理論計算の最も重要な課題は **2 核子吸収過程 ($\bar{K}NN\to YN$) の寄与**を取り込むことである．Λp 不変質量分布で得られた実験のシグナルは，まさに 2 核子吸収過程を経由して観測されている．一方で，$\bar{K}NN\to YN$ のように粒子数が変化する過程を少数計算で扱うことは技術的に困難であり，現在までの理論計算では近似的な見積もりが与えられているだけである．理論的には挑戦的な

課題であるものの，実験と比較しうる状態を議論するためには 2 核子吸収過程を取り込んだ計算を行うことが不可欠である．さらに，2 核子吸収を経由する $\bar{K}NN \to YN \to \bar{K}NN$ 過程は，崩壊幅だけでなく束縛エネルギーにも影響を与える $\bar{K}NN$ 系での 3 体力効果（2 体相互作用に還元できない 3 体系で初めてあらわれる力）と考えることができるため，理論的にも興味深い問題である．

J-PARC E15 実験で得られた $\bar{K}NN$ の崩壊幅 $\Gamma \sim 100$ MeV は全崩壊幅であり，可能な崩壊モードすべての部分幅の和になっている．崩壊モードは終状態に応じて以下のように分類される：

$$\underbrace{\bar{K}NN \to \Lambda N, \quad \bar{K}NN \to \Sigma N}_{\text{非中間子崩壊}}, \quad \underbrace{\bar{K}NN \to \pi\Lambda N, \quad \bar{K}NN \to \pi\Sigma N}_{\text{中間子崩壊}}. \quad (10.2)$$

それぞれのモードへの**崩壊分岐比**は $\bar{K}NN$ 状態の構造を反映した重要な物理量である．たとえば，非中間子崩壊の分岐比が大きい場合は，上述の 2 核子吸収過程を理論計算に取り込むことがより重要となる．実験的な情報としては，原子核中での K^- 中間子吸収の議論（8.2 節）で見たように，^{4}He より重い原子核では 20% 程度が非中間子崩壊（K^- の反跳運動量は 200 MeV 程度），残りの 80% 程度が中間子崩壊であると観測されているが，$\bar{K}NN$ という準束縛状態を形成している場合は，核子対の波動関数が異なるため，分岐比も変化することが予想される [329]．逆に，崩壊分岐比を実験的に測定することで，$\bar{K}NN$ 中の核子の波動関数の情報を得ることができる．9.2.3 項で議論したように，$\bar{K}NN$ 系中の $\bar{K}N$ 対が主に $\Lambda(1405) = \Lambda^*$ を形成していると考えると，崩壊の物理的機構として $\Lambda^* N$ 系からの崩壊を考えることができる．$\Lambda(1405)$ の崩壊モードは $\Lambda^* \to \pi\Sigma$ がほぼ 100% なので，$\bar{K}NN \to \pi\Sigma N$ の部分幅は真空中の $\Lambda(1405)$ の崩壊幅（表 5.2 より 20–50 MeV）で見積もられる．$\Lambda^* N$ を始状態とした非中間子崩壊過程 $\Lambda^* N \to \Lambda N$，$\Lambda^* N \to \Sigma N$ の部分幅は標準核密度中で約 22 MeV 程度，分岐比は $\Gamma_{\Lambda N}/\Gamma_{\Sigma^0 N} \sim 1.2$ と見積もられている [328]．

さらに，$\bar{K}NN$ 状態が実験で観測される**スペクトルにどのように反映**されるのかを，定量的に理論計算することも必要である．第 5 章の $\Lambda(1405)$ の議論で示されたように，通常の 2 体散乱中の共鳴状態の場合でも，閾値効果やチャンネル結合効果，アイソスピンの干渉などにより，実験のスペクトルから得られるピーク位置は必ずしも実際の固有エネルギーの実部に対応しない．$\bar{K}NN$ 系でも，文献 [349] のような反応計算を通じて，固有エネルギーとピーク構造の関係を確立して初めて，理論計算と実験のスペクトルの意味のある比較が可能となる．生成断面積や崩壊分岐比の定量的な評価も含んだ包括的な解析が必要とされている．

実験的には $\bar{K}NN$ 系の**量子数（スピン $\boldsymbol{J}$，アイソスピン $\boldsymbol{I}$）を決定**することが重要である．9.2.2 項の議論より，$\bar{K}NN$ 系の基底状態は $I=0$ の $\bar{K}N$ 対を最も多く含む $I(J^P)=1/2(0^-)$ の状態と期待されているが，実験的には確定されたわけではない．アイソスピン $I=1/2$ を確定するには，$I_3=\pm 3/2$ の状態（電荷が $+2$ または -1 の状態）の不在を示せばよいので，$p\Sigma^+$ 対または $n\Sigma^-$ 対の不変質量分布を調べることにより検証できる．スピンの実験的な決定には通常終状態である Λp の角度相関が用いられるが，9.2.2 項で議論したように，軌道角運動量が 0 になっていることを仮定すれば，$\bar{K}NN$ 状態のアイソスピン状態とスピン・パリティ J^P の間には対応関係があるので，反応過程のアイソスピンの特性を利用することも可能である．実際に J-PARC P89 実験では，$K^- + {}^3\mathrm{He}$ 反応を利用し，E15 実験で見つかった $I_3=+1/2$ の状態に加えて，$I_3=-1/2$ のアイソスピンパートナーを $\Sigma^- p$ 終状態で探索し，断面積の比からスピンを決定する提案がなされている．

$\Lambda(1405)$ の場合と同様に，基本的な物理量である固有エネルギー（質量と崩壊幅），スピン，アイソスピンが確定した次に問題になるのは，**状態の内部構造**の解明である．一般に $\bar{K}NN$ 準束縛状態の波動関数は，$\bar{K}NN$ 成分に加えて，結合チャンネルである $\pi\Sigma N$，$\pi\Lambda N$ 成分，さらには非中間子崩壊を通じた ΣN，ΛN 成分などの重ね合わせで記述される．ハドロン分子に対するマルチクォーク状態のように，s クォーク 1 つと ud クォーク 5 つがコンパクトに結合した状態も同じ量子数を構成できるため，原理的には $\bar{K}NN$ の成分に含まれうる．内部構造を解明するためには，各成分の重みと実験で測定できる物理量との関係を明らかにし，精密な観測を行うことが重要となる．上述の崩壊分岐比の測定や，$\Lambda(1405)$ の場合の複合性（5.3.4 項）の拡張が利用できると期待される．また，9.2.3 項で紹介した Λ^* 原子核という描像 [331,332] も，$\bar{K}N$ が Λ^* というクラスターを形成していると解釈できるため，原子核構造研究のクラスター構造との関連から興味深い.

10.3 多体系

$\bar{K}N$ 系が $\Lambda(1405)$ を形成し，$\bar{K}NN$ 系が準束縛状態を形成するのであれば，$\bar{K}N$ 間に強い引力があることが示唆されるため，さらに**核子を追加した $\boldsymbol{K}$ 中間子原子核**の存在が自然に期待される．実際に，文献 [321] の少数精密計算では，表 9.3 より，$I(J^P) = 0(1/2^-)$ の $\bar{K}NNN$ 系に $B \sim 48$ MeV，$I(J^P) = 1/2(0^-)$ の $\bar{K}NNNN$ 系に $B \sim 72$ MeV の準束縛状態が存在することが示されている．少数厳密計算が適用できる系は限られているが，より核子数の多い原子核において結合エネルギーが飽和性を示すかどうかを調べることが，理論的な課題の 1 つとなる．核子数の多い K 中間子原子核を実験的に調べる方法として，J-PARC E15 実験で用いられた ^{3}He 標的をより重い原子核に変えることが考えられる．たとえば J-PARC E80 実験では，^{4}He 標的を用いることで，$\bar{K}NNN$ 状態を Λd 対への崩壊で捉える提案がなされている．同様に Λpn 終状態への崩壊過程を調べることも可能である．一方で，中間子崩壊のみで評価した $\bar{K}NNN$ および $\bar{K}NNNN$ 状態の崩壊幅は $\Gamma_{\mathrm{mes.}} \sim 70$ MeV に到達し，多核子吸収の効果を考慮するとさらに全崩壊幅は大きくなるため，実験で観測する際にはシグナルを分離する詳細な解析が求められる．ここでも $\bar{K}NN$ 系と同様に，精密な反応計算を準備することが理論的にも重要である．

別の方向性として，**$\bar{\boldsymbol{K}}$ を複数含む原子核系**を調べることも考えられる．核子と異なり，$\bar{K}$ はボソンなので，複数個の $\bar{K}$ が基底状態である s 状態に入ることが可能である．一方で $\bar{K}\bar{K}$ 相互作用は斥力であることが知られており，$\bar{K}N$ と NN の引力と，$\bar{K}\bar{K}$ の斥力との競合で状態の性質が決まる．また，$\bar{K}$ の数が増えるに従い $\bar{K}N$ 対の数も増大するため，崩壊幅も大きくなることが期待される．実際に $\bar{K}\bar{K}NN$ 系の少数計算も文献 [320] で行われており，$B \sim 32$ MeV，$\Gamma \sim 81$ MeV という結果が得られている．ストレンジネス $|S| \geq 2$ の系を固定標的実験で生成するのは難しいため，$\bar{K}$ を複数含む系の探索は，たとえば LHC の ALICE 実験など，高エネルギー衝突実験で実現されることが期待される．

参考図書

ここでは日本語で書かれた文献や邦訳の出ている参考書の情報をまとめる．第1〜2章にかけての歴史的な経緯に関しては

(a) エミリオ・セグレ 著（久保亮五，矢崎裕二 訳）：「X 線からクォークまで」，みすず書房 (1982)
(b) スティーブン・ワインバーグ 著（本間三郎 訳）：「電子と原子核の発見」，ちくま学芸文庫 (2006)

が，当時の生き生きとした学問の進展を伝えている．専門書としては

(c) 長島順清 著：「素粒子物理学の基礎 I, II」，朝倉書店 (1998)
(d) D. J. グリフィス 著（花垣和則，波場直之 訳）：「素粒子物理学」，丸善 (2019)

が挙げられる．原子核物理学と高エネルギー物理学でアイソスピンの定義が異なる経緯は

(e) 内藤智也，萩野浩一，小林良彦：「アイソスピンの符号の慣習をめぐって」，日本物理学会誌，第 77 巻，第 2 号，99 (2022)
`https://doi.org/10.11316/butsuri.77.2_99`

で詳しくまとめられている[1]．第 2 章の群論と構成子クォーク模型については，

(f) ハワード・ジョージァイ 著（九後汰一郎 訳）：「物理学におけるリー代数」，吉岡書店 (2010)

---

[1] 刊行後 1 年を経過した日本物理学会誌の記事は J-STAGE で pdf が無料公開されている．

(g) J. J. サクライ 著（桜井明夫 訳）:「現代の量子力学 上下」, 吉岡書店 (2015)

が参考になる．エキゾチックハドロンに関する最近の話題は

(h) 兵藤哲雄:「共鳴状態の複合性で特徴づけるハドロン分子状態」, 日本物理学会誌, 第 75 巻, 第 8 号, 478 (2020)
https://doi.org/10.11316/butsuri.75.8_478
(i) 石川貴嗣, 笠木治郎太:「光子ビームで探るクォークグルーオン多体系 – ダイバリオンの発見から分光へ」, 日本物理学会誌, 第 75 巻, 第 1 号, 22 (2020)
https://doi.org/10.11316/butsuri.75.1_22

でまとめられている．第 2 章の YN 相互作用については

(j) 藤原義和, 仲本朝基, 鈴木宣之:「核力とハイペロン-核子相互作用」, 日本物理学会誌, 第 53 巻, 第 7 号, 523 (1998)
https://doi.org/10.11316/butsuri1946.53.523

は, 著者らが構築したクォークメソン模型を中心に参考となろう．2.3 節で少し触れた高温・高密度での QCD のクォーク・グルーオン・プラズマについては, 以下の参考書が実験の側面から詳しい:

(k) 秋葉康之 著:「クォーク・グルーオン・プラズマの物理」, 共立出版 (2014)

第 3 章の QCD のカイラル対称性については,

(l) 国広悌二 著:「クォーク・ハドロン物理学入門」, サイエンス社 (2013)
(m) 土岐博, 保坂淳 著:「相対論的多体系としての原子核 – 相対論的平均場理論とカイラル対称性」, 大阪大学出版会 (2011)

が大いに参考となる．QCD の理論的研究の最近の進展の 1 つである格子 QCD によるバリオン間相互作用については

(n) 青木慎也 著:「格子 QCD によるハドロン物理 – クォークからの理解」, 共立出版 (2017)

で解説されている．第 4 章の散乱理論については教科書 (g) の下巻および

(o) 笹川辰弥 著：「散乱理論」，裳華房 (2018)

が参考になる．第 5 章の $\Lambda(1405)$ と $\bar{K}N$ 相互作用については

(p) 兵藤哲雄，慈道大介：「カイラル動力学と $\bar{K}$ 中間子を含むハドロン分子的状態」，日本物理学会誌，第 67 巻，第 4 号，226 (2012)
https://doi.org/10.11316/butsuri.67.4_226

にまとめられている．第 6 章の中間子原子核の物理は

(q) 比連崎悟 著：「中間子原子の物理 – 強い力の支配する世界」，共立出版 (2017)

で詳しく議論されている．第 7 章の K 中間子水素原子の SIDDHARTA 実験については

(r) 岡田信二，早野龍五，兵藤哲雄，池田陽一：「K 中間子水素原子 X 線精密分光実験の拓く物理」，日本物理学会誌，第 68 巻，第 1 号，29 (2013)
https://doi.org/10.11316/butsuri.68.1_29

が参考になる．第 8 章の J-PARC E15 実験の結果については

(s) 岩崎雅彦，佐久間史典，山我拓巳：「K 中間子と陽子 2 つからなる奇妙な原子核」，日本物理学会誌，第 75 巻，第 1 号，10 (2020)
https://doi.org/10.11316/butsuri.75.1_10

でまとめられている．第 9 章の K 中間子原子核の理論は文献 (p)，(q) でも議論されている．

参考文献

[1] H. Yukawa, Proc. Phys. Math. Soc. Jap., **17**, 48 (1935).

[2] S. H. Neddermeyer and C. D. Anderson, Phys. Rev., **51**, 884 (1937).

[3] C. M. G. Lattes, G. P. S. Occhialini, and C. F. Powell, Nature, **160**, 453 (1947).

[4] C. M. G. Lattes, G. P. S. Occhialini, and C. F. Powell, Nature, **160**, 486 (1947).

[5] R. Machleidt, Phys. Rev. C, **63**, 024001 (2001).

[6] V. G. J. Stoks, R. A. M. Klomp, C. P. F. Terheggen, and J. J. de Swart, Phys. Rev. C, **49**, 2950 (1994).

[7] R. B. Wiringa, V. G. J. Stoks, and R. Schiavilla, Phys. Rev. C, **51**, 38 (1995).

[8] B. S. Pudliner, V. R. Pandharipande, J. Carlson, S. C. Pieper, and R. B. Wiringa, Phys. Rev. C, **56**, 1720 (1997).

[9] S. Weinberg, Phys. Lett. B, **251**, 288 (1990).

[10] E. Epelbaum, H.-W. Hammer, and U.-G. Meißner, Rev. Mod. Phys., **81**, 1773 (2009)

[11] R. Machleidt and D. Entem, Phys. Rept., **503**, 1 (2011).

[12] H. W. Hammer, S. König and U. van Kolck, Rev. Mod. Phys., **92**, 025004 (2020).

[13] N. Ishii, S. Aoki, and T. Hatsuda, Phys. Rev. Lett., **99**, 022001 (2007).

[14] HAL QCD Collaboration, S. Aoki *et al.*, PTEP, **2012**, 01A105 (2012).

[15] S. Aoki and T. Doi, Front. in Phys., **8**, 307 (2020).

[16] Particle Data Group, R. L. Workman, PTEP, **2022**, 083C01 (2022).

[17] G. D. Rochester and C. C. Butler, Nature, **160**, 855 (1947).

[18] M. Gell-Mann, Phys. Rev., **92**, 833 (1953).

[19] T. Nakano and K. Nishijima, Prog. Theor. Phys., **10**, 581 (1953).

[20] M. Gell-Mann, Nuovo Cim., **4**, 848 (1956).

[21] R. Brown *et al.*, Nature, **163**, 82 (1949).

[22] M. Gell-Mann, *The Eightfold Way: A theory of strong interaction symmetry* (Pasadena, CA, 1961).

[23] M. Gell-Mann, Phys. Rev., **125**, 1067 (1962).

[24] Y. Ne'eman, Nucl. Phys., **26**, 222 (1961).

[25] S. Okubo, Prog. Theor. Phys., **27**, 949 (1962).

[26] M. Gell-Mann, Proc. of the Int. Conf. on High-Energy Nuclear Physics, Geneva, p. 805 (CERN Scientific Information Service, Geneva, Switzerland, 1962).

[27] V. E. Barnes *et al.*, Phys. Rev. Lett., **12**, 204 (1964).

[28] M. Gell-Mann, Phys. Lett., **8**, 214 (1964).

[29] G. Zweig, *An SU(3) model for strong interaction symmetry and its breaking. Version 1*, CERN-TH-401 (1964).

[30] G. Zweig, *An SU(3) model for strong interaction symmetry and its breaking. Version 2*, CERN-TH-412 (1964), *Developments in the Quark Theory of Hadrons VOL. 1. 1964 - 1978*, edited by D. Lichtenberg and S. P. Rosen, pp. 22–101.

[31] M. Y. Han and Y. Nambu, Phys. Rev., **139**, B1006 (1965).

[32] A. Bramon, A. Grau, and G. Pancheri, Phys. Lett. B, **283**, 416 (1992).

[33] C. S. Wu, E. Ambler, R. W. Hayward, D. D. Hoppes, and R. P. Hudson, Phys. Rev., **105**, 1413 (1957).

[34] J. H. Christenson, J. W. Cronin, V. L. Fitch, and R. Turlay, Phys. Rev. Lett., **13**, 138 (1964).

[35] A. Hosaka and H. Toki, *Quarks, baryons and chiral symmetry* (World Scientific, Singapore, 2001).

[36] SNO+ Collaboration, M. Anderson *et al.*, Phys. Rev. D, **99**, 032008 (2019), 1812.05552.

[37] H. L. Anderson, E. Fermi, E. A. Long, and D. E. Nagle, Phys. Rev., **85**, 936 (1952).

[38] M. Alston *et al.*, Phys. Rev. Lett., **5**, 520 (1960).

[39] G. M. Pjerrou *et al.*, Phys. Rev. Lett., **9**, 114 (1962).
[40] N. Isgur and G. Karl, Phys. Rev. D, **18**, 4187 (1978).
[41] E598 Collaboration, J. J. Aubert *et al.*, Phys. Rev. Lett., **33**, 1404 (1974).
[42] SLAC-SP-017 Collaboration, J. E. Augustin *et al.*, Phys. Rev. Lett., **33**, 1406 (1974).
[43] CDF Collaboration, F. Abe *et al.*, Phys. Rev. Lett., **74**, 2626 (1995).
[44] D0 Collaboration, S. Abachi *et al.*, Phys. Rev. Lett., **74**, 2632 (1995).
[45] S. Okubo, Phys. Lett., **5**, 165 (1963).
[46] J. Iizuka, Prog. Theor. Phys. Suppl., **37**, 21 (1966).
[47] A. Hosaka, T. Iijima, K. Miyabayashi, Y. Sakai, and S. Yasui, PTEP, **2016**, 062C01 (2016).
[48] F.-K. Guo *et al.*, Rev. Mod. Phys., **90**, 015004 (2018).
[49] N. Brambilla *et al.*, Phys. Rept., **873**, 1 (2020).
[50] Belle Collaboration, S. K. Choi *et al.*, Phys. Rev. Lett., **91**, 262001 (2003).
[51] LHCb Collaboration, R. Aaij *et al.*, Phys. Rev. Lett., **115**, 072001 (2015).
[52] LHCb Collaboration, R. Aaij *et al.*, Phys. Rev. Lett., **122**, 222001 (2019).
[53] LHCb Collaboration, R. Aaij *et al.*, Nature Phys., **18**, 751 (2022).
[54] LHCb Collaboration, R. Aaij *et al.*, Nature Commun., **13**, 3351 (2022).
[55] S. Nagamiya, PTEP, **2012**, 02B001 (2012).
[56] ATLAS Collaboration, G. Aad *et al.*, Phys. Lett., B **716**, 1 (2012).
[57] CMS Collaboration, S. Chatrchyan *et al.*, Phys. Lett., B **716**, 30 (2012).
[58] K. Yagi, T. Hatsuda, and Y. Miake, *Quark-Gluon Plasma* (Cambridge University Press, London, 2005).
[59] PHENIX Collaboration, A. Adare *et al.*, Phys. Rev. Lett., **104**, 132301 (2010).
[60] D. J. Gross and F. Wilczek, Phys. Rev. Lett., **30**, 1343 (1973).
[61] H. D. Politzer, Phys. Rev. Lett., **30**, 1346 (1973).
[62] Y. Nambu and G. Jona-Lasinio, Phys. Rev., **122**, 345 (1961).
[63] Y. Nambu and G. Jona-Lasinio, Phys. Rev., **124**, 246 (1961).
[64] J. Goldstone, Nuovo Cim., **19**, 154 (1961).
[65] H. Watanabe and H. Murayama, Phys. Rev. Lett., **108**, 251602 (2012).

[66] Y. Hidaka, Phys. Rev. Lett., **110**, 091601 (2013).

[67] S. Scherer and M. R. Schindler, *A Primer for Chiral Perturbation Theory*, volume 830 (Springer, Berlin, 2012).

[68] T. Hatsuda and T. Kunihiro, Phys. Rept., **247**, 221 (1994).

[69] C. Vafa and E. Witten, Nucl. Phys., B **234**, 173 (1984).

[70] M. L. Goldberger and S. B. Treiman, Phys. Rev., **111**, 354 (1958).

[71] S. Weinberg, Phys. Rev. Lett., **17**, 616 (1966).

[72] Y. Tomozawa, Nuovo Cim. A, **46**, 707 (1966).

[73] S. Weinberg, Physica A, **96**, 327 (1979).

[74] J. Gasser and H. Leutwyler, Ann. Phys., **158**, 142 (1984).

[75] J. Gasser and H. Leutwyler, Nucl. Phys., B **250**, 465 (1985).

[76] G. Ecker, Prog. Part. Nucl. Phys., **35**, 1 (1995).

[77] V. Bernard, N. Kaiser, and U.-G. Meißner, Int. J. Mod. Phys. E, **4**, 193 (1995).

[78] A. Pich, Rept. Prog. Phys., **58**, 563 (1995).

[79] V. Bernard, Prog. Part. Nucl. Phys., **60**, 82 (2008).

[80] T. Hyodo, D. Jido, and A. Hosaka, Phys. Rev. D, **75**, 034002 (2007).

[81] J. J. de Swart, Rev. Mod. Phys., **35**, 916 (1963).

[82] M. Hoferichter, J. Ruiz de Elvira, B. Kubis, and U.-G. Meißner, Phys. Rev. Lett., **115**, 192301 (2015).

[83] B.-L. Huang and J. Ou-Yang, Phys. Rev. D, **101**, 056021 (2020).

[84] A. D. Martin, Nucl. Phys. B, **179**, 33 (1981).

[85] T. Hyodo and M. Oka, Phys. Rev. C, **84**, 035201 (2011).

[86] T. Hyodo and M. Niiyama, Prog. Part. Nucl. Phys. **120**, 103868 (2021).

[87] A. Bohm: *Quantum Mechanics: Foundations and Applications, 3rd edition* (Springer, 2001).

[88] V. I. Kukulin, V. M. Krasnopol'sky, and J. Horacek: *Theory of Resonances* (Kluwer Academic Publishers, Dordrecht, 1989).

[89] N. Moiseyev: *Non-Hermitian Quantum Mechanics* (Cambridge University Press, London, 2011).

[90] J. R. Taylor: *Scattering Theory: The Quantum Theory on Nonrelativistic Collisions* (Wiley, New York, 1972).

[91] R. Newton: *Scattering theory of waves and particles, 2nd edition* (Springer, Berlin, 2014).

[92] G. Gamow: Z. Phys., **51**, 204 (1928).

[93] A. J. F. Siegert: Phys. Rev., **56**, 750 (1939).

[94] N. Hokkyo: Prog. Theor. Phys., **33**, 1116 (1965).

[95] T. Berggren: Nucl. Phys. A, **109**, 265 (1968).

[96] A. Bohm: J. Math. Phys., **22**, 2813 (1981).

[97] N. Hatano, K. Sasada, H. Nakamura, and T. Petrosky: Prog. Theor. Phys., **119**, 187 (2008).

[98] F.-K. Guo, X.-H. Liu, and S. Sakai: Prog. Part. Nucl. Phys., **112**, 103757 (2020).

[99] H. Feshbach: Ann. Phys., **5**, 357 (1958).

[100] H. Feshbach: Ann. Phys., **19**, 287 (1962).

[101] T. Hyodo and D. Jido: Prog. Part. Nucl. Phys., **67**, 55 (2012).

[102] U.-G. Meißner: Symmetry, **12**, 981 (2020).

[103] M. Mai: Eur. Phys. J. ST, **230**, 1593 (2021).

[104] T. Hyodo and W. Weise: *Theory of kaon-nuclear systems* arXiv:2202.06181 [nucl-th].

[105] R. H. Dalitz and S. F. Tuan: Phys. Rev. Lett., **2**, 425 (1959).

[106] R. H. Dalitz and S. F. Tuan: Annals Phys., **10**, 307 (1960).

[107] M. H. Alston *et al.*: Phys. Rev. Lett., **6**, 698 (1961).

[108] SIDDHARTA Collaboration, M. Bazzi *et al.*: Phys. Lett. B, **704**, 113 (2011).

[109] SIDDHARTA Collaboration, M. Bazzi *et al.*: Nucl. Phys. A, **881**, 88 (2012).

[110] Y. Ikeda, T. Hyodo, and W. Weise: Phys. Lett. B, **706**, 63 (2011).

[111] Y. Ikeda, T. Hyodo, and W. Weise: Nucl. Phys. A, **881**, 98 (2012).

[112] Z.-H. Guo and J. A. Oller: Phys. Rev. C, **87**, 035202 (2013).

[113] M. Mai and U.-G. Meißner: Eur. Phys. J. A, **51**, 30 (2015).

[114] CLAS Collaboration, K. Moriya *et al.*: Phys. Rev. Lett., **112**, 082004 (2014).

[115] Y. Kamiya and T. Hyodo: Phys. Rev. C, **93**, 035203 (2016).

[116] Y. Kamiya and T. Hyodo: PTEP, **2017**, 023 (2017).
[117] G. S. Abrams and B. Sechi-Zorn: Phys. Rev., **139**, B454 (1965).
[118] M. Sakitt *et al.*: Phys. Rev., **139**, B719 (1965).
[119] J. K. Kim: Phys. Rev. Lett., **14**, 29 (1965).
[120] M. Csejthey-Barth *et al.*: Phys. Lett., **16**, 89 (1965).
[121] T. S. Mast *et al.*: Phys. Rev. D, **14**, 13 (1976).
[122] R. O. Bangerter *et al.*: Phys. Rev. D, **23**, 1484 (1981).
[123] J. Ciborowski *et al.*: J. Phys., **G8**, 13 (1982).
[124] D. Evans *et al.*: J. Phys., G **9**, 885 (1983).
[125] D. N. Tovee *et al.*: Nucl. Phys. B, **33**, 493 (1971).
[126] R. J. Nowak *et al.*: Nucl. Phys. B, **139**, 61 (1978).
[127] S. Deser, M. L. Goldberger, K. Baumann, and W. E. Thirring: Phys. Rev., **96**, 774 (1954).
[128] T. L. Trueman: Nucl. Phys., **26**, 57 (1961).
[129] U. G. Meißner, U. Raha, and A. Rusetsky: Eur. Phys. J. C, **35**, 349 (2004).
[130] U.-G. Meißner, U. Raha, and A. Rusetsky: Eur. Phys. J. C, **47**, 473 (2006).
[131] J-PARC E57 and E62 Collaborations, T. Hashimoto *et al.*: JPS Conf. Proc. **26**, 023013 (2019).
[132] J. Marton *et al.*: EPJ Web Conf. **199**, 03004 (2019).
[133] A. Scordo *et al.*: EPJ Web Conf. **181**, 01004 (2018).
[134] LEPS Collaboration, J. K. Ahn: Nucl. Phys. A, **721**, 715 (2003).
[135] M. Niiyama *et al.*: Phys. Rev. C, **78**, 035202 (2008).
[136] Crystall Ball Collaboration, S. Prakhov *et al.*: Phys. Rev. C, **70**, 034605 (2004).
[137] I. Zychor *et al.*: Phys. Lett. B, **660**, 167 (2008).
[138] HADES Collaboration, G. Agakishiev *et al.*: Phys. Rev. C, **87**, 025201 (2013).
[139] CLAS Collaboration, K. Moriya *et al.*: Phys. Rev. C, **87**, 035206 (2013).
[140] CLAS Collaboration, H. Lu *et al.*: Phys. Rev. C, **88**, 045202 (2013).
[141] S. Kawasaki *et al.*: JPS Conf. Proc. **26**, 022009 (2019).

[142] J. C. Nacher, E. Oset, H. Toki, and A. Ramos: Phys. Lett. B, **455**, 55 (1999).

[143] CLAS Collaboration, K. Moriya *et al.*: Phys. Rev. C, **88**, 045201 (2013).

[144] A. Engler, H. Fisk, R. Kraemer, C. Meltzer, and J. Westgard: Phys. Rev. Lett., **15**, 224 (1965).

[145] D. W. Thomas, A. Engler, H. E. Fisk, and R. W. Kraemer: Nucl. Phys. B, **56**, 15 (1973).

[146] R. J. Hemingway: Nucl. Phys. B, **253**, 742 (1985).

[147] CLAS Collaboration, K. Moriya *et al.*: Phys. Rev. Lett., **112**, 082004 (2014).

[148] N. Kaiser, P. B. Siegel, and W. Weise: Nucl. Phys. A, **594**, 325 (1995).

[149] E. Oset and A. Ramos: Nucl. Phys. A, **635**, 99 (1998).

[150] J. A. Oller and U. G. Meißner: Phys. Lett. B, **500**, 263 (2001).

[151] M. F. M. Lutz and E. E. Kolomeitsev: Nucl. Phys. A, **700**, 193 (2002).

[152] S. Weinberg: *The Quantum theory of fields* volume 2: Modern applications (Cambridge University Press, London, 1996).

[153] P. J. Fink, Jr., G. He, R. H. Landau, and J. W. Schnick: Phys. Rev. C, **41**, 2720 (1990).

[154] J. Haidenbauer, G. Krein, U.-G. Meißner, and L. Tolos: Eur. Phys. J. A, **47**, 18 (2011).

[155] H. Kamano, S. X. Nakamura, T. S. H. Lee, and T. Sato: Phys. Rev. C, **90**, 065204 (2014).

[156] H. Kamano, S. X. Nakamura, T. S. H. Lee, and T. Sato: Phys. Rev. C, **92**, 025205 (2015).

[157] Z.-W. Liu, J. M. M. Hall, D. B. Leinweber, A. W. Thomas, and J.-J. Wu: Phys. Rev. D, **95**, 014506 (2017).

[158] D. Jido, J. A. Oller, E. Oset, A. Ramos, and U. G. Meißner: Nucl. Phys. A, **725**, 181 (2003).

[159] T. Hyodo, D. Jido, and A. Hosaka: Phys. Rev. Lett., **97**, 192002 (2006).

[160] T. Hyodo and W. Weise: Phys. Rev. C, **77**, 035204 (2008).

[161] DEAR Collaboration, G. Beer *et al.*: Phys. Rev. Lett., **94**, 212302 (2005).

[162] B. Borasoy, R. Nissler, and W. Weise: Phys. Rev. Lett., **94**, 213401

(2005).
[163] B. Borasoy, R. Nissler, and W. Weise: Eur. Phys. J. A, **25**, 79 (2005).
[164] J. A. Oller, J. Prades, and M. Verbeni: Phys. Rev. Lett., **95**, 172502 (2005).
[165] B. Borasoy, R. Nissler, and W. Weise: Phys. Rev. Lett., **96**, 199201 (2006).
[166] J. A. Oller, J. Prades, and M. Verbeni: Phys. Rev. Lett., **96**, 199202 (2006).
[167] B. Borasoy, U. G. Meißner, and R. Nissler: Phys. Rev. C, **74**, 055201 (2006).
[168] Crystal Ball Collaboration, A. Starostin *et al.*: Phys. Rev. C, **64**, 055205 (2001).
[169] FNAL E756 Collaboration, A. Chakravorty *et al.*: Phys. Rev. Lett., **91**, 031601 (2003), hep-ex/0306047.
[170] HyperCP Collaboration, M. Huang *et al.*: Phys. Rev. Lett., **93**, 011802 (2004).
[171] S. Weinberg: Phys. Rev., **137**, B672 (1965).
[172] V. Baru, J. Haidenbauer, C. Hanhart, Y. Kalashnikova, and A. E. Kudryavtsev: Phys. Lett. B, **586**, 53 (2004).
[173] T. Hyodo, D. Jido, and A. Hosaka: Phys. Rev. C, **85**, 015201 (2012).
[174] F. Aceti and E. Oset: Phys. Rev. D, **86**, 014012 (2012).
[175] T. Hyodo: Phys. Rev. Lett., **111**, 132002 (2013).
[176] T. Hyodo: Int. J. Mod. Phys. A, **28**, 1330045 (2013).
[177] Z.-H. Guo and J. A. Oller: Phys. Rev. D, **93**, 096001 (2016).
[178] T. Kinugawa and T. Hyodo: Phys. Rev. C, **106**, 015205 (2022).
[179] D. Diakonov and V. Petrov: Annalen Phys., **13**, 637 (2004).
[180] E. Braaten and H.-W. Hammer: Phys. Rept., **428**, 259 (2006).
[181] P. Naidon and S. Endo: Rept. Prog. Phys., **80**, 056001 (2017).
[182] T. Sekihara, T. Hyodo, and D. Jido: PTEP, **2015**, 063D04 (2015).
[183] K. G. Wilson: Phys. Rev. D, **10**, 2445 (1974).
[184] M. Creutz: Phys. Rev. D, **21**, 2308 (1980).
[185] H. J. Rothe: *Lattice gauge theories: An Introduction* volume 43 (World

Scientific, Singapore, 1992),

[186] T. DeGrand and C. E. Detar: *Lattice methods for quantum chromodynamics* (World Scientific, Singapore, 2006).

[187] C. Gattringer and C. B. Lang: *Quantum chromodynamics on the lattice* volume 788 (Springer, Berlin, 2010).

[188] Flavour Lattice Averaging Group, S. Aoki *et al.*: Eur. Phys. J. C, **80**, 113 (2020).

[189] S. Durr *et al.*: Science, **322**, 1224 (2008).

[190] PACS-CS Collaboration, S. Aoki *et al.*: Phys. Rev. D, **81**, 074503 (2010).

[191] S. Aoki *et al.*: Phys. Rev. D, **86**, 034507 (2012).

[192] S. Borsanyi *et al.*: Science, **347**, 1452 (2015).

[193] M. Luscher: Commun. Math. Phys., **105**, 153 (1986).

[194] M. Luscher: Nucl. Phys. B, **354**, 531 (1991).

[195] M. Döring, U.-G. Meißner, E. Oset, and A. Rusetsky: Eur. Phys. J. A, **47**, 139 (2011).

[196] M. Gockeler *et al.*: Phys. Rev. D, **86**, 094513 (2012).

[197] R. A. Briceno, J. J. Dudek, and R. D. Young: Rev. Mod. Phys., **90**, 025001 (2018).

[198] W. Melnitchouk *et al.*: Phys. Rev. D, **67**, 114506 (2003).

[199] Y. Nemoto, N. Nakajima, H. Matsufuru, and H. Suganuma: Phys. Rev. D, **68**, 094505 (2003).

[200] F. X. Lee and C. Bennhold: Nucl. Phys. A, **754**, 248 (2005).

[201] T. Burch *et al.*: Phys. Rev. D, **74**, 014504 (2006).

[202] N. Ishii, T. Doi, M. Oka, and H. Suganuma: Prog. Theor. Phys. Suppl., **168**, 598 (2007).

[203] T. T. Takahashi and M. Oka: Phys. Rev. D, **81**, 034505 (2010).

[204] B. J. Menadue, W. Kamleh, D. B. Leinweber, and M. S. Mahbub: Phys. Rev. Lett., **108**, 112001 (2012).

[205] BGR (Bern-Graz-Regensburg) Collaboration, G. P. Engel, C. Lang, and A. Schäfer: Phys. Rev. D, **87**, 034502 (2013).

[206] P. Gubler, T. T. Takahashi, and M. Oka: Phys. Rev. D, **94**, 114518 (2016).

[207] J. M. M. Hall *et al.*: Phys. Rev. Lett., **114**, 132002 (2015).

[208] M. Lage, U.-G. Meißner, and A. Rusetsky: Phys. Lett. B, **681**, 439 (2009).

[209] M. Döring, J. Haidenbauer, U.-G. Meißner, and A. Rusetsky: Eur. Phys. J. A, **47**, 163 (2011).

[210] A. Martinez Torres, M. Bayar, D. Jido, and E. Oset: Phys. Rev. C, **86**, 055201 (2012).

[211] R. Molina and M. Döring: Phys. Rev. D, **94**, 056010 (2016) [Addendum: Phys. Rev. D, **94**, 079901 (2016)].

[212] Y. Tsuchida and T. Hyodo: Phys. Rev. C, **97**, 055213 (2018).

[213] R. H. Dalitz, T. C. Wong, and G. Rajasekaran: Phys. Rev., **153**, 1617 (1967).

[214] A. Mueller-Groeling, K. Holinde, and J. Speth: Nucl. Phys. A, **513**, 557 (1990).

[215] K. Miyahara and T. Hyodo: Phys. Rev. C, **93**, 015201 (2016).

[216] K. Miyahara, T. Hyodo, and W. Weise: Phys. Rev. C, **98**, 025201 (2018).

[217] N. Shevchenko: Nucl. Phys. A, **890-891**, 50 (2012).

[218] N. V. Shevchenko and J. Revai: Phys. Rev. C, **90**, 034003 (2014).

[219] A. Cieply and J. Smejkal: Nucl. Phys. A, **881**, 115 (2012).

[220] A. Feliciello and T. Nagae: Rept. Prog. Phys., **78**, 096301 (2015).

[221] A. Gal, E. V. Hungerford, and D. J. Millener: Rev. Mod. Phys., **88**, 035004 (2016).

[222] M. Danysz and J. Pniewski: Philos. Mag. Ser., 5, **44**, 348 (1953).

[223] H. Takahashi *et al.*: Phys. Rev. Lett., **87**, 212502 (2001).

[224] STAR Collaboration, B. I. Abelev *et al.*: Science, **328**, 58 (2010).

[225] T. A. Rijken, V. G. J. Stoks, and Y. Yamamoto: Phys. Rev. C, **59**, 21 (1999).

[226] P. M. M. Maessen, T. A. Rijken, and J. J. de Swart: Phys. Rev. C, **40**, 2226 (1989).

[227] J. Haidenbauer and U.-G. Meißner: Phys. Rev. C, **72**, 044005 (2005).

[228] Y. Fujiwara, Y. Suzuki, and C. Nakamoto: Prog. Part. Nucl. Phys., **58**, 439 (2007).

[229] R. S. Hayano *et al.*: Phys. Lett. B, **231**, 355 (1989).
[230] T. Nagae *et al.*: Phys. Rev. Lett., **80**, 1605 (1998).
[231] KEK-PS E373 Collaboration, J. K. Ahn *et al.*: Phys. Rev. C, **88**, 014003 (2013).
[232] K. Nakazawa *et al.*: PTEP, **2015**, 033D02 (2015).
[233] M. Yoshimoto *et al.*: PTEP, **2021**, 073D02 (2021).
[234] H. Toki and T. Yamazaki: Phys. Lett. B, **213**, 129 (1988).
[235] H. Toki, S. Hirenzaki, T. Yamazaki, and R. S. Hayano: Nucl. Phys. A, **501**, 653 (1989).
[236] T. Yamazaki *et al.*: Z. Phys. A, **355**, 219 (1996).
[237] K. Suzuki *et al.*: Phys. Rev. Lett., **92**, 072302 (2004).
[238] Q. Haider and L. C. Liu: Phys. Lett. B, **172**, 257 (1986).
[239] R. E. Chrien *et al.*: Phys. Rev. Lett., **60**, 2595 (1988).
[240] H. Nagahiro, D. Jido, and S. Hirenzaki: Phys. Rev. C, **80**, 025205 (2009).
[241] H. Machner: J. Phys. G, **42**, 043001 (2015).
[242] WASA-at-COSY Collaboration, M. Skurzok, W. Krzemień, O. Rundel, and P. Moskal: Acta Phys. Polon. B, **47**, 503 (2016).
[243] P. Moskal, M. Skurzok, and W. Krzemień: AIP Conf. Proc., **1753**, 030012 (2016).
[244] D. Jido, H. Nagahiro, and S. Hirenzaki: Phys. Rev. C, **66**, 045202 (2002).
[245] H. Nagahiro, D. Jido, and S. Hirenzaki: Phys. Rev. C, **68**, 035205 (2003).
[246] C. DeTar and T. Kunihiro: Phys. Rev. D, **39**, 2805 (1989).
[247] D. Jido, M. Oka, and A. Hosaka: Prog. Theor. Phys., **106**, 873 (2001).
[248] P. Costa, M. C. Ruivo, and Y. L. Kalinovsky: Phys. Lett. B, **560**, 171 (2003).
[249] H. Nagahiro, M. Takizawa, and S. Hirenzaki: Phys. Rev. C, **74**, 045203 (2006).
[250] H. Nagahiro and S. Hirenzaki: Phys. Rev. Lett., **94**, 232503 (2005).
[251] CBELSA/TAPS Collaboration, M. Nanova *et al.*: Phys. Lett. B, **727**, 417 (2013).
[252] CBELSA/TAPS Collaboration, M. Nanova *et al.*: Phys. Rev. C, **94**, 025205 (2016).

[253] S. Friedrich *et al.*: Eur. Phys. J. A, **52**, 297 (2016).
[254] η-PRiME/Super-FRS Collaboration, Y. K. Tanaka *et al.*: Phys. Rev. Lett., **117**, 202501 (2016).
[255] η-PRiME/Super-FRS Collaboration, Y. K. Tanaka *et al.*: Phys. Rev. C, **97**, 015202 (2018).
[256] LEPS2/BGOegg Collaboration, N. Tomida *et al.*: Phys. Rev. Lett., **124**, 202501 (2020).
[257] J-PARC E40 Collaboration, K. Miwa *et al.*: Phys. Rev. C, **104**, 045204 (2021).
[258] J-PARC E40 Collaboration, K. Miwa *et al.*: Phys. Rev. Lett., **128**, 072501 (2022).
[259] J-PARC E40 Collaboration, T. Nanamura *et al.*: PTEP, **2022**, 093D01 (2022).
[260] CLAS Collaboration, J. Rowley *et al.*: Phys. Rev. Lett., **127**, 272303 (2021).
[261] J. Haidenbauer *et al.*: Nucl. Phys. A, **915**, 24 (2013).
[262] J. Haidenbauer, U. G. Meißner, and A. Nogga: Eur. Phys. J. A, **56**, 91 (2020).
[263] HAL QCD Collaboration, T. Inoue *et al.*: Nucl. Phys. A, **881**, 28 (2012).
[264] HAL QCD Collaboration, K. Sasaki *et al.*: Nucl. Phys. A, **998**, 121737 (2020).
[265] R. L. Jaffe: Phys. Rev. Lett., **38**, 195 (1977).
[266] HAL QCD Collaboration, T. Iritani *et al.*: Phys. Lett. B, **792**, 284 (2019).
[267] S. Gongyo *et al.*: Phys. Rev. Lett., **120**, 212001 (2018).
[268] W. Bauer, C. K. Gelbke, and S. Pratt: Ann. Rev. Nucl. Part. Sci., **42**, 77 (1992).
[269] M. A. Lisa, S. Pratt, R. Soltz, and U. Wiedemann: Ann. Rev. Nucl. Part. Sci., **55**, 357 (2005).
[270] ExHIC Collaboration, S. Cho *et al.*: Prog. Part. Nucl. Phys., **95**, 279 (2017).
[271] S. Koonin: Phys. Lett. B, **70**, 43 (1977).

[272] S. Pratt: Phys. Rev. D, **33**, 1314 (1986).
[273] G. Goldhaber, S. Goldhaber, W.-Y. Lee, and A. Pais: Phys. Rev., **120**, 300 (1960).
[274] ALICE Collaboration, S. Acharya *et al.*: Phys. Rev. C, **99**, 024001 (2019).
[275] STAR Collaboration, L. Adamczyk *et al.*: Phys. Rev. Lett., **114**, 022301 (2015).
[276] ALICE Collaboration, S. Acharya *et al.*: Phys. Lett. B, **797**, 134822 (2019).
[277] ALICE Collaboration, S. Acharya *et al.*: Phys. Rev. Lett., **123**, 112002 (2019).
[278] ALICE Collaboration, S. Acharya *et al.*: Nature, **588**, 232 (2020).
[279] L. Fabbietti, V. Mantovani Sarti, and O. Vazquez Doce: Ann. Rev. Nucl. Part. Sci., **71**, 377 (2021).
[280] ALICE Collaboration, S. Acharya *et al.*: Phys. Lett. B, **811**, 135849 (2020).
[281] ALICE Collaboration, S. Acharya *et al.*: Phys. Rev. Lett., **124**, 092301 (2020).
[282] R. Lednicky, V. V. Lyuboshits, and V. L. Lyuboshits: Phys. Atom. Nucl., **61**, 2950 (1998).
[283] J. Haidenbauer: Nucl. Phys. A, **981**, 1 (2019).
[284] Y. Kamiya, T. Hyodo, K. Morita, A. Ohnishi, and W. Weise: Phys. Rev. Lett., **124**, 132501 (2020).
[285] ALICE Collaboration, S. Acharya *et al.*: Phys. Lett. B, **822**, 136708 (2021), 2105.05683.
[286] ALICE Collaboration, arXiv:2205.15176 [nucl-ex].
[287] V. Baru, E. Epelbaum, and A. Rusetsky: Eur. Phys. J. A, **42**, 111 (2009).
[288] J. D. Davies *et al.*: Phys. Lett. B, **83**, 55 (1979).
[289] M. Izycki *et al.*: Z. Phys. A, **297**, 11 (1980).
[290] P. M. Bird *et al.*: Nucl. Phys. A, **404**, 482 (1983).
[291] M. Iwasaki *et al.*: Phys. Rev. Lett., **78**, 3067 (1997).
[292] T. M. Ito *et al.*: Phys. Rev. C, **58**, 2366 (1998).

[293] T. Koike, T. Harada, and Y. Akaishi: Phys. Rev. C, **53**, 79 (1996).
[294] T. Hoshino, S. Ohnishi, W. Horiuchi, T. Hyodo, and W. Weise: Phys. Rev. C, **96**, 045204 (2017).
[295] C. Curceanu *et al.*: Rev. Mod. Phys., **91**, 025006 (2019).
[296] J. Zmeskal *et al.*: Acta Phys. Polon. B, **46**, 101 (2015).
[297] J. Revai: Phys. Rev. C, **94**, 054001 (2016).
[298] E. Friedman and A. Gal: Phys. Rept., **452**, 89 (2007).
[299] E. Friedman and A. Gal: Nucl. Phys. A, **959**, 66 (2017).
[300] T. Waas, M. Rho, and W. Weise: Nucl. Phys. A, **617**, 449 (1997).
[301] P. A. Katz *et al.*: Phys. Rev. D, **1**, 1267 (1970).
[302] T. Kishimoto: Phys. Rev. Lett., **83**, 4701 (1999).
[303] T. Kishimoto *et al.*: Prog. Theor. Phys., **118**, 181 (2007).
[304] J-PARC E15 Collaboration, T. Hashimoto *et al.*: PTEP, **2015**, 061D01 (2015).
[305] Y. Ichikawa *et al.*: PTEP, **2020**, 123D01 (2020).
[306] FINUDA Collaboration, M. Agnello *et al.*: Phys. Rev. Lett., **94**, 212303 (2005).
[307] Y. Ichikawa *et al.*: PTEP, **2015**, 021D01 (2015).
[308] LEPS Collaboration, A. Tokiyasu *et al.*: Phys. Lett. B, **728**, 616 (2014).
[309] T. Yamazaki *et al.*: Phys. Rev. Lett., **104**, 132502 (2010).
[310] E. Epple and L. Fabbietti: Phys. Rev. C, **92**, 044002 (2015).
[311] J-PARC E15 Collaboration, T. Yamaga *et al.*: Phys. Rev. C, **102**, 044002 (2020).
[312] Y. Nogami: Phys. Lett., **7**, 288 (1963).
[313] Y. Akaishi and T. Yamazaki: Phys. Rev. C, **65**, 044005 (2002).
[314] Y. Suzuki and K. Varga: Lect. Notes Phys. Monogr., **54**, 1 (1998).
[315] H. Kamada *et al.*: Phys. Rev. C, **64**, 044001 (2001).
[316] E. Hiyama, Y. Kino, and M. Kamimura: Prog. Part. Nucl. Phys., **51**, 223 (2003).
[317] T. Yamazaki and Y. Akaishi: Phys. Rev. C, **76**, 045201 (2007).
[318] A. Dote, T. Hyodo, and W. Weise: Nucl. Phys. A, **804**, 197 (2008).
[319] A. Dote, T. Hyodo, and W. Weise: Phys. Rev. C, **79**, 014003 (2009).

[320] N. Barnea, A. Gal, and E. Liverts: Phys. Lett. B, **712**, 132 (2012).
[321] S. Ohnishi, W. Horiuchi, T. Hoshino, K. Miyahara, and T. Hyodo: Phys. Rev. C, **95**, 065202 (2017).
[322] N. V. Shevchenko, A. Gal, and J. Mares: Phys. Rev. Lett., **98**, 082301 (2007).
[323] N. V. Shevchenko, A. Gal, J. Mares, and J. Revai: Phys. Rev. C, **76**, 044004 (2007).
[324] Y. Ikeda and T. Sato: Phys. Rev. C, **76**, 035203 (2007).
[325] Y. Ikeda, H. Kamano, and T. Sato: Prog. Theor. Phys., **124**, 533 (2010).
[326] J. Revai and N. V. Shevchenko: Phys. Rev. C, **90**, 034004 (2014).
[327] R. B. Wiringa and S. C. Pieper: Phys. Rev. Lett., **89**, 182501 (2002).
[328] T. Sekihara, D. Jido, and Y. Kanada-En'yo: Phys. Rev. C, **79**, 062201 (2009).
[329] T. Sekihara *et al.*: Phys. Rev. C, **86**, 065205 (2012).
[330] M. Bayar and E. Oset: Nucl. Phys. A, **914**, 349 (2013).
[331] A. Arai, M. Oka, and S. Yasui: Prog. Theor. Phys., **119**, 103 (2008).
[332] T. Uchino, T. Hyodo, and M. Oka: Nucl. Phys. A, **868-869**, 53 (2011).
[333] A. Ramos, J. Schaffner-Bielich, and J. Wambach: Lect. Notes Phys., **578**, 175 (2001).
[334] L. Tolos and L. Fabbietti: Prog. Part. Nucl. Phys., **112**, 103770 (2020).
[335] T. Song, L. Tolos, J. Wirth, J. Aichelin, and E. Bratkovskaya: Phys. Rev. C, **103**, 044901 (2021).
[336] D. B. Kaplan and A. E. Nelson: Phys. Lett. B, **175**, 57 (1986).
[337] G. E. Brown, C.-H. Lee, M. Rho, and V. Thorsson: Nucl. Phys. A, **567**, 937 (1994).
[338] H. Djapo, B.-J. Schaefer, and J. Wambach: Phys. Rev. C, **81**, 035803 (2010).
[339] D. Logoteta, I. Vidana, and I. Bombaci: Eur. Phys. J. A, **55**, 207 (2019).
[340] D. Gerstung, N. Kaiser, and W. Weise: Eur. Phys. J. A, **56**, 175 (2020).
[341] T. Waas, N. Kaiser, and W. Weise: Phys. Lett. B, **379**, 34 (1996).
[342] T. Waas and W. Weise: Nucl. Phys. A, **625**, 287 (1997).
[343] M. F. M. Lutz and C. L. Korpa: Nucl. Phys. A, **700**, 309 (2002).

[344] W. Weise and R. Hartle: Nucl. Phys. A, **804**, 173 (2008).

[345] A. Cieply, E. Friedman, A. Gal, D. Gazda, and J. Mares: Phys. Rev. C, **84**, 045206 (2011).

[346] D. Gazda and J. Mares: Nucl. Phys. A, **881**, 159 (2012).

[347] J. Hrtánková and J. Mareš: Phys. Rev. C, **96**, 015205 (2017).

[348] Y. Kamiya *et al.*: Nucl. Phys. A, **954**, 41 (2016).

[349] T. Sekihara, E. Oset, and A. Ramos: PTEP, **2016**, 123D03 (2016).

索　引

英数字

あ

か

さ

た

な

は

ま

や

ら

わ

著者紹介

永江知文（ながえ ともふみ）

1986 年　東京大学 大学院理学系研究科 物理学専攻 博士課程修了
1987 年　東京大学原子核研究所 助手
1996 年　東京大学原子核研究所 助教授
1997 年　高エネルギー加速器研究機構 素粒子原子核研究所 助教授
2002 年　高エネルギー加速器研究機構 大強度陽子加速器計画推進部 助教授
2002 年　高エネルギー加速器研究機構 大強度陽子加速器計画推進部 教授
2007 年－現在　京都大学 大学院理学研究科 物理学・宇宙物理学専攻 教授，理学博士
専　門　原子核物理学・実験
主　著　『ハドロン物理学入門』（裳華房，2020），『原子核物理学』（共著，裳華房，2000）

兵藤哲雄（ひょうどう てつお）

2006 年　大阪大学 大学院理学研究科 物理学専攻 博士後期課程修了
2006 年　京都大学 基礎物理学研究所 日本学術振興会特別研究員 PD
2007 年　ミュンヘン工科大学 物理学科 日本学術振興会特別研究員 PD
2008 年　東京工業大学 大学院理工学研究科 基礎物理学専攻 GCOE 特任助教
2013 年　京都大学 基礎物理学研究所 助教
2019 年　首都大学東京 大学院理学研究科 物理学専攻 准教授
2020 年－現在　東京都立大学 大学院理学研究科 物理学専攻 准教授，博士（理学）
専　門　原子核理論（クォーク・ハドロン物理）
受賞歴　2007 年　井上研究奨励賞
　　　　2008 年　日本物理学会若手奨励賞（核理論新人論文賞）

基本法則から読み解く 物理学最前線 31
K 中間子原子核の物理
Physics on Kaonic Nuclei

2023 年 7 月 31 日　初版 1 刷発行

著　者　永江知文・兵藤哲雄　© 2023
監　修　須藤彰三
　　　　岡　真
発行者　南條光章
発行所　**共立出版株式会社**
東京都文京区小日向 4-6-19
電話　03-3947-2511（代表）
郵便番号　112-0006
振替口座　00110-2-57035
www.kyoritsu-pub.co.jp
印　刷
製　本　藤原印刷

一般社団法人
自然科学書協会
会員

検印廃止
NDC 429.6
ISBN 978-4-320-03551-5

Printed in Japan